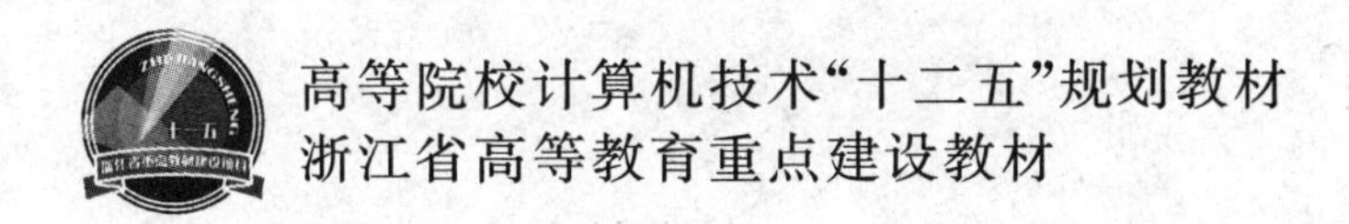
高等院校计算机技术“十二五”规划教材
浙江省高等教育重点建设教材

Visual C＃.NET 程序设计案例教程

编著　梁　曦　张运涛　吴建玉
主审　郭尚鸿

ZHEJIANG UNIVERSITY PRESS
浙江大学出版社

前　言

本书内容主要集中在如何解决软件开发项目中所涉及的技术工具、技术框架、开发流程和编码调试经验等方面。重点讲解了企业中最常用的技能点，对于不常用的技能点，教材都未讲解，力争做到以用为本、学以致用。教材内容的安排是以案例为中心开展，在真实项目的基础上，经过精心设计将项目分解为多个既独立又具有一定联系的教学案例，由相关的教学案例引出技术内容。学生学习案例的过程，就是学习 C#. NET 开发知识和技能的过程。在案例的选择上，我们在考虑案例的实用性同时，也尽可能地提高案例的趣味性，并加强与日常生活中遇到的问题和现象的联系。通过这种案例教学的方式，学生不会迷失在浩如烟海的知识中，同时会具备更多的行业知识和项目经验。

全书共分 13 章。第 1 章重点讲述 NET Framework 框架的体系结构和开发工具 VS. NET 2008 的使用；第 2 章讲述 C# 语法的基础知识；第 3 章讲述 WinForms 的窗体编程的基础知识；第 4 章讲述面向对象的一些基本概念；第 5 章重点讲述 ADO. NET 数据库编程的知识；第 6 章讲述使用数据展示控件显示和操作后台数据库；第 7 章重点讲述调试、异常的处理及单元测试；第 8 章讲述数组、集合和泛型的概念；第 9 章重点讲述面向对象的一些高级概念；第 10 章重点讲述 WinForms 窗体编程的高级控件；第 11 章讲解文件读写与 XML 文件的操作类；第 12 章讲解利用三层结构优化数据库应用系统；第 13 章重点讲述抽象工厂模式的应用。

本书第 2 章、第 3 章、第 4 章由吴建玉编写，第 5 章、第 6 章由梁曦编写，第 1 章、第 7 至第 13 章由张运涛编写。

本书还将出版与本书配套的教学辅导材料、课件及项目源代码提供电子稿下载。

本书适用面广，内容满足 C#. NET 编程类课程的基本要求，可作为高等院校软件专业编程类课程的教材或教学参考书，也可以作为软件编程人员的参考书。

由于时间和水平有限，书中难免有不足之处，请各位读者批评指正，欢迎反馈用书信息。

编　者

2012 年 5 月

目 录

第1章 C#与.NET概述

【本章工作任务】

● 设置 VS. NET 2008 环境

● 使用 VS. NET 2008 的动态帮助

● 编写一个命令行 C#程序

【本章技能目标】

● 理解.NET Framework 框架的体系结构

● 会使用 VS. NET 2008 环境进行 C#程序开发

● 会使用 Console 类的方法

● 会使用命名空间

1.1 NET Framework 概述

1.1.1 Microsoft .NET 介绍

Microsoft .NET 是 Microsoft 的 XML Web 服务平台。.NET 包含了建立和运行基于 XML 的软件所需要的全部部件。Microsoft .NET 解决了下面这些当今软件开发中的一些核心问题：

● 互操作性(Interoperability)、集成性(Integration)和应用程序的可扩展性(extensibility)太难实现而且代价很高。Microsoft .NET 依靠 XML(一个由 World Wide Web Consortium(W3C)管理的开放标准)消除了数据共享和软件集成的障碍。

● 无数具有相当竞争力的私有软件技术使得软件的集成变得非常复杂。而 Microsoft .NET 建立在一个开放的标准上，它包含了所有编程语言。

● 当终端用户使用软件时，他们总觉得不够简便，有时甚至感到很沮丧，因为他们无法在程序之间方便地共享数据或是无法对能访问的数据进行操作。XML 使数据交换变得容易了，并且.NET 软件可以使得用户只要一得到数据就能对它们进行操作。

● 终端用户们在使用 Web 的时候，无法对自己的个人信息和数据进行控制，这导致了个人隐私和安全泄露问题。而 Microsoft .NET 提供了一套服务，使用户可以管理他们的个人信息，并且控制对这些信息的访问。

● .COM 公司和 Web 站点开发者们很难为用户们提供足够的有价值的数据，至少有一部分原因是由于他们的应用程序和服务无法很好地和其他程序和服务合作，只是一个不和外界连接的信息孤岛。而 Microsoft .NET 的设计宗旨就是为了使来自于多个站点和公司的数据或服务能够整合起来。

对开发人员来说,.NET 平台中另一个重要的部分自然就是开发工具了。Microsoft .NET 程序员们设计编写的是 XML Web 服务,而不是服务器或客户端的独立应用程序。他们把这些服务组合成松耦合,相互协作的软件群,XML Web 服务之间使用 XML messaging 进行通讯。为了做到这一点,程序员需要:

● 一个软件平台,用于建立一种新的完整的个人用户经验。

● 一个编程模型和工具,用以建立和整合 XML Web 服务。

● 一套能为应用程序和服务提供基础的可编程的服务。

Microsoft .NET 包括:

(1).NET 平台,这是一套编程工具和基本构架,用来创建、发布、管理和整合 XML Web 服务。

(2).NET 体验,这是终端用户用以和.NET 交互的手段。

Microsoft .NET 的平台是由用于创建和运行 XML Web 服务组成的。它包含了下面四个组件:

● .NET 框架和 Visual Studio. NET:这些是开发人员用来生成 XML Web 服务的工具。.NET 框架是 Microsoft .NET 平台核心中的一套编程接口;Visual Studio. NET 是一套多语言系列的编程工具。

● 服务器基本结构(Server Infrastructure):.NET 的服务器基本结构是一系列用于生成、发布和操作 XML Web 服务的基础程序,包括 Windows 和各种.NET 企业服务器。

● Building Block Services:Building Block Services 是一套以用户为中心的 XML Web 服务,它把用户数据的控制权从应用程序移到了用户手上,这些服务包含了 Passport(用于用户身份验证)、服务之间的消息传递、文件存储、用户个性设置的管理、日历管理和其他一些功能。

● 智能设备(smart device):.NET 利用软件使智能设备,诸如手提电脑、轻便电话、游戏操纵台等都能够在.NET 世界中得以使用。

终端用户是通过.NET 体验访问 XML Web 服务的,这和现有的独立应用程序有点类似,但在下列这些重要的方面是不同的:

●.NET 体验可使用于多种设备:我们无需为可能使用的每一个设备编写一个不同的 XML Web 服务和不同的.NET 体验,.NET 体验能够读取用户选取设备的特征,给出一个恰当界面。

●.NET 体验使用 XML Web 服务:当.NET 体验连入网络后就能有效地利用 XML Web 服务为用户带来额外的价值,以更好地解决问题。

●.NET 体验是以用户为中心的:.NET 体验的焦点在终端用户,使用基于身份验证的块构建服务来为用户验证、参数设定、通知机制和用户数据提供服务。

.NET 的好处:

Microsoft .NET 为程序员、商业领导、IT 部门以及消费者带来了很多好处。

● 相对来说,程序员是比较缺乏的,雇用的费用也很高。然而 Microsoft .NET 使编程工作变得更加容易,开发投资的回报率也趋最大化。开发者们可以创建能重用的 XML Web 服务,而不再是一个单一的程序;这些 XML Web 服务易于编程和调试,彼此之间相互独立,通过 XML message 通讯及合作。所以对某一个服务的修改不会影响到其他的服务。

由于XML Web服务可以被很多.NET体验共同使用，所以对一个服务模块有效更新，也即更新了所有使用这个模块的.NET体验。任何编程语言都可以用来编写XML Web服务(如:C、C++、Visual Basic、COBOL、Perl、Python和Java等)，所以你的程序员可以选择他们最熟悉的语言来编程，这大大提高了开发效率。

● Microsoft .NET减少了程序员要写的代码量。一个XML Web服务能适用于所有的设备，不必再去为每一个设备编写一个不同的版本。另外，将显示特性与.NET体验分开以便以后加入新的接口技术，比如语音或手写识别，而不必去重写程序。

● Microsoft .NET开创了全新的商业模型，它使得一个公司可以用多种方法来把自己的技术商品化。举个例子来说，一个通讯公司可以使用XML Web服务的方式提供语音信件和呼叫者ID的访问，让用户从一个即时消息程序、电子邮件或用户所选的其他信息编译器中访问到上述信息。技术提供商可以把他们现有的软件包转变为XML Web服务，并把这些服务出售给需要这些功能的第三方，或是给.NET体验提供商，用以构建新的软件包。

● Microsoft .NET允许IT部门使用其他提供商的XML Web服务，减少内部研发的开销，并能提高工作效率。

提示:

XML Web服务是建立在XML数据交换基础上的软件模型，它帮助应用程序、服务和设备一起工作。用XML进行共享的数据，彼此之间独立，但同时又能够松耦合地连接到一个执行某特定任务的合作组。

1.1.2 NET Framework 概述

NET Framework又称.Net框架，是由微软开发，一个致力于敏捷软件开发(Agile software development)、快速应用开发(Rapid application development)、平台无关性和网络透明化的软件开发平台。.NET框架是以一种采用系统虚拟机运行的编程平台，以通用语言运行库(Common Language Runtime)为基础，支持多种语言(C#、VB、C++、Python等)的开发。.NET也为应用程序接口(API)提供了新功能和开发工具，可以支持生成和运行下一个应用程序和XML Web Services。它的强大功能与新技术结合起来，用于构建具有视觉上引人注目的用户体验的应用程序，实现跨技术边界的无缝通信，并且能支持各种业务流程。

.NET框架非常强大，主要有以下几种体现:

● Microsoft .NET Framework提供了一个一致的面向对象的编程环境，而且无论代码是在本地还是在远程服务器上都可执行，提高了软件的可复用性、可扩展性、灵活性。

● Microsoft .NET Framework提供了对Web应用的强大支持，如今是互联网的时代，大量的网络应用程序发挥着重要的作用。例如世界上最大的PC供应商DELL，其官方网站www.dell.com就是由.NET开发的。面对如此庞大的用户群体的访问，它仍旧能够保证高效率，这与.NET平台的强大与稳定是分不开的。

● Microsoft .NET Framework提供了对Web Service(Web服务)的支持，Web Service是.NET非常重要的内容。Hotmail和MSN登录时都要使用Hotmail的账户，其实支持这个账户应用的就是一个Web服务。

1.2　NET Framework 的体系结构

1.2.1　NET Framework 结构

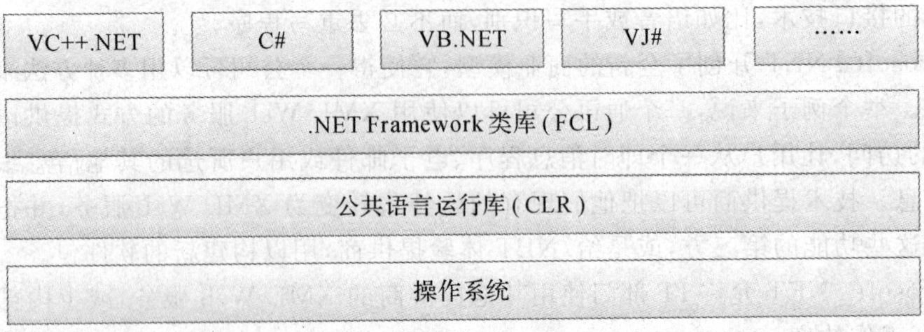

VC++.NET	C#	VB.NET	VJ#	……
.NET Framework 类库(FCL)				
公共语言运行库(CLR)				
操作系统				

图 1.1　NET 框架体系结构

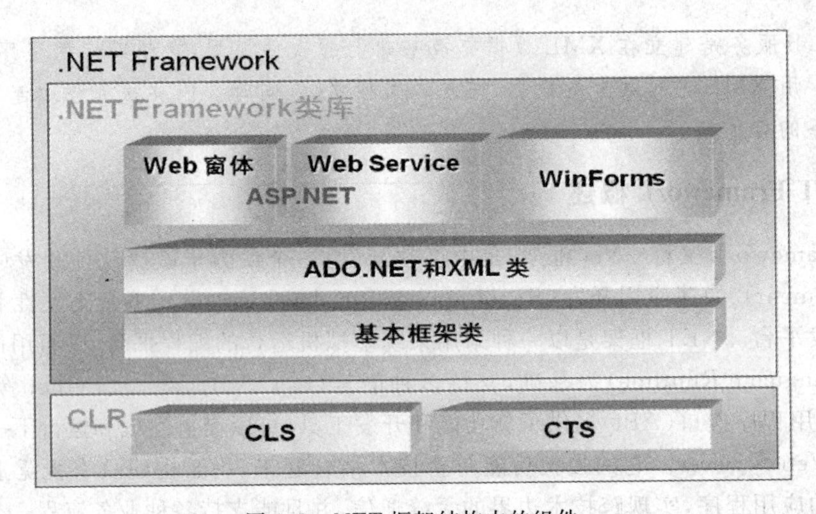

图 1.2　NET 框架结构中的组件

1.2.2　公共语言运行时(CLR)

公共语言运行时是.NET Framework 的基础。它负责在运行时管理代码的执行,并提供一些核心服务,如编译、内存管理、线程管理、代码执行、强制实施类型安全以及代码安全性验证。编译器以定义应用程序开发人员可用的基本数据类型的公共语言运行时为目标。由于公共语言运行时提供代码执行的托管环境,它提高了开发人员的工作效率并有利于开发可靠的应用程序。

CLR 也可以看作是一个在执行时管理代码的代理,管理代码是 CLR 的基本原则,能够被管理的代码成为托管代码,反之称为非托管代码。CLR 包含两个组成部分,CLS(公共语言规范)和 CTS(通用类型系统)。下面我们通过介绍.NET 的编程技术来具体了解这两个组件的功能。

1. CTS

C#和VB.NET都是公共语言运行时的托管代码，它们的语法和数据类型各不相同。CLR是如何对这两种不同的语言进行托管的呢？通用类型系统（Common Type System）用于解决不同语言的数据类型不同的问题，如C#中的整型是int，而VB.NET中是Integer，通过CTS我们把它们两个编译成通用的类型Int32。所有的.NET语言共享这一类型系统，在它们之间实现无缝互操作。

2. CLS

编程语言的区别不仅仅在于类型，语法或者说语言规范也都有很大的区别。因此.NET通过定义公共语言规范（Common Language Specification），限制了由这些不同点引发的互操作性问题。CLS是一种最低的语言的标准，制定了一种以.NET平台为目标的语言所必须支持的最小特征，以及该语言与其他.NET语言之间实现互操作性所需要的完备特征。凡是遵守这个标准的语言在.NET框架下都可以实现互相调用。例如，在C#中命名是区分大小写的，而VB.NET不区分大小写，这样CLS就规定，编译后的中间代码必须除了大小写之外有其他的不同之处。

3. .NET编译技术

为了实现跨语言开发和跨平台的战略目标，.NET所有编写的应用都不是编译为本地代码，而是编译成微软中间代码MSIL（Microsoft Intermediate Language）。它将由JIT（Just In Time）编译器转换成机器代码。C#和VB.NET代码通过它们各自的编译器编译成MSIL，MSIL遵守通用的语法，CPU不需要了解它，再通过JIT编译器编译成相应的平台专用代码，这里所说的平台是指我们的操作系统。这种编译方式实现了代码托管，还能够提高程序的运行效率。

图1.3　.NET编译原理

1.2.3　.NET Framework 类库

.NET Framework包括可加快和优化开发过程并提供对系统功能的访问的类、接口和值类型。为了便于语言之间进行交互操作，大多数.NET Framework类型都符合CLS，因而可在编译器符合公共语言规范（CLS）的任何编程语言中使用。

.NET Framework类型是生成.NET应用程序、组件和控件的基础。.NET Framework包括的类型可执行下列功能：

- 表示基础数据类型和异常。
- 封装数据结构。
- 执行I/O。
- 访问关于加载类型的信息。
- 调用.NET Framework安全检查。

- 提供数据访问、多客户端 GUI 和服务器控制的客户端 GUI。

.NET Framework 提供了一组丰富的接口以及抽象类和具体(非抽象)类。可以按原样使用这些具体的类,或者在多数情况下从这些类派生自己的类。若要使用接口的功能,既可以创建实现接口的类,也可以从某个实现接口的.NET Framework 类中派生类。

.NET Framework 类型能够完成一系列常见编程任务(包括诸如字符串管理、数据收集、数据库连接以及文件访问等任务)。除这些常规任务之外,类库还包括支持多种专用开发方案的类型。例如,可使用 .NET Framework 开发下列类型的应用程序和服务:

- 控制台应用程序。
- Windows GUI 应用程序(Windows 窗体)。
- Windows Presentation Foundation (WPF) 应用程序。
- ASP.NET 应用程序。
- Web 服务。
- Windows 服务。
- 使用 Windows Communication Foundation (WCF) 的面向服务的应用程序。
- 使用 Windows Workflow Foundation (WF) 的启用工作流程的应用程序。

1.3 C#语言概述

1.3.1 C#语言的诞生

C#(读作 C-Sharp)是 Microsoft 开发的一种较新的,简单、现代、面向对象、类型非常安全、派生于C和C++的编程语言,功能十分强大。C#语言及其.NET 开发环境,被认为是近年来最重要的新技术,掀起了程序设计与开发的新革命。

1.3.2 C#锐利体验

- C#已经成为一个国际标准。2001 年 ECMA 发布了 ECMA-334 C#语言规范,C#在 2003 年成为一个 ISO 标准(ISO/IEC 23270)。任何客户、任何人都可以获得 ECMA C#标准,并对其进行扩展、修改,并且无须付版税。他们可以在任何平台上或者任何设备上实现。
- C#是完全面向对象的语言。在 C#类型系统中,每种类型都可以看做一个对象。即便是简单的数字类型的数据,也是对象。C#提供了一个叫做装箱拆箱的机制来完成这种操作。
- 强大的.NET 类库支持。C#有着数量庞大、功能齐全的类库支持。可以简单地完成复杂的加密操作、网络应用操作等。使用 C#可以轻松地构建功能强大、开发快捷、运用方便的应用程序。
- 对 Web 开发的强大支持。
- 2.0 开始对泛型的支持。泛型是微软重点推出的内容,它可以使我们的程序更加安全,代码更加清晰,更容易控制。
- 能够开发多种应用程序。如 Windows 程序、ASP.NET、WebService 等。

下面我们通过一个程序来体验一下.NET 类库的强大支持。

我们现在要实现用 PING 命令检验一个 IP 地址的功能，在 C# 中实现这个功能非常简单，我们只需要引入 System. Net 和 System. Net. NetworkInformation 命名空间，调用一个类的方法就可以了。具体实现步骤如下：

1. 打开 Visual Studio . NET，创建一个控制台应用程序。如图 1.4 所示。

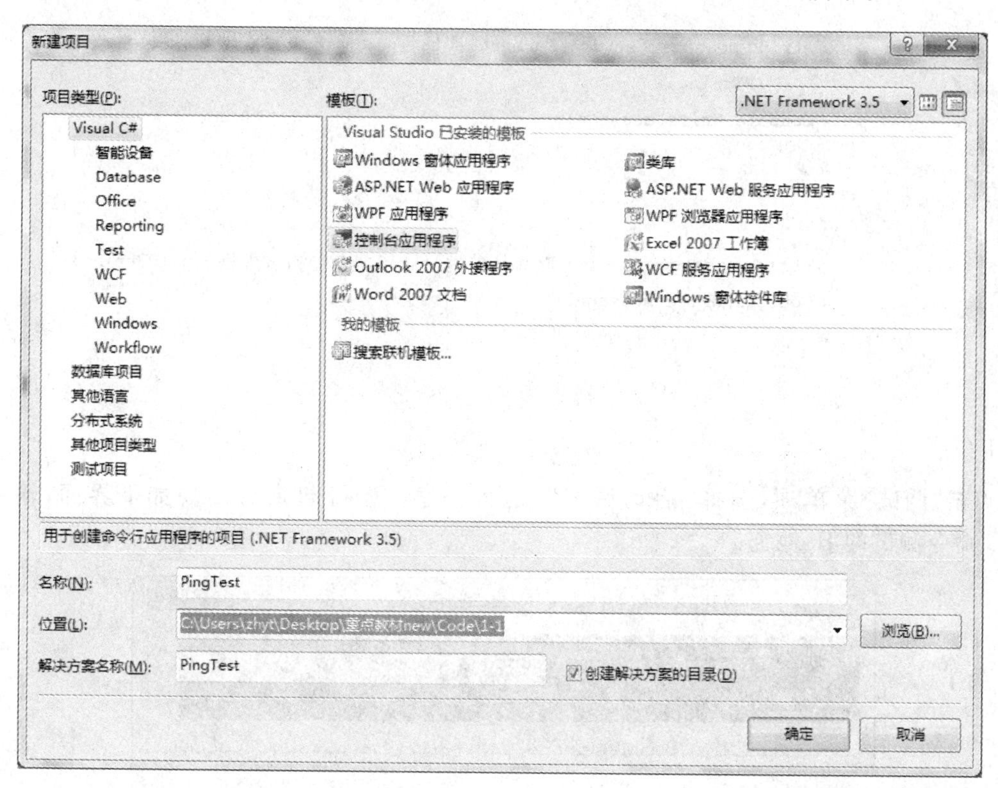

图 1.4　创建控制台应用程序

2. 代码如下：

示例 1.1：

```
using System;
using System.Collections.Generic;
using System.Linq;
using System.Text;
using System.Net;
using System.Net.NetworkInformation;

namespace PingTest
{
    class Program
    {
        static void Main(string[] args)
        {
            Ping pingSender = new Ping();
```

```
                Console.Write("请输入要测试的 IP 地址:");
                string IPString = Console.ReadLine();
                PingReply reply = pingSender.Send(IPString);
                if (reply.Status == IPStatus.Success)
                {
                    string message = string.Format("地址:{0} 连接测试成功!",
                        IPString);
                    Console.Write(message);
                }
                else
                {
                    string message = string.Format("地址:{0} 连接测试失败!", IPString);
                    Console.Write(message);
                }
            }
        }
    }
```

点击“调试”菜单项，选择“启动调试”，运行程序。运行起来后出现如下界面，输入用 PING 命令测试的 IP 地址：

图 1.5 PING 命令测试程序控制台界面

输入完 IP 地址后回车，可以看到如下的运行结果：

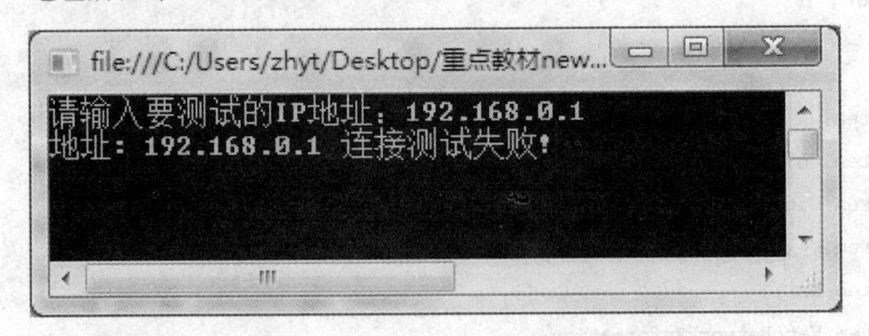

图 1.6 PING 命令测试程序结果

通过代码我们可以看到，实现起来非常简单，只有短短的几句代码，并且容易测试。只要将 IP 地址传递给方法就可以了。

1.4 VS.NET 2008 的环境概述

Visual Studio 是一个世界级的开发工具，它和.NET 框架配合，能够方便快捷地开发出多种.NET应用程序，还可以进行测试、版本控制、Team开发和部署等。

Visual Studio 2008的一些实用功能：

(1)目前的2008版本支持建立项目时选择框架的版本(2.0/3.0/3.5/4.0)，这样可以不需要在一台机子上装VS的多个开发平台了。

(2)2008提供了一个重构功能，这个功能非常实用，可以改善现有代码，将之前许多手工劳动自动化了。

(3)代码扩展和围绕技术。提供了插入预制的C#代码块的能力，可用的代码扩展数量是惊人的。

(4)可视化的类设计器(express中没有这个功能)。新建一个类图文件之后，就可以利用工具箱中的工具，拖放各种类、接口等类型，并增加删除成员，表示各种类型的关系(继承等)，配合实用class details窗口和class designer toolbox，加快了设计速度。

(5)对象测试平台。提供了可视工具(OTB，对象测试平台)，可以快速创建一个类的实例并调用其成员，无需运行整个程序。如果需要测试一个具体方法而不想逐行执行其他无关的代码，这个很有用。

1.4.1 设置VS.NET 2008环境

以下是Visual C# 中最重要的工具和窗口。大多数工具的窗口可从“视图”菜单打开。

- 代码编辑器，用于编写源代码。
- C# 编译器，用于将C# 源代码转换为可执行程序。
- Visual Studio调试器，用于对程序进行测试。
- “工具箱”和“设计器”，用于使用鼠标迅速开发用户界面。
- “解决方案资源管理器”，用于查看和管理项目文件和设置。
- “项目设计器”，用于配置编译器选项、部署路径、资源及更多其他内容。
- “类视图”，用于根据类型(而不是文件)在源代码中导航。
- “属性窗口”，用于配置用户界面中控件的属性和事件。
- 对象浏览器，用于查看动态链接库(包括.NET Framework程序集和COM对象)中可用的方法和类。
- 文档资源管理器，用于在本地计算机和Internet上浏览和搜索产品文档。

可以通过IDE中的窗口、菜单、属性页和向导与这些工具进行交互。基本IDE的外观如下所示：

(1)编辑器窗口和Windows窗体设计器窗口

代码编辑器和Windows窗体设计器都使用该大型主窗口。通过按F7，或者单击“视图”菜单上的“代码”或“设计器”，可在“代码”视图和“设计”视图之间进行切换。在“设计”视图中，可以将控件从“工具箱”(通过单击左边距上的“工具箱”选项卡即可看到)拖动到窗口。

右下方的“属性”窗口仅在“设计”视图中才会被生成。该窗口可以设置属性并挂接用户界面控件(如按钮、文本框等)的事件。如果将此窗口设置为“自动隐藏”，则只要切换至“代码”视图此窗口就会折叠进右边距。

(2)解决方案资源管理器和项目设计器

右上方的窗口是“解决方案资源管理器”，该窗口以分层树视图的方式显示项目中的所有文件。如果使用“项目”菜单将新文件添加到项目，将看到这些文件反映在“解决方案资源管理

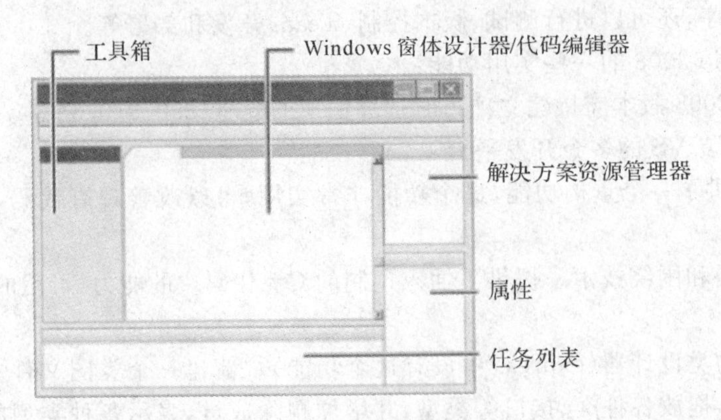

图 1.7　IDE 基本外观

器"中。除文件外,"解决方案资源管理器"还显示项目设置,以及对应用程序所需的外部库的引用。

可以通过右击"解决方案资源管理器"中的"属性"节点,然后单击"打开"访问"项目设计器"属性页。使用这些页可以修改生成选项、安全要求、部署详细信息以及许多其他项目属性。

(3)编译器、调试器和错误列表窗口

C# 编译器没有窗口,因为它不是交互式工具,但可以在"项目设计器"中设置编译器选项。如果单击"生成"菜单上的"生成",IDE 将调用 C# 编译器。如果生成成功,则状态窗格将显示"生成成功"消息。如果存在生成错误,将在编辑器/设计器窗口的下方出现带有错误列表的"错误列表"窗口。双击某个错误可以转到源代码中相应的问题行。按 F1 可以查看针对突出显示的错误的帮助文档。

调试器具有多个不同的窗口,这些窗口随着应用程序的运行显示变量的值和类型信息。在调试器中调试时,可以使用"代码编辑器"窗口指定在某一行暂停执行,以及每次一行单步执行代码。

1.4.2　使用动态帮助

Visual Studio 的"帮助"文档包含在 MSDN Library 中,可以将 MSDN Library 安装在本地计算机或网络上,也可以在 Internet 上的 http://www.microsoft.com/china/msdn/library 位置获得。该库的本地版本是格式为 .hxs 的压缩 HTML 文件的集合。可以选择在计算机上安装该库的全部或部分内容;MSDN 完全安装的大小接近 2GB,并且其中包括很多 Microsoft 技术文档。使用称为 Microsoft 文档资源管理器的 Visual Studio 帮助浏览器可以查看本地和联机 MSDN 文档。

在使用 Visual C# 的过程中,有七种方法可以访问"帮助":

- F1 搜索
- 搜索
- 索引
- 目录
- 如何实现
- 动态帮助
- 联机与本地帮助

在“选项”菜单下的“帮助选项”属性页上，可以指定搜索行为(包括 F1 搜索)的下列选项：

- 首先尝试搜索联机 MSDN library，如果未找到匹配项，再尝试搜索本地文档。
- 首先尝试搜索本地 MSDN library，如果未找到匹配项，再尝试搜索联机文档。
- 只尝试搜索本地 MSDN library。

第一次调用任何搜索时，都会出现这些选项。联机 MSDN 文档可能比本地文档包含更多更新内容。因此，如果在使用 Visual C# 的过程中可以连接 Internet，建议将搜索选项设置为首先尝试搜索联机 MSDN library。本地文档一旦更新即可下载。

(1)F1 搜索

F1 提供区分上下文的搜索功能。在代码编辑器中，将插入点光标定位于关键字或类成员上或紧随其后，并按 F1，可以访问 C# 关键字和 .NET Framework 类的“帮助”文档。当对话框或任何其他窗口具有焦点时，可以按 F1 获取该窗口的“帮助”。

F1 搜索仅返回一页。如果没有找到匹配项，将显示信息性页面，提供一些故障排除提示。

(2)搜索

使用搜索界面，返回与任何指定的术语或术语集相匹配的所有文档。搜索界面的外观如下所示：

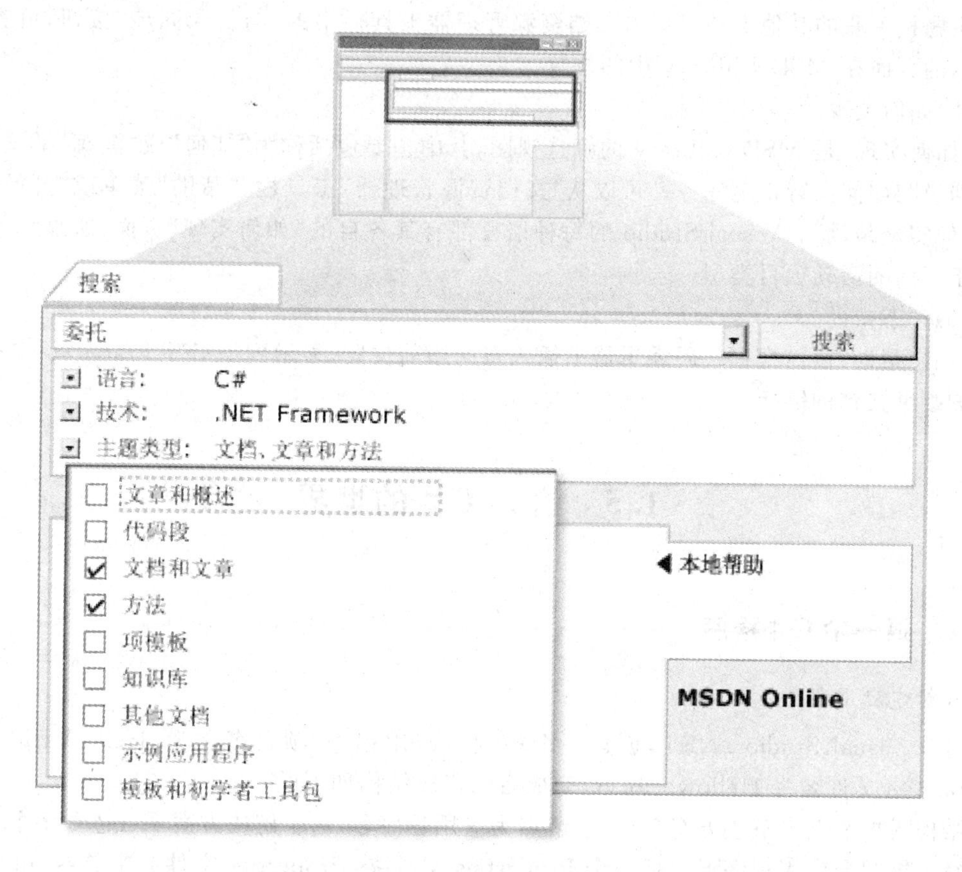

图 1.8　搜索界面的外观

也可以使用“选项”菜单上的“帮助选项”页面，指定除了搜索 MSDN library 以外，是否还要搜索 Codezone 网站。Codezone 站点由 Microsoft 合作伙伴运作，这些站点提供有关 C# 和 .NET Framework 的有用信息。Codezone 内容只可以联机使用。

相同的联机与本地搜索选项可应用于搜索和 F1 搜索。

在“搜索”界面中，指定要包括的文档类型，可以缩小或扩大搜索范围。此处有三个选项：语言、技术和主题类型。通常情况下，只选中适用于当前开发方案的那些选项，将获得最佳效果。

(3)索引

索引可以快速找到本地 MSDN library 中的文档。它不是全文搜索；而是只搜索分配给每个文档的索引关键字。索引查找通常比全文搜索更快而且相关性更强。如果不止一个文档中包含了索引搜索框中指定的索引关键字，将打开歧义消除窗口，可以从可能的选项中进行选择。

默认情况下，“索引”窗口位于文档资源管理器的左侧，可以从 Visual C＃ 中的“帮助”菜单访问该窗口。

(4)目录

MSDN library 目录以分层树视图结构显示库中的所有主题。它非常有用，可以浏览文档、了解库中所包含的内容，还可以浏览无法通过索引或搜索找到的文档。通常情况下，通过 F1、索引或搜索查找文档时，知道文档在目录中的位置十分有用，这样就可以查看存在哪些与给定主题相关联的其他文档。单击文档资源管理器工具栏中的“与目录同步”按钮，可查看当前显示的页面在 MSDN library 中的位置。

(5)如何实现

“如何实现”是 MSDN library 的筛选视图，其中主要包括称为“如何”或“演练”的文档，这些文档说明如何执行特定任务。可以从“文档资源管理器”工具栏、“帮助”菜单或“开始”页访问“如何实现帮助”。Visual Studio 的每种语言都有其各自的“如何实现”页面，所显示的页面取决于当前的活动项目类型。

(6)动态帮助

“动态帮助”窗口根据代码编辑器中插入点的当前位置，显示到 .NET Framework 和 C＃ 语言的参考文档的链接。

1.5　进入 C＃的世界

1.5.1　第一个 C＃程序

1. 创建应用程序

打开 Visual Studio .NET，创建一个控制台应用程序，项目名称为：HelloWorld。修改 Program.cs 文件名为 Helloworld.cs，完成后的程序结构如下图：

结构树根节点为解决方案名，其子节点为应用程序名，一个解决方案下可包含多个应用程序。每个控制台应用程序下包括一个 Properties 文件夹，Properties 文件夹中 AssemblyInfo.cs 为程序说明文件，可以在此文件中加注程序版权及版本信息等。一个“引用”文件夹和应用程序类文件(.cs 文件)。引用文件夹下包括了编译和执行程序所必需的动态链接库文件，这些动态链接库文件可以是.NET Framework 提供的，也可以是自主开发的。

接下来我们完成诸如编译应用程序等其他余下来的步骤。

图 1.9　控制台应用程序文件结构图

2. 编写程序代码

最简单的 "Hello World "程序代码如下：

示例 1.2：

```
using System;
using System.Collections.Generic;
using System.Linq;
using System.Text;

namespace HelloWorld
{
    class Helloworld
    {
        static void Main(string[] args)
        {
            System.Console.WriteLine("Hello World");
        }
    }
}
```

在 C# 中，代码块(语句组)由大括弧({和})所括住。Main()方法是 HelloWorld 类语句的一部分,因为类被括在所定义的大括弧中。

C#应用程序(可执行)的入口点就是 static Main 方法,它必须包含在一个类中。仅有一个类能使用该标志定义,除非你告诉编译器它应使用哪一个 Main 方法(否则,会产生一个编译错误)。

Main 方法返回一个 void 类型。

语法:

```
public static void Main()
```

public 的访问标志告诉我们这个方法可以被任何程序访问,这是它被调用的必要条件。其次,static 意味着没有先创建类的实例也可以调用方法——你所要做的就是用类名调用方法。

```
HelloWorld.Main();
```

但是,并不赞成在 Main 方法中执行这行代码,递归会导致堆栈溢出。

另一重要的方面是返回类型。对于方法 Main,可选择 void (意味着根本就没有返回值),或用 int 为整型结果(应用程序返回的错误级别)。因此,两种可能的 Main 方法为:

```
public static void Main()
public static int Main()
```

在对 Main 方法并不简短的介绍之后,让我们把注意力集中到唯一真正的代码行——这行代码在屏幕上显示"Hello World"。

```
System.Console.WriteLine("Hello World");
```

假如不是由于有了 System,大家会马上猜到 WriteLine 是 Console 对象的一个静态方法。那么 System 代表什么呢?它是包含 Console 对象的名字空间(范围),实际上并不是每次都在 Console 对象前加上名字空间的前缀,你可以在应用程序中引入名字空间。

```
在应用程序中引入名字空间
using System;
usingSystem.Collections.Generic;
usingSystem.Linq;
usingSystem.Text;
```

所有你要做的就是给 System 名字空间加一个 using 指令。在这之后,不再需要规定名字空间,就可以使用它们的方法和属性了。

3. 编译应用程序

点击菜单中"生成"项,在弹出菜单中选择"生成解决方案",VS .NET 环境将开始编译该应用程序,程序无异常情况下做如下输出:

示例 1.3:

```
------已启动生成:项目:HelloWorld,配置:Debug Any CPU------
C:\Windows\Microsoft.NET\Framework\v3.5\Csc.exe /noconfig /nowarn:1701,1702
/errorreport:prompt /warn:4 /define:DEBUG;TRACE /reference:"C:\Program Files\Reference
Assemblies\Microsoft\Framework\v3.5\System.Core.dll" /reference:"C:\Program
```

```
Files\Reference Assemblies\Microsoft\Framework\v3.5\System.Data.DataSetExtensions.dll"
/reference:C:\Windows\Microsoft.NET\Framework\v2.0.50727\System.Data.dll
/reference:C:\Windows\Microsoft.NET\Framework\v2.0.50727\System.dll
/reference:C:\Windows\Microsoft.NET\Framework\v2.0.50727\System.Xml.dll
/reference:"C:\Program Files\Reference
Assemblies\Microsoft\Framework\v3.5\System.Xml.Linq.dll" /debug+ /debug:full
/filealign:512 /optimize- /out:obj\Debug\HelloWorld.exe /target:exeHelloworld.cs
Properties\AssemblyInfo.cs

编译完成--0 个错误,个警告
HelloWorld -> C:\Users\zhyt\Desktop\MyTest\HelloWorld\HelloWorld
              \bin\Debug\HelloWorld.exe
====== 生成:成功或最新 1 个,失败 0 个,跳过 0 个 ======
```

4. **输入和输出**

选择调试程序:

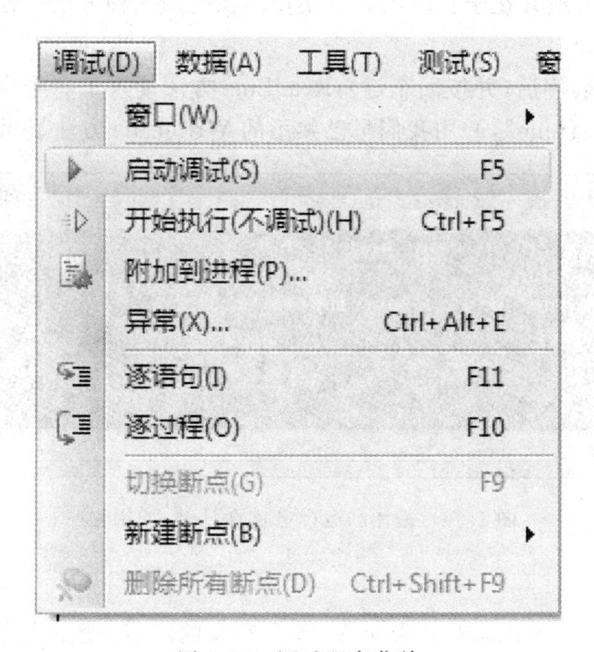

图 1.10　调试程序菜单

控制台将输出:Hello World。

到目前为止,我仅仅演示了把简单的常量字符串输出到屏幕。

下面的程序说明如何读一个用户请求的名字。

示例 1.4:

```
//输入,并显示一条已定制好的"Hello" 信息。
//从控制台读输入信息
using System;
using System.Collections.Generic;
using System.Linq;
```

```
using System.Text;

namespace HelloWorld
{
    class Helloworld
    {
        static void Main(string[] args)
        {
            Console.Write("Please enter your name: ");
            string strName = Console.ReadLine();
            Console.WriteLine("Hello " + strName);
        }
    }
}
```

第10行使用Console对象的一个新方法用于提示文本信息给用户，它就是Write方法。它与WriteLine不同的地方在于它输出时不换行。我使用这种方法以便用户可以在信息提示的同一行输入名字。

在用户输入他的名字后(并按回车键)，ReadLine方法读入了一个字符串变量。名字字符串连接到常量字符串"Hello"，并用我们早已熟悉的WriteLine方法显示出来(见图1.11)。

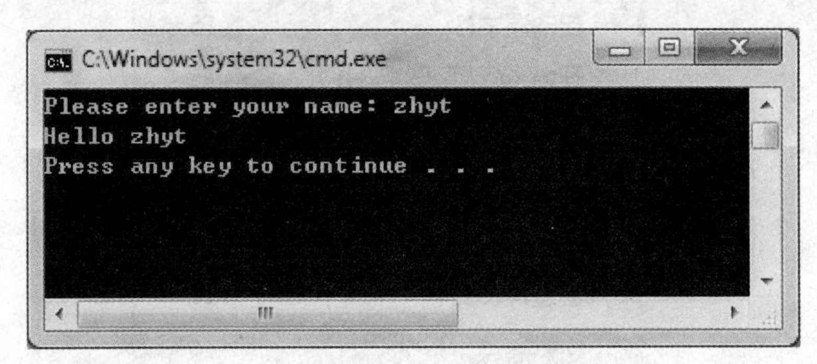

图1.11 编译和运行定制的Hello应用程序

5. 添加注释

当你写代码时，你应为代码写注释条文，解释实现的内容、变更史等。尽管你注释中提供的信息是给你写的，但是你还是必须遵守写C#注释的方法。下面的程序显示采用的两种不同的方式。

示例1.5：

```
//给你的代码添加注释

using System;
using System.Collections.Generic;
using System.Linq;
using System.Text;
```

```
namespace HelloWorld
{
  class Helloworld
  {
    static void Main(string[] args)
    {
      // 这是单行注释
      /* 这种注释
      跨越多行 */
      Console.WriteLine(/* "Hello World" */);
    }
  }
}
```

"//"符号用于单行注释。你可以用"//"注释当前所在行，或是跟在一个代码语句的后面：

intnMyVar=10; // 胡说八道

所有在"//"后面的被认为是一条注释；所以，你可以同样用它们来注释一整行或一行源代码的部分。

如果你的注释跨越多行，必须使用"/* */"的字符组合。请看下列代码行：

```
/* Console.WriteLine("Hello World"); */
```

使用"/* */"简单地注释一整行。现在假定这一行是很长代码的一部分，而且要暂时禁用一个程序块：

```
/*
...
/* Console.WriteLine("Hello World"); */
...
*/
```

这个结构所存在的问题为："Hello World"那一行后面的"*/"终止了始于第一行的"/*"的注释，余下的代码对编译器有效，你将看到一些有趣的出错信息。至少最后的"*/"被标志为归属错误。

1.5.2　Console类

Console类表示控制台应用程序的标准输入流、输出流和错误流。

Console类提供的输入方法非常简单，语法如下：

语法：

```
Console.ReadLine();
```

Console类还提供的输入输出方法包括：

- Console.Write表示向控制台直接写入字符串，不进行换行，可继续接着前面的字符写入。
- Console.WriteLine表示向控制台写入字符串后换行。

- Console.Read 表示从控制台读取字符串，不换行。
- Console.ReadLine 表示从控制台读取字符串后进行换行。
- Console.ReadKey 获取用户按下的下一个字符或功能键。按下的键显示在控制台窗口中。

以下代码返回一个字符串类型，可以把它直接赋给字符串变量。

stringstrname＝Console.ReadLine()；

有时从控制台输入数字，就用到前面的数据转换。例如：

intnum＝int.Parse(Console.ReadLine())；

intnum＝Convert.ToInt32(Console.ReadLine())；

注意：Console.ReadLine()和 Console.Read()的输入结果完全不同，不能混 Console.ReadKey()就是获取用户按下的功能键显示在窗口中，用在前面代码中起到窗口暂停作用。

示例 1.6：

```
using System;
using System.Collections.Generic;
using System.Linq;
using System.Text;

namespace HelloWorld
{
    class Helloworld
    {
        static void Main(string[] args)
        {
            //显示提示信息
            Console.WriteLine("请输入两个学生姓名");
            //从控制台输入姓名
        string name1 = Console.ReadLine();
            string name2 = Console.ReadLine();
            Console.WriteLine("请输入两个学生成绩");
            //从控制台输入成绩
            int score1 = int.Parse(Console.ReadLine());
            int score2 = int.Parse(Console.ReadLine());
            //输出学生信息
            Console.WriteLine("第一个学生的姓名{0},成绩{1}", name1, score1);
            Console.WriteLine("第二个学生的姓名{0},成绩{1}", name2, score2);
        Console.ReadKey();
        }
    }
}
```

1.5.3 .NET Framework 类库的使用

在使用框架类库时，我们会引入一些相应的命名空间。在类库中包含 170 多个命名空间，上千个类。在框架类库中，都有哪些是主要的命名空间呢？框架类库的内容被组织成一个树状命名空间。每一个命名空间可以包含许多类型及其他命名空间。

在框架类库中常用命名空间：

● System.Collections：包含了一些与集合相关的类型，比如列表、队列、位数组、哈希表和字典等。

● System.IO：包含了一些数据流类型并提供了文件和目录同步异步读写。

● System.Text：包含了一些表示字符编码的类型并提供了字符串的操作和格式化。

● System.Reflection：包括了一些提供加载类型、方法和字段的托管视图以及动态创建和调用类型功能的类型。

● System.Threading：提供启用多线程的类和接口。

● System.Drawing：这个主要的GDI+命名空间定义了许多类型，实现基本的绘图类型(字体、钢笔、基本画笔等)和无所不能的Graphics对象。

● System.Drawing2D：这个命名空间提供高级的二维和矢量图像功能。

● System.Drawing.Imaging：这个命名空间定义了一些类型实现图形图像的操作。

● System.Drawing.Text：这个命名空间提供了操作字体集合的功能。

● System.Drawing.Printing：这个命名空间定义了一些类型实现在打印纸上绘制图像，和打印机交互以及格式化某个打印任务的总体外观等功能。

● System.Data：包含了数据访问使用的一些主要类型。

● System.Data.Common：包含了各种数据库访问共享的一些类型。

● System.XML：包含了根据标准来支持XML处理的类。

● System.Data.OleDb：包含了一些操作OLEDB数据源的类型。

● System.Data.Sql：能使你枚举安装在当前本地网络的SQL Server实例。

● System.Data.SqlClient：包含了一些操作MS SQL Server数据库的类型，提供了和System.Data.OleDb相似的功能，但是针对SQL做了优化。

● System.Data.Odbc：包含了操作ODBC数据源的类型。

● System.Data.OracleClient：包含了操作ODBC数据库的类型。

● System.NET：包含的类可为当前网络上的多种协议提供简单的编程接口。

必须将给定命名空间的using指令添加到C#源文件中，才能在C#程序中使用该命名空间中的类。在某些情况下，还必须添加对包含该命名空间的DLL的引用；Visual C#自动添加对最常用的类库DLL的引用。可以在“引用”节点下的“解决方案资源管理器”中查看添加了哪些引用。

添加命名空间的using指令后，可以创建该命名空间中类型的实例、调用方法以及事件响应，就像它们已在各自的源代码中进行了声明一样。在Visual C#代码编辑器中，还可以将插入点置于类型或成员名称上，然后按F1查看“帮助”文档。也可以使用“对象浏览器”工具和“用作源代码的元数据”功能查看有关.NET Framework类和结构的类型信息。

1.5.4　命名空间的使用

命名空间提供了一种组织相关类和其他类型的方式。与文件或组件不同，命名空间是一种逻辑组合，而不是物理组合。在C#文件中定义类时，可以把它包括在命名空间定义中。以后，在定义另一个类，在另一个文件中执行相关操作时，就可以在同一个命名空间中

包含它,创建一个逻辑组合,告诉使用类的其他开发人员这两个类是如何相关的以及如何使用它们:

```
namespaceCustomerPhoneBookApp
{
    using System;
    public struct Subscriber
    {
        // Code for struct here...
    }
}
```

把一个类型放在命名空间中,可以有效地给这个类型指定一个较长的名称,该名称包括类型的命名空间,后面是句点(.)和类的名称。在上面的例子中,Subscriber 结构的全名是 CustomerPhoneBookApp. Subscriber。这样,有相同类名的不同的类就可以在同一个程序中使用了。

也可以在命名空间中嵌套其他命名空间,为类型创建层次结构:

示例 1.7:

```
namespaceWrox
{
    namespaceProCSharp
    {
        namespace Basics
        {
            class NamespaceExample
            {
                // Code for the class here...
            }
        }
    }
}
```

每个命名空间名都由它所在命名空间的名称组成,这些名称用句点分隔开,首先是最外层的命名空间,最后是它自己的短名。所以 ProfessionalCSharp 命名空间的全名是 Wrox. ProCSharp,NamespaceExample 类的全名是 Wrox. ProCSharp. Basics. NamespaceExample。

使用这个语法也可以组织自己的命名空间定义中的命名空间,所以上面的代码也可以写为:

```
namespaceWrox.ProCSharp.Basics
{
    class NamespaceExample
    {
        // Code for the class here...
    }
}
```

注意不允许在另一个嵌套的命名空间中声明多部分的命名空间。

命名空间与程序集无关。同一个程序集中可以有不同的命名空间，也可以在不同的程序集中定义同一个命名空间中的类型。

在C# 程序中，通过两种方式来大量使用命名空间。首先，.NET Framework类使用命名空间来组织它的众多类。其次，在较大的编程项目中，声明自己的命名空间可以帮助控制类和方法名的范围。

大多数C# 应用程序从一个using指令节开始。该节列出应用程序将会频繁使用的命名空间，避免程序员在每次使用其中包含的方法时都要指定完全限定的名称。

例如，通过在程序开头包括行：

```
using System;
```

namespace关键字用于声明一个范围。在项目中创建范围的能力有助于组织代码，并提供创建全局唯一的类型的途径。

1. using语句

显然，命名空间相当长，键入起来很繁琐，用这种方式指定某个特定的类也是不必要的。如本章开头所述，C#允许简写类的全名。为此，要在文件的顶部列出类的命名空间，前面加上using关键字。在文件的其他地方，就可以使用其类型名称来引用命名空间中的类型了：

```
using System;
usingWrox.ProCSharp;
```

如前所述，所有的C#源代码都以语句using System;开头，这仅是因为Microsoft提供的许多有用的类都包含在System命名空间中。

如果using指令引用的两个命名空间包含同名的类，就必须使用完整的名称(或者至少较长的名称)，确保编译器知道访问哪个类型，例如，类NamespaceExample同时存在于Wrox.ProCSharp.Basics和Wrox.ProCSharp.OOP命名空间中，如果要在命名空间Wrox.ProCSharp中创建一个类Test，并在该类中实例化一个NamespaceExample类，就需要指定使用哪个类：

示例1.8：

```
usingWrox.ProCSharp;
class Test
{
    public static int Main()
    {
        Basics.NamespaceExamplenSEx = new Basics.NamespaceExample();
        //do something with the nSEx variable
        return 0;
    }
}
```

一个公司一般都会花一定的时间开发一种命名空间模式，这样其开发人员才能快速定位他们所需要的功能，而且公司内部使用的类名也不会与外部的类库相冲突。

2. 命名空间的别名

using 关键字的另一个用途是给类和命名空间指定别名。如果命名空间的名称非常长，又要在代码中使用多次，但不希望该命名空间的名称包含在 using 指令中（例如，避免类名冲突），就可以给该命名空间指定一个别名，其语法如下：

```
using alias = NamespaceName;
```

下面的例子给 Wrox. ProCSharp. Basics 命名空间指定别名 Introduction，并使用这个别名实例化了一个 NamespaceExample 对象，这个对象是在该命名空间中定义的。它有一个方法 GetNamespace()，该方法调用每个类都有的 GetType()方法，以访问表示类的类型的 Type 对象。下面使用这个对象来返回类的命名空间名：

示例 1.9：

```
using System;
using Introduction = Wrox.ProCSharp.Basics;
class Test
{
    public static int Main()
    {
        Introduction.NamespaceExampleNSEx = new Introduction.NamespaceExample();
        Console.WriteLine(NSEx.GetNamespace());
        return 0;
    }
}

namespaceWrox.ProCSharp.Basics
{
    class NamespaceExample
    {
        public string GetNamespace()
        {
            return this.GetType().Namespace;
        }
    }
}
```

3. 完全限定名

命名空间和类型的名称必须唯一，由指示逻辑层次结构的完全限定名描述。例如，语句 A. B 表示 A 是命名空间或类型的名称，而 B 则嵌套在其中。

下面的示例中有嵌套的类和命名空间。在每个实体的后面，需要完全限定名作为注释。

示例1.10：

```
namespace N1      // N1
{
    class C1       // N1.C1
    {
        class C2   // N1.C1.C2
        {
        }
    }
    namespace N2   // N1.N2
    {
        class C2   // N1.N2.C2
        {
        }
    }
}
```

以上代码段中：

- 命名空间 N1 是全局命名空间的成员。它的完全限定名是 N1。
- 命名空间 N2 是命名空间 N1 的成员。它的完全限定名是 N1.N2。
- 类 C1 是 N1 的成员。它的完全限定名是 N1.C1。
- 在此代码中使用了两次 C2 类名。但是，完全限定名是唯一的。第一个类名在 C1 内声明；因此其完全限定名是：N1.C1.C2。第二个类名在命名空间 N2 内声明；因此其完全限定名是：N1.N2.C2。

使用以上代码段，可以用以下方法将新的类成员 C3 添加到命名空间 N1.N2 内：

```
namespace N1.N2
{
class C3    // N1.N2.C3
    {
    }
}
```

命名空间具有以下属性：

- 组织大型代码项目。
- 以 . 运算符分隔。
- using directive 意味着不需要为每个类指定命名空间的名称。
- global 命名空间是“根”命名空间：global::system 始终引用.NET Framework 命名空间 System。

1.6 本章知识梳理

- .NET Framework 是由微软开发，一个致力于敏捷软件开发(Agile software development)、快速应用开发(Rapid application development)、平台无关性和网络透明化的软件开发平台。

- . NET Framework 包括可加快和优化开发过程并提供对系统功能的访问的类、接口和值类型。为了便于语言之间进行交互操作,大多数 . NET Framework 类型都符合 CLS,因而可在编译器符合公共语言规范 (CLS) 的任何编程语言中使用。
- Visual Studio 是一个世界级的开发工具,它和. NET 框架配合,能够方便快捷地开发出多种. NET 应用程序,还可以进行测试、版本控制、Team 开发和部署等。
- 在使用框架类库时,我们会引入一些相应的命名空间来组织程序。

第2章　C＃基础知识

【本章工作任务】

- 输出学生的总成绩
- 一个数转换为其他类型
- 根据条件用 if 语句计算机票价格
- 用 switch 结构输出学生信息
- 根据输入时间用 switch 结构问好
- 用 foreach 结构输出字符串中的每个字符
- 用二重循环计算班级竞赛的平均分
- 用二重循环打印 * 图案
- 用二重循环编程模拟商场购物过程
- 实现一维数组的冒泡排序
- 处理用户邮件地址并输出用户名称
- 字符串分割后重新连接
- 用 Format()方法输出个人档案
- 用方法来计算缴税后的工资
- 用方法来交换两个数

【本章技能目标】

- 会简单 C＃ 程序的开发步骤
- 会使用 C＃ 中的变量类型及命名规则
- 会使用 Console 类进行控制台输入输出
- 会使用 C＃ 中的条件判断语句
- 会使用 C＃ 中循环语句
- 会简单 C＃ 程序的调试方法
- 会使用 C＃ 中的一维数组
- 能够使用二重循环实现冒泡排序
- 会 C＃ 中方法的定义和使用
- 会 C＃ 中参数的传递方式
- 会使用常用的 String 类的方法
- 能够进行常用数据类型之间的转换

2.1 声明 C# 中的变量和常量

2.1.1 变 量

程序要对数据进行读、写、运算等操作，当需要保存特定的值或计算结果时就需要用到变量，这里我们先来了解一下变量和数据类型。C# 中的变量声明方式使用下面的语法：

语法：

<访问修饰符> 数据类型 变量名；

其中：访问修饰符有 Public(公共的)、Private(私有的)、Protected(保护的)三种，具体的作用将在后续章节中解释。

C# 的变量名规则，遵循骆驼命名法，"$"符号在 C# 中不能使用。因此变量的命名规则可以总结为以下 3 条：

- 组成：52 个英文字符(A～Z，a～z)、10 个数字(0～9)、下划线，除此之外不能包含其他字符。
- 开头：只能以字符和下划线开头。
- 不能使用的：不能使用的是 C# 中的关键字。C# 的关键字参见附录。

规范：

变量命名规范如下：

- 变量的名称要有意义，尽量用对应的英文命名，做到见名知义。
- 避免使用单个字符作为变量名，如 a、b、c，应该使用 index、temp 等，但循环变量除外。
- 当使用多个单词组成变量时，应使用骆驼(Camel)命名法，即第一个单词的首字母小写，其他单词的首字母大写，如 studentName、myAge 等。

示例 2.1：

```
bool test = true;
short num1 = 19;
int num2 = 14000;
string val = "Jane";
float num3 = 14.5f;
```

2.1.2 常 量

常量其值在运行过程中保持不变。在 C# 中用 const 关键字进行声明。其语法格式为：

语法：

<访问修饰符> const 数据类型 常量名 = 常量值；

其中访问修饰符与变量相同。

示例1.2：

```
const float _pi = 3.14F;
```

2.2 C#中的数据类型

2.2.1 C#中的数据类型

C#提供了Java中可用的所有数据类型，还增加了两种。基本的数据类型见表2.1。

表2.1 基本数据类型

C# 数据类型	大 小	默认值	示 例
int	有符号的32位整数	0	int rating=20;
float	32位浮点数，精确到小数点后7位	0.0F	float temperature=40.6F;
byte	无符号的8位整数	0	byte gpa=2;
short	有符号的16位整数	0	short salary=3400;
long	有符号的64位整数	0L	long population=23451900;
bool	布尔值，true或false	False	bool IsManager=true;
string	Unicode字符串	—	string color="Orange"
Char	单个Unicode字符	'\0'	char gender='M';

注意：C#中布尔类型的关键字与Java不同，使用bool；string的"s"是小写的。

2.2.2 简单的类型转换

由于变量的类型很多，类型的转换是在编程过程中会经常碰到的问题，C#中分为隐式类型转换和显示类型转换两种类型转换。

1. 隐式类型转换

隐式类型转换也称为自动类型转换，其实规则很简单：对于数值类型，任何类型A，只要其取值范围完全包含在类型B的取值范围内，就可以隐式转换为类型B。例如，int类型可以隐式转换为float、double类型，float类型可以隐式转换为double类型。

2. 显示类型转换

什么时候用显示类型转换呢？与隐式转换相反，当要把取值范围大的类型转换为取值范围小的类型时，就需要显示转换。例如下面的示例2.2，没有使用显示类型转换，在运行时会产生如图2.1所示的错误信息。

示例2.2：

```
using System;
using System.Collections.Generic;
using System.Text;
```

```
namespace HelloWorld
{
    // 此示例演示显式类型转换
    class Program
    {
        static void Main(string[] args)
        {
            double score = 58.5;              // 原始成绩
            int bonus = 2;                     // 加分
            int sum;                           // 总分
            sum = score + bonus;              // 不进行转换,计算总分
            //sum = (int)score + bonus;   // 进行转换,计算总分
            Console.WriteLine("原分数:{0}分",score);
            Console.WriteLine("加分后分数:{0}分",sum);
            Console.ReadLine();
        }
    }
}
```

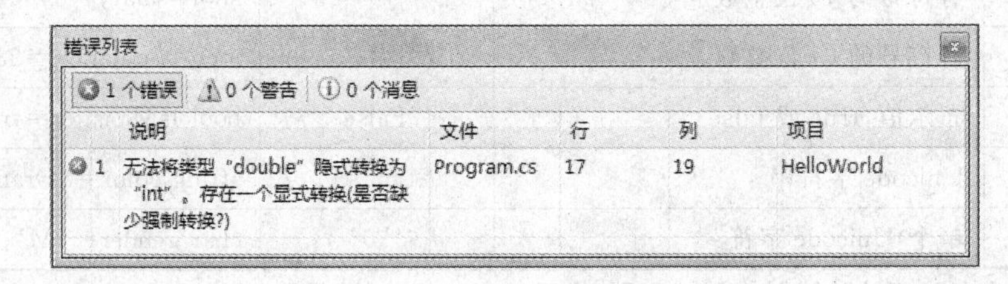

图 2.1　示例的错误信息

将 sum＝score＋bonus;改成 sum＝(int)score＋bonus;,再次运行就不会出错了。再运行的结果如图 2.2 所示。

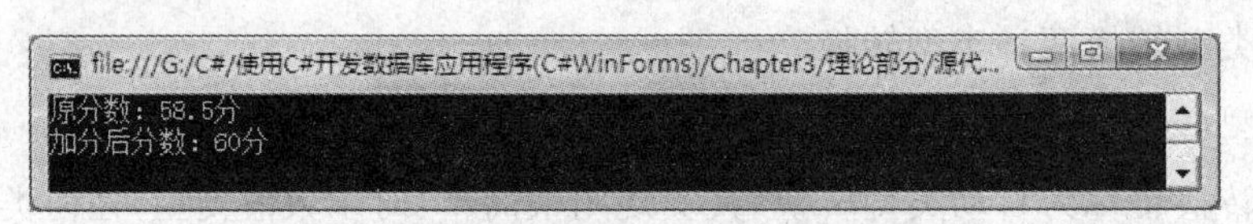

图 2.2　示例的正确运行结果

我们发现 score 的值仍是 58.5,但 sum 的值却变成了 60,这是因为在计算的时候,将 score 的值转换为整数 58 进行计算,丢失了小数部分,但实际上 score 的值并没有变化。

2.2.3　数值类型与字符串类型之间的转换

前面介绍的隐式类型转换和显示类型转换,一般用于数值型之间转换,那么数值型和字符串之间的转换又怎么实现呢?

1. 字符串转换为数值型

当我们要把字符串转换为数值型时,可以使用 Parse()方法,不同的类型都有自己的 Parse()方法。

字符串转换为整型(string→int)

int. Parse(string);

字符串转换为单精度(string→float)

float. Parse(string);

字符串转换为双精度(string→double)

double. Parse(string);

注意,要转换的字符串必须是数字的有效表示形式,比如“128”转换成128,不能把字母转换成数值,如“stu_name”就不能转换。

2. 数值型转换为字符串

字符串可以转换成数值,那数值怎么转换成字符串呢?只要使用ToString()方法就行了。例如:

```
int age = 18;
string myage = age.ToString();
```

2.2.4 使用Convert类进行转换

Convert类,它能够在各种基本类型之间互相转换。Convert类为每种类型转换都提供了一个静态方法,常用的方法见表2.2。

表2.2 Convert类的常用方法

方　法	说　明
Convert. ToInt32()	转换为整型(int类型)
Convert. ToSingle()	转换为单精度浮点型(float类型)
Convert. ToDouble()	转换为为双精度浮点型(double类型)
Convert. ToString()	转换为字符型(string类型)

这些方法中的参数就是要转换的数据,下面我们来看一个例子你就会明白。

问题:

使用Convert类将double类型的85.63分别转换为int、float、string类型的数值。

解决这个问题的代码如下:

示例2.3:

```
using System;
using System.Collections.Generic;
using System.Text;
namespace HelloWorld
{
    // 此示例演示使用Convert进行不同类型之间的转换
    class Program
    {
        static void Main(string[] args)
        {
```

```
            double myDouble = 85.63;       // 原始数值
            int myInt;                     // 转换后的整型
            float myFloat;                 // 转换后的浮点型
            string myString;               // 转换后的字符串
            Console.WriteLine("原始数值为 double 类型:{0}",myDouble);
            // 开始转换
            myInt = Convert.ToInt32(myDouble);        // 转换为整型
            myFloat = Convert.ToSingle(myDouble);     // 转换为浮点型
            myString = Convert.ToString(myDouble);    // 转换为字符串
            // 输出
            Console.WriteLine("转换后:");
            Console.WriteLine("int\tfloat\tstring");
            Console.WriteLine("{0}\t{1}\t{2}",myInt,myFloat,myString);
            Console.ReadLine();
        }
    }
}
```

示例 4 的运行结果如图 2.3 所示。

图 2.3　示例运行结果

2.2.5　常见错误

Parse()方法只用于将字符串转换为其他数据类型,如果传入的参数为其他类型,像下面常见错误所示,就会出现如图 2.4 所示的错误。

示例 2.4:

```
using System;
using System.Collections.Generic;
using System.Text;
namespace HelloWorld
{
    class Program
    {
        static void Main(string[] args)
        {
            double money = 20.53;
            int pay = int.Parse(money);
            Console.WriteLine(pay);
```

```
            Console.ReadLine();
        }
    }
}
```

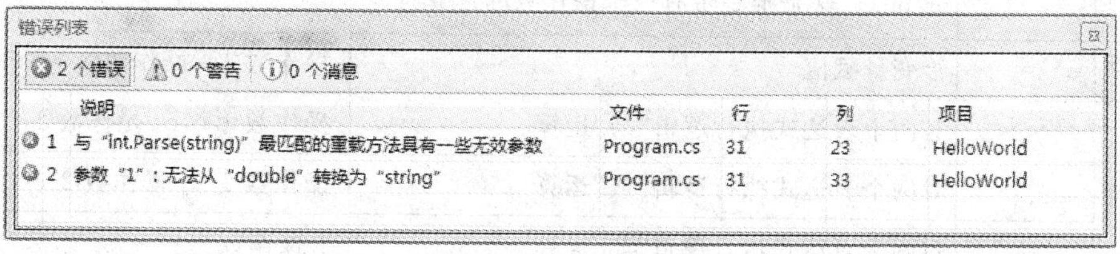

错误列表

2 个错误　0 个警告　0 个消息

	说明	文件	行	列	项目
1	与 "int.Parse(string)" 最匹配的重载方法具有一些无效参数	Program.cs	31	23	HelloWorld
2	参数 "1"：无法从 "double" 转换为 "string"	Program.cs	31	33	HelloWorld

图 2.4　常见错误

错误原因：Parse()方法只用于字符串转换成数值类型的，括号里面的参数只能是字符串类型的变量，不接受 string 类型以外的参数。

2.3　C#中的运算符和表达式

C#提供了 Java 支持的所有常用运算符，使用方式也相同，常用的运算符见表 2.3。

表 2.3　运算符

类　别	运算符	说　明	表达式
算术运算符	+	执行加法运算（如果两个操作数是字符串，则该运算符用作字符串连接运算符，将一个字符串添加到另一个字符串的末尾）	操作数 1+操作数 2
	−	执行减法运算	操作数 1— 操作数 2
	*	执行乘法运算	操作数 1 * 操作数 2
	/	执行除法运算	操作数 1 / 操作数 2
	%	获得进行除法运算后的余数	操作数 1 % 操作数 2
	++	将操作数加 1	操作数++或++操作数
	−−	将操作数减 1	操作数—或—操作数
	~	将一个数按位取反	~操作数
比较运算符	>	检查一个数是否大于另一个数	操作数 1 > 操作数 2
	<	检查一个数是否小于另一个数	操作数 1 < 操作数 2
	>=	检查一个数是否大于或等于另一个数	操作数 1 >=操作数 2
	<=	检查一个数是否小于或等于另一个数	操作数 1 <=操作数 2
	==	检查两个值是否相等	操作数 1 == 操作数 2
	! =	检查两个值是否不相等	操作数 1 ! =操作数 2

续表

类 别	运算符	说 明	表达式
条件运算符	?:	检查给出的第一个表达式 expression 是否为真。如果为真,则计算 operand1,否则计算 operand2。这是唯一带有三个操作数的运算符	表达式?操作数 1:操作数 2
赋值运算符	=	给变量赋值	操作数 1=操作数 2
逻辑运算符	&&	对两个表达式执行逻辑"与"运算	操作数 1 && 操作数 2
	||	对两个表达式执行逻辑"或"运算	操作数 1 || 操作数 2
	!	对两个表达式执行逻辑"非"运算	!操作数
强制类型转换符	( )	将操作数强制转换为给定的数据类型	(数据类型) 操作数
成员访问符	.	用于访问数据结构的成员	数据结构.成员
快捷运算符	+=		运算结果=操作数 1+操作数 2
	-=		运算结果=操作数 1-操作数 2
	*=		运算结果=操作数 1 * 操作数 2
	/=		运算结果=操作数 1 / 操作数 2
	%=		运算结果=操作数 1%操作数 2

```
int i = 0;
bool result = false;
result = ( + + i) + i == 2 ? true : false;
```

则运行结果:变量 result 的值为 true。

经验:

表达式 i++和++i 的区别,i++为先运算后自增,而++i 为先自增后运算。

在实际运算中,往往有多个运算符参与运算,这时要把握一个问题:优先级与结合性问题。在 C#中,优先级和结合性见表 2.4。

表 2.4 优先级和结合性

优先级	说 明	运算符	结合性
1	括号	( )	从左到右
2	自加/自减运算符	++/--	从右到左
3	乘法运算符、除法运算符、取模运算符	*、/、%	从左到右
4	加法运算符、减法运算符	+、-	从左到右
5	小于、小于等于、大于、大于等于	<、<=、>、>=	从左到右
6	等于、不等于	=、!=	从左到右
7	逻辑与	&&	从左到右
8	逻辑或	||	从左到右
9	赋值运算符和快捷运算符	=+=*=、/=%=-=	从右到左

2.4　C#中的选择语句

生活中我们做一件事情常常要在一定的条件下进行，比如，如果下雨，就不去打球；如果生病，就不去上课了。在编程的时候，也经常要进行条件判断。

2.4.1　If 结构

C#中简单 if 结构的语法如下，执行过程如图 2.5 所示。

语法：

```
if (条件表达式)
{
    <语句块>
}
```

C#中 if...else...结构的语法如下，执行过程如图 2.6 所示。

语法：

```
if (条件表达式)
{
    <语句块 1>
}
else
{
    <语句块 2>
}
```

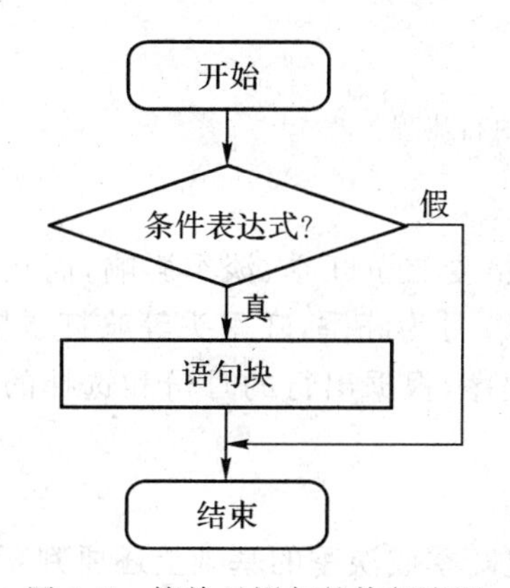

图 2.5　简单 if 语句的执行流程

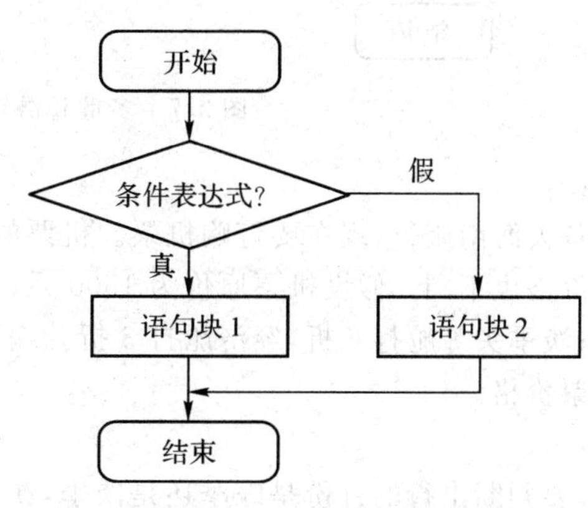

图 2.6　if…else 语句执行流程

C#中的多重 if 结构的语法如下，执行过程如图 2.7 所示。

语法：

```
if (条件表达式 1)
{
```

```
    <语句块 1>
}
else if (条件表达式 2)
{
    <语句块 2>
}
else if (条件表达式 3)
{
    <语句块 3>
}
else
{
    <语句块 4>
}
```

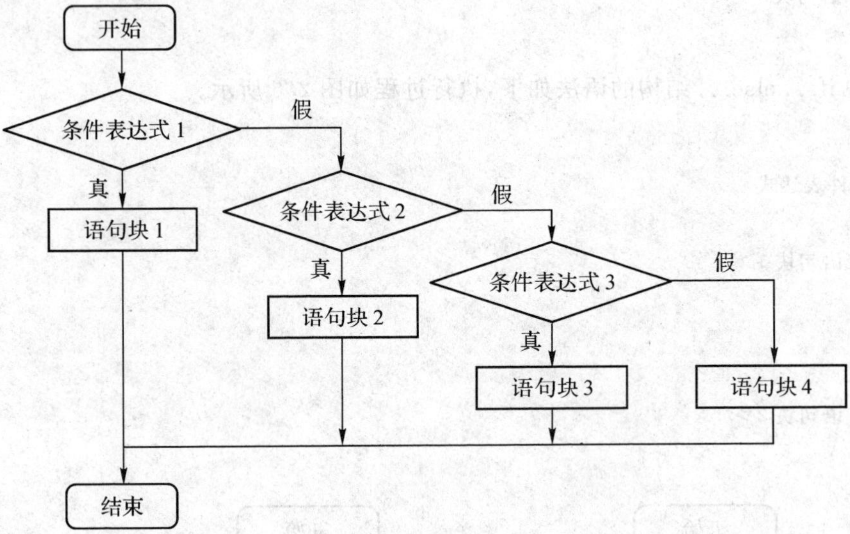

图 2.7　多重 if 语句的执行流程

问题：

你准备去海南旅行，现在要订购机票。机票的价格受旅游旺季、淡季影响，而且头等舱和经济舱的价格也不同。假设机票原价为 1500 元，5～10 月为旺季，旺季头等舱打 9 折，经济舱打 7.5 折；淡季头等舱打 6 折，经济舱打 3 折。编写程序，根据出行的月份和选择的舱位输出实际的机票价格。

分析：

首先，要判断出行的月份是旺季还是淡季，在确定旺季或淡季的基础上还要判断是头等舱还是经济舱，这就需要嵌套 if 结构来解决。

嵌套 if 结构就是在 if 结构里面再嵌套 if 结构，它的语法结构如下和执行流程如图 2.8 所示。

语法：

```
if (条件表达式 1)
```

```
{
    if (条件表达式 2)
    {
        <语句块 1>
    }
    else
    {
        <语句块 2>
    }
}
else
{
    <语句块 3>
}
```

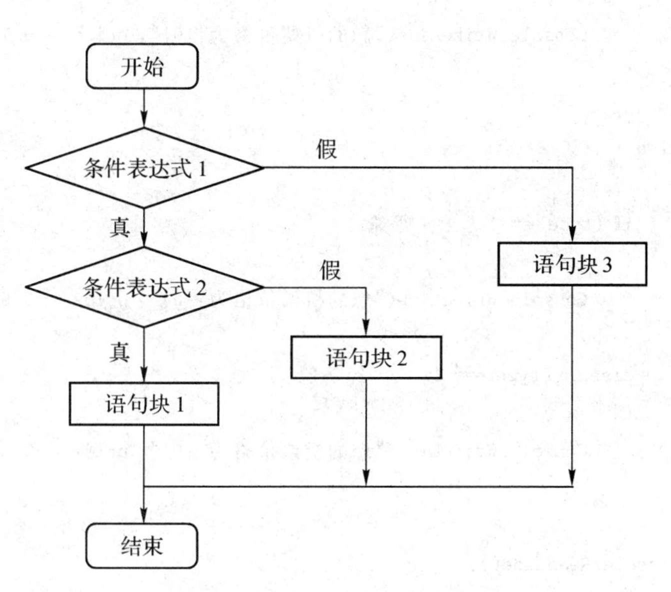

图 2.8 嵌套 if 语句的执行流程

现在我们就使用嵌套 if 结构来解决这个问题，代码如示例 2.5 所示。

示例 2.5：

```
using System;
using System.Collections.Generic;
using System.Text;
namespace HelloCSharp
{
    // 此程序演示如何使用嵌套 if 结构
    class Program
    {
        static void Main(string[] args)
        {
            int price = 1500;          // 机票的原价
```

```
            int month;            // 出行的月份
            int type;             // 头等舱为 1,经济舱为 2
            Console.WriteLine("请输入您出行的月份:1~12");
            month = int.Parse(Console.ReadLine());
            Console.WriteLine("请问您选择头等舱还是经济舱？头等舱输入 1,经济舱输入 2");
            type = int.Parse(Console.ReadLine());
            if (month >= 5 && month <= 10)  // 旺季
            {
                if (type == 1) // 头等舱
                {
                    Console.WriteLine("您的机票价格为:{0}", price * 0.9);
                }
                else if (type == 2)  // 经济舱
                {
                    Console.WriteLine("您的机票价格为:{0}", price * 0.75);
                }
            }
            else  // 淡季
            {
                if (type == 1) // 头等舱
                {
                    Console.WriteLine("您的机票价格为:{0}", price * 0.6);
                }
                else if (type == 2)  // 经济舱
                {
                    Console.WriteLine("您的机票价格为:{0}", price * 0.3);
                }
            }
            Console.ReadLine();
        }
    }
}
```

程序的运行结构如图 2.9 所示。

图 2.9　示例运行结果

注意：

- 只有当满足外层 if 的条件时，才会判断内层 if 的条件。

- else与离它最近的那个缺少else的if相匹配。
- 为了使if结构更加清晰,应该把每个if或else包含的语句都用大括号括起来。
- 相匹配的以一if和else应该左对齐。
- 内层的if结构相对于外层的if结构要有一定的缩进。

2.4.2 Switch 结构

switch结构是根据条件的真假来选择合适的分支执行。C#要求每个case和default语句中都必须有break语句,除了两个case中间没有其他语句,那么前一个case可以不包含break语句,程序会继续执行下一个case,直到遇到break语句跳出或执行完switch语句。

语法:

```
switch (int/char/string 选择表达式)
{
    case 值 1: …  break;
    case 值 2: …  break;
    case 值 3: …  break;
    ...
    default : …   break;
}
```

说明:

- 各个case标签不必连续,也不必按特定顺序排列
- default标签可位于switch...case结构中的任意位置
- default标签不是必选的,但使用default标签是一个良好的编程习惯
- 每两个case标签之间的语句数不限
- 选择变量的类型可以是整型、字符型或string。

问题:

有两名学生的姓名、考试科目、成绩,根据用户的选择,按以下格式输出其中一名学生的信息。

姓名	科目	分数
张三	C#	80.5

分析:

根据选择输出信息,可以使用switch结构实现判断。输出的格式用制表符\t来控制。代码如示例2.6所示。

示例 2.6:

```
using System;
using System.Collections.Generic;
using System.Text;
namespace HelloWorld
{
    // 此代码演示如何使用 switch 语句
    class Program
```

```
    {
        static void Main(string[] args)
        {
            string name1 = "张三";       // 第一个学生姓名
            string name2 = "李四";       // 第二个学生姓名
            string subject1 = "C＃";     // 第一个学生考试科目
            string subject2 = "Java"; // 第二个学生考试科目
            int score1 = 91;             // 第一个学生考试分数
            int score2 = 89;             // 第二个学生考试分数
            // 输入提示
            Console.WriteLine("请选择输出哪个学生的信息:张三/ 李四");
            string choice = Console.ReadLine();  // 接收输入
            // 判断输入,选择输出
            Console.WriteLine("姓名\t 科目\t 成绩");
            switch (choice)
            {
                case "张三":
                    Console.WriteLine("{0}\t{1}\t{2}", name1, subject1, score1);
                    break;
                case "李四":
                    Console.WriteLine("{0}\t{1}\t{2}", name2, subject2, score2);
                    break;
                default:
                    Console.WriteLine("抱歉! 没有你要找的学生!");
                    break;
            }
            Console.ReadLine();
        }
    }
}
```

示例的运行结果如图 2.10 所示。

图 2.10　示例运行结果

问题：

输入一个时间(整数),时间在 6－10 点之间,输出“上午好”;时间在 11－13 点之间,输出“中午好”;时间在 14－18 点之间,输出“下午好”;其他情况输出“休息时间”。实现的代码如示例 2.7 所示。

示例 2.7：

```
using System;
using System.Collections.Generic;
using System.Text;
namespace HelloWorld
{
    // 此示例演示贯穿 case 的 break
    class Program
    {
        static void Main(string[] args)
        {
            Console.WriteLine("请输入当前的时间:");
            string time = Console.ReadLine(); // 接受输入
            switch (time)      // 根据时间输出
            {
                case "6":
                case "7":
                case "8":
                case "9":
                case "10":
                    Console.WriteLine("上午好");
                    break;
                case "11":
                case "12":
                case "13":
                    Console.WriteLine("中午好");
                    break;
                case "14":
                case "15":
                case "16":
                case "17":
                case "18":
                    Console.WriteLine("下午好");
                    break;
                default:
                    Console.WriteLine("休息时间");
                    break;
            }
            Console.ReadLine();
        }
    }
}
```

示例运行结果如图 2.11 所示。

图 2.11　示例运行结果

在这个例子中，我们看到，如果有几个 case，当满足它们的条件时都做相同的事情，就可以把它们放在一起，在最后一个 case 中编写处理代码。case 语句中如果不包含其他语句就不需要 break 语句。

2.4.3　常见错误

如果我们在写 switch 语句时，忘记写 break 语句，会怎么样？我们把上例的 break 语句都去掉，生成解决方案时，VS 会出现如图 2.12 所示的错误。

错误列表

4 个错误　1 个警告　0 个消息

	说明	文件	行	列	项目
1	控制不能从一个 case 标签("case "10":")贯穿到另一个 case 标签	Program.cs	23	17	HelloWorld
2	控制不能从一个 case 标签("case "13":")贯穿到另一个 case 标签	Program.cs	28	17	HelloWorld
3	控制不能从一个 case 标签("case "18":")贯穿到另一个 case 标签	Program.cs	35	17	HelloWorld
4	控制不能从一个 case 标签("default:")贯穿到另一个 case 标签	Program.cs	38	17	HelloWorld

错误列表　输出　挂起的签入

图 2.12　缺少 break 语句的错误列表

经验：

(1)改正错误时，往往从最上面的一条错误信息开始，因为后面的错误有可能是前面的错误引起，把前面的错误改正了，后面的也就自然消失。

(2)为了方便定位，我们需要显示 VS 的行号，方法为：单击 VS 的菜单"工具"→"选项"→"文本编辑器"→"C#"选中右边"显示"下面的"行号"。

2.5　C# 中的循环结构

2.5.1　基本循环语句

循环语句的功能是控制语句块重复执行，循环中包含要重复执行的语句的部分称为循环体，循环体的一次执行称为循环的迭代。C# 提供了 4 种类型的循环语句：while 循环、do—while 循环、for 循环和一种新的 foreach 循环。

1. while 循环

while 循环是先判断条件是否满足，再执行里面的循环体语句，执行过程如图 2.13 所示。

语法：

```
while (循环判断条件){
    //循环体;
```

```
}
```

while 循环在条件为假时，循环体将一次也不执行。

2. do-while 循环

do-while 循环是先执行循环体，再判断循环条件，所以循环体至少要执行一次。do－while 循环的语法结构如下，执行流程如图 2.14 所示：

语法：

```
do{
    //循环体;
} while(循环判断条件);
```

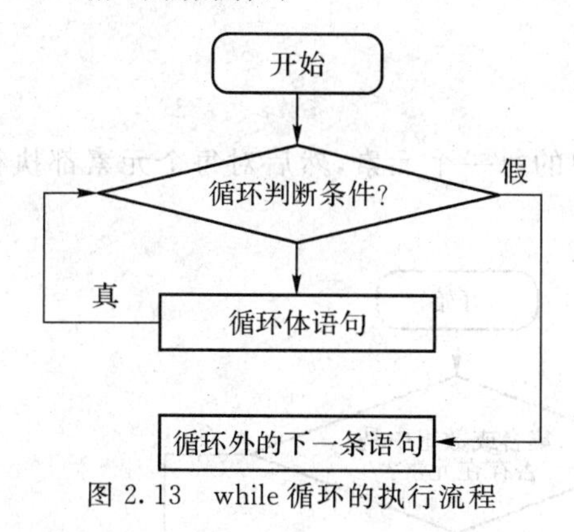

图 2.13 while 循环的执行流程

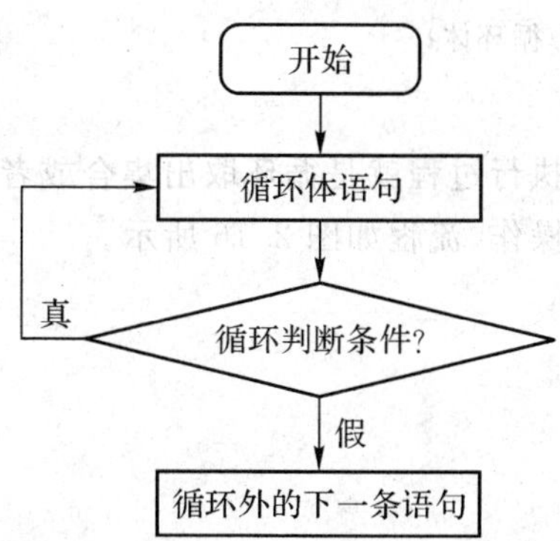

图 2.14 do－while 循环的执行流程

3. for 循环

for 循环常用于循环次数确定的情况。for 循环的语法结构如下，执行流程如图 2.15 所示。

语法：

```
for(表达式 1, 表达式 2, 表达式 3)
{
    //循环体;
}
```

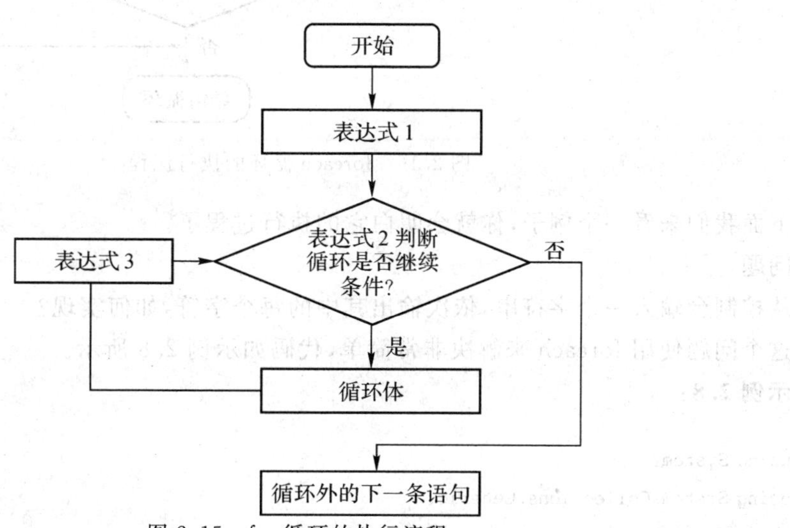

图 2.15 for 循环的执行流程

在for循环中,表达式1一般用于初始化循环变量,表达式2用于判断循环条件,表达式3为循环变量增量。当在循环体内声明一个变量时,它的作用域是在循环体内,在循环外变量将不起作用。

4. foreach循环

each就是每个的意思,那么foreach就是循环每一个。比如我们去超市购物付款的时候,要把每一件物品都计价,就可以用foreach来描述。foreach循环的语法结构如下。

语法:

```
foreach(类型 元素 in 集合或数组)
{
    //循环体;
}
```

它的执行过程就是循环取出集合或者数组中的每一个元素,然后对每个元素都执行一次循环体的操作,流程如图2.16所示。

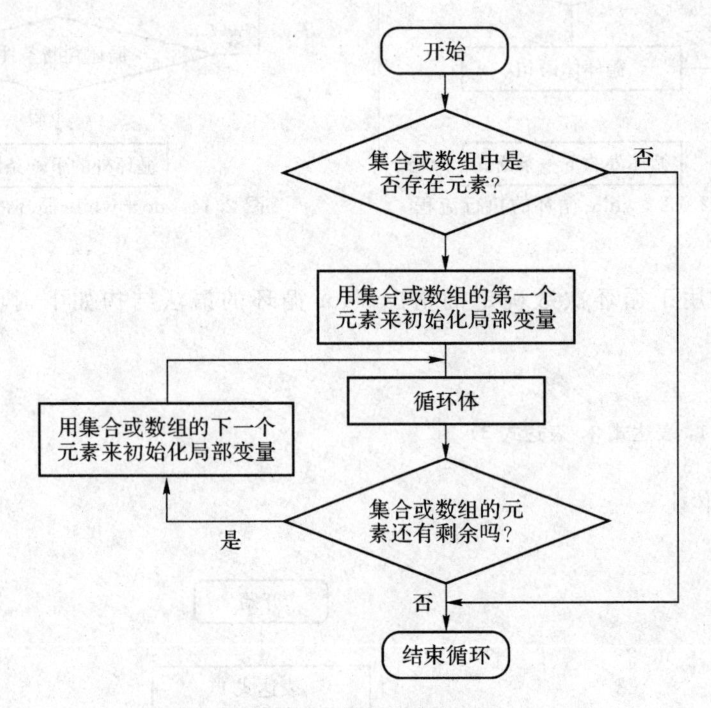

图2.16　foreach循环的执行流程

下面我们来看一个例子,你就会明白它的执行过程了。

问题:

从控制台输入一个字符串,依次输出其中的每个字符,如何实现?

这个问题使用foreach来解决非常简单,代码如示例2.8所示。

示例2.8:

```
using System;
using System.Collections.Generic;
using System.Text;
```

```
namespace HelloWorld
{
    // 此程序演示如何使用 foreach 循环
    class Program
    {
        static void main(string[] args)
        {
            // 输入提示
            Console.WriteLine("请输入一个字符串:");
            // 从控制台读入字符串
            string line = Console.ReadLine();
            // 循环输出字符串中的字符
            foreach (char c in line)
            {
                Console.WriteLine(c);
            }
            Console.ReadLine();
        }
    }
}
```

示例运行结果如图 2.17 所示。

图 2.17　示例运行结果

技巧：

为了了解 foreach 循环的执行过程，我们可以利用调试功能跟踪观察。我们可以利用 VS 的调试功能来跟踪观察 foreach 循环中局部变量 c 的变化。

5. 设置断点(breakpoint)

我们在 Console. WriteLine(c)；这一行设置一个断点，方法是将光标停在这一行，按 F9 键，或者在代码行对应的左边灰色竖条上双击，这时会看到如图 2.18 所示的效果。

去掉断点，只要在断点处双击即可。

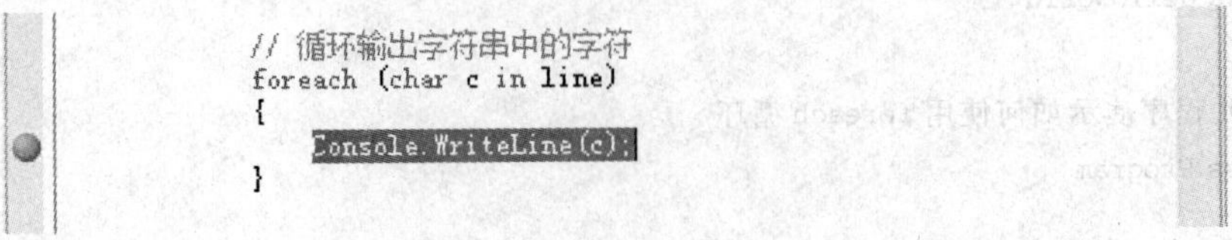

```
// 循环输出字符串中的字符
foreach (char c in line)
{
    Console.WriteLine(c);
}
```

图 2.18　设置了断点的代码

6. 监视(watch)变量值

添加监视变量的步骤是：当程序运行到断点时，按 shift＋F9 键，或在调试菜单里打开“快速监视”项，弹出如图 2.19 所示的添加监视窗口，按“添加监视”按钮，开发环境下方就会出现如图 2.20 所示监视窗口。

图 2.19　打开监视窗口

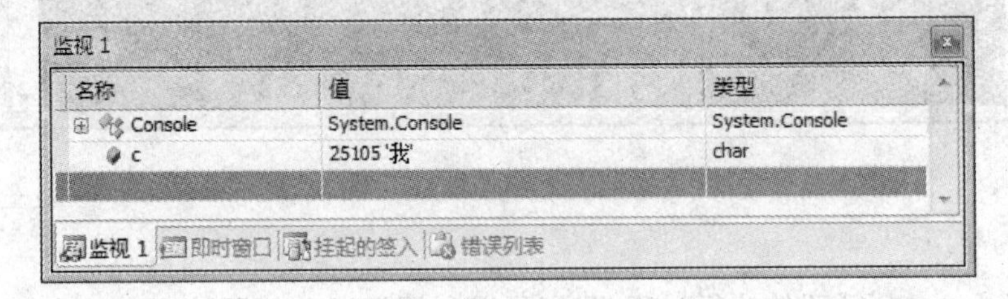

图 2.20　监视窗口

在监视 1 窗口的空白单元格处单击，输入变量名称，如输入“c”按回车，将会看到 c 变量的当前值“我”，继续按 F5 就会看到下面的值。

7. 单步跟踪(step)

为了观察 foreach 循环的执行过程，我们使用单步跟踪，按 F10 键使程序逐条语句执行，可以通过监视窗口看到，变量 c 的值随着程序执行不断变化。

常用快捷键：

F5——开始调试

Shift+F5——停止调试

F9——设置或删除断点

F10——单步执行

2.5.2　二重循环

我们已经了解了 C# 中几种基本循环语句的执行过程，那么下面的问题你能解决吗？

问题：

计算机系有 3 个班准备参加程序设计大赛，每个班级有 4 名学生参加，从控制台输入每个学生的成绩，计算每个班参赛学生的平均成绩。

分析：

参加比赛有 3 个班级，那么应该循环 3 次来分别计算每个班的平均成绩，单对于每个班，又有 4 名学生参赛，需要循环来累加学生的总分。以前学过的一重循环已经不能解决这个问题了，我们请出二重循环来帮忙。二重循环就是在循环当中又嵌套一层循环，for、while、do…while、foreach 语句都可以相互嵌套。现在我们就用 for 循环中再套一层 for 循环来解决这个问题。程序的代码如示例 2.9 所示。

示例 2.9：

```
using System;
using System.Collections.Generic;
using System.Text;
namespace Hello
{
    // 此程序演示二重循环应用
    class Program
    {
        static void Main(string[] args)
        {
            int i, j;         // 循环变量
            int sum = 0;     // 总分
            int average;     // 平均分
            int score;       // 输入的分数
            // 外层循环控制逐个计算每个班级
            for (i = 0; i < 3; i + +)
            {
                sum = 0;  // 总分计数清零
                Console.WriteLine("\n 请输入第{0}个班的成绩",i + 1);
                // 内层循环计算每个班级的总分
                for (j = 0; j < 4; j + +)
                {
                    Console.Write("第{0}个学生的成绩:",j + 1);
                    score = int.Parse(Console.ReadLine());
                    sum = sum + score;
```

```
                }
                average = sum / 4;
                Console.WriteLine("第{0}个班的平均分为:{1}分",i + 1,average);
            }
            Console.ReadLine();
        }
    }
}
```

我们从控制台输入成绩,运行结果如图 2.21 所示。

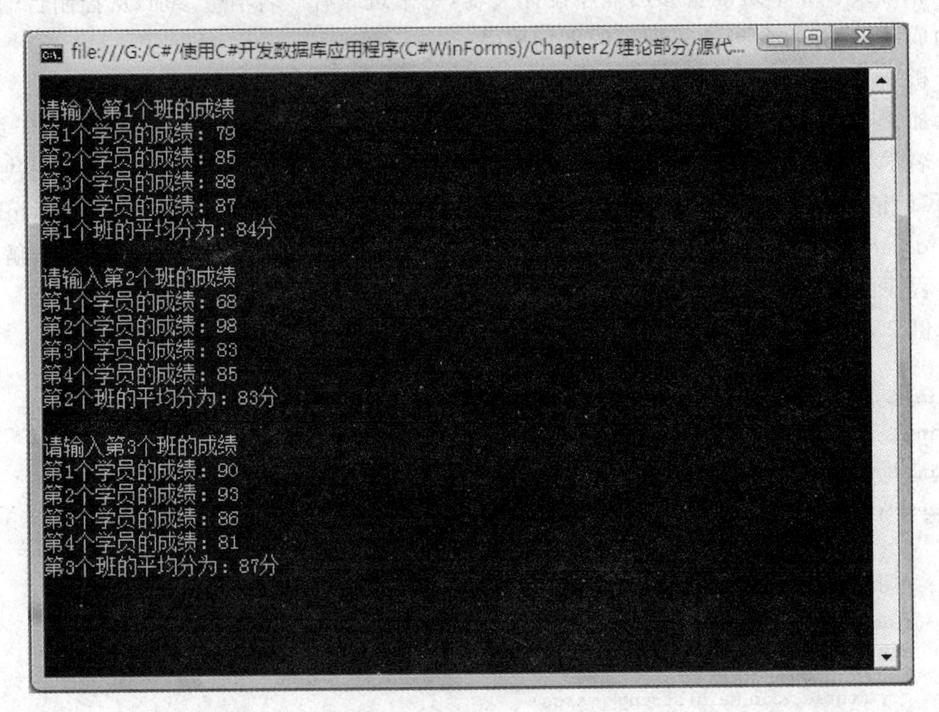

图 2.21 示例运行结果

通过上述代码和运行结果,我们了解了二重循环的运行方式。内层循环和外层循环就好比地球的自转和公转,地球自转一次,就好比内循环执行一次,地球公转一次,就好比外循环执行一次,当地球自转 365 次以后,就完成一次公转。也就是说,外层循环每执行一次,内层循环都会从头到尾执行一遍。

下面我们再来看一个直角三角形的图案,如图 2.22 所示。

问题:

我们想输出如图 2.22 所示的图形。

分析:

这个问题也可以用二重循环来解决,问题是每层循环都控制什么呢?循环的条件又是什么呢?我们用外层循环来控制打印的行数,用内层循环来控制每行打印几个 * 号。上图中一共打印 5 行,所以外层循环变量 i 的值为 1~5。内层循环变量 j 怎么来定呢?我们观察一下上图。

第一行,i=1,打印 1 个 *,那么内层只要循环 1 次,即 j 只有 1 个值。

图 2.22 示例运行结果

第二行,i=2,打印 2 个 * ,那么内层需要循环 2 次,即 j 的取值为 1~2。

第三行,i=3,打印 3 个 * ,那么内层需要循环 3 次,即 j 的取值为 1~3。

第四行,i=4,打印 4 个 * ,那么内层需要循环 4 次,即 j 的取值为 1~4。

第五行,i=5,打印 5 个 * ,那么内层需要循环 5 次,即 j 的取值为 1~5。

你发现规律了吗？每层内循环 j 的最大值都和 i 相等,所以内循环的终止条件是 j<=i,那么用二重循环打印直角三角形的代码如示例 2.10 所示。

示例 2.10:

```
using System;
using System.Collections.Generic;
using System.Text;
namespace HelloWorld
{
    // 本示例演示利用二重循环打印直角三角形
    class Program
    {
        static void Main(string[] args)
        {
            int rows = 5;  // 打印的行数
            int i, j;      // 循环变量
            // 外层循环控制打印的行数
            for (i = 1; i <= rows; i++)
            {
                // 内层循环控制每行打印 * 的个数
                for (j = 1; j <= i; j++)
                {
                    Console.Write("*");  // 打印一个 *
                }
                Console.WriteLine();     // 打印完一行之后换行
            }
            Console.ReadLine();
        }
    }
}
```

运行代码,就可以看到图 2.22 的结果了。

2.5.3 流程控制进阶

有时我们希望循环在某种条件下能够不按正常情况执行,这就需要用到 continue 和 break 语句。那么它们是如何控制程序运行的呢?

1. continue 语句

下面我们先来看示例 2.11,参加程序设计大赛的成绩,要统计 85 分以上人数有多少名。

示例 2.11:

```
using System;
using System.Collections.Generic;
using System.Text;
namespace HelloWorld
{
    // 此程序演示内层循环 continue 应用
    class Program
    {
        static void Main(string[] args)
        {
            int i, j;          // 循环变量
            int sum = 0;       // 总分
            int average;       // 平均分
            int score;         // 输入的分数
            int count = 0;  // 分数在 85 分以上的学生数目
            // 外层循环控制逐个计算每个班级
            for (i = 0; i < 3; i + +)
            {
                sum = 0;   // 总分清,重新计算
                Console.WriteLine("\n 请输入第{0}个班的成绩", i + 1);
                // 内层循环计算每个班级的总分
                for (j = 0; j < 4; j + +)
                {
                    Console.Write("第{0}个学生的成绩:", j + 1);
                    score = int.Parse(Console.ReadLine());
                    sum = sum + score;
                    // 如果成绩不高于 85 分,继续执行,跳过计数
                    if (score < 85)
                    {
                        continue;
                    }
                    count + + ;
                }
                average = sum / 4;
```

```
                Console.WriteLine("第{0}个班的平均分为:{1}分", i+1, average);
            }
            Console.WriteLine("成绩在85分以上的学生有{0}人",count);
            Console.ReadLine();
        }
    }
}
```

先看一下运行结果，如图 2.23 所示。

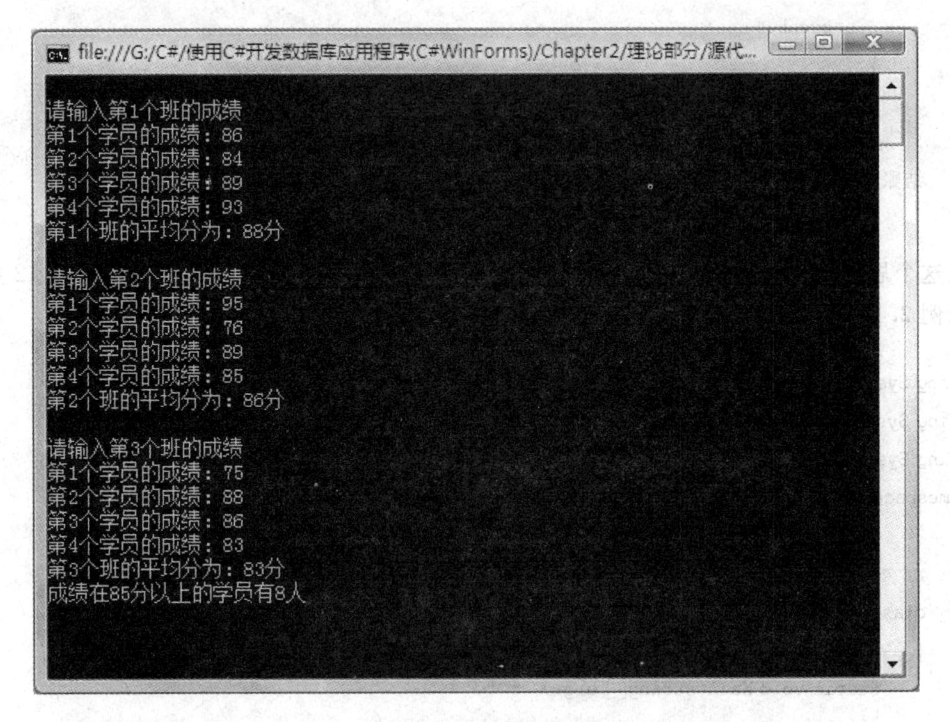

图 2.23　示例运行结果

从结果可以看出，当输入分数小于 85 分时，continue 语句后面的 count++；就不会执行，而是继续回到内层 for 循环的开始，输入下一个学生的成绩。这就是 continue 语句的执行过程，continue 语句用在内循环，跳转时跳过内层循环中剩余的语句而执行内层循环的下一次循环。

2. break 语句

continue 语句，其作用是结束本次循环，进行下一轮的循环，而 break 语句是结束整个循环。下面来看一个例子，看看 break 语句是如何控制程序执行过程的。

问题：

五一节，某商场的五家专卖店联合举行 2 折低价促销活动，每个专卖店每人限购 3 件衣服。有位顾客每家店都进去逛了逛，有的店买了衣服，有的店没买。使用循环语句描述这位顾客的购物过程，并计算共买了几件衣服。

分析：

该顾客要去 5 家店，可以使用 for 循环来描述他去每个店的过程。在每家店，该顾客最多买3件衣服，即买到3件衣服就必须结账，当然，他也可以随时结账去下一个店。因此他的购物过程大致如下：

```
for(i = 0;i<5;i + + )  // 每次进一个专卖店
{
    for(j = 0;j<3;j + + )  // 每个店限购 3 件
    {
        if(离开这家店)
        {
            break;
        }
        选购一件衣服
    }
    结账
}
```

从这个思路，你能不能从二重循环写出这个程序呢？程序的实现代码如示例2.12所示。

示例2.12：

```
using System;
using System.Collections.Generic;
using System.Text;
namespace HelloWorld
{
    // 本示例演示如何在内层循环使用 break
    class Program
    {
        static void Main(string[] args)
        {
            int count = 0;  // 计算共买了多少件衣服
            int i, j;       // 循环变量
            string choice;  // 顾客的选择是否离开
            //外层循环控制依次进入下一个专卖店
            for (i = 0; i < 5; i + + )
            {
                Console.WriteLine("\n 欢迎光临第{0}家专卖店",i + 1);
                for (j = 0; j < 3; j + + )
                {
                    Console.Write("要离开吗(y/n)?");
                    choice = Console.ReadLine();
                    // 如果离开,就跳出,结账,进入下一个店
                    if (choice == "y")
                        break;
                    Console.WriteLine("买了一件衣服");
                    count + + ;  // 累计衣服件数
```

```
                }
                Console.WriteLine("离店结账");
            }
            Console.WriteLine("\n共买了{0}件衣服",count);
            Console.ReadLine();
        }
    }
}
```

示例的运行结果如图 2.24 所示。

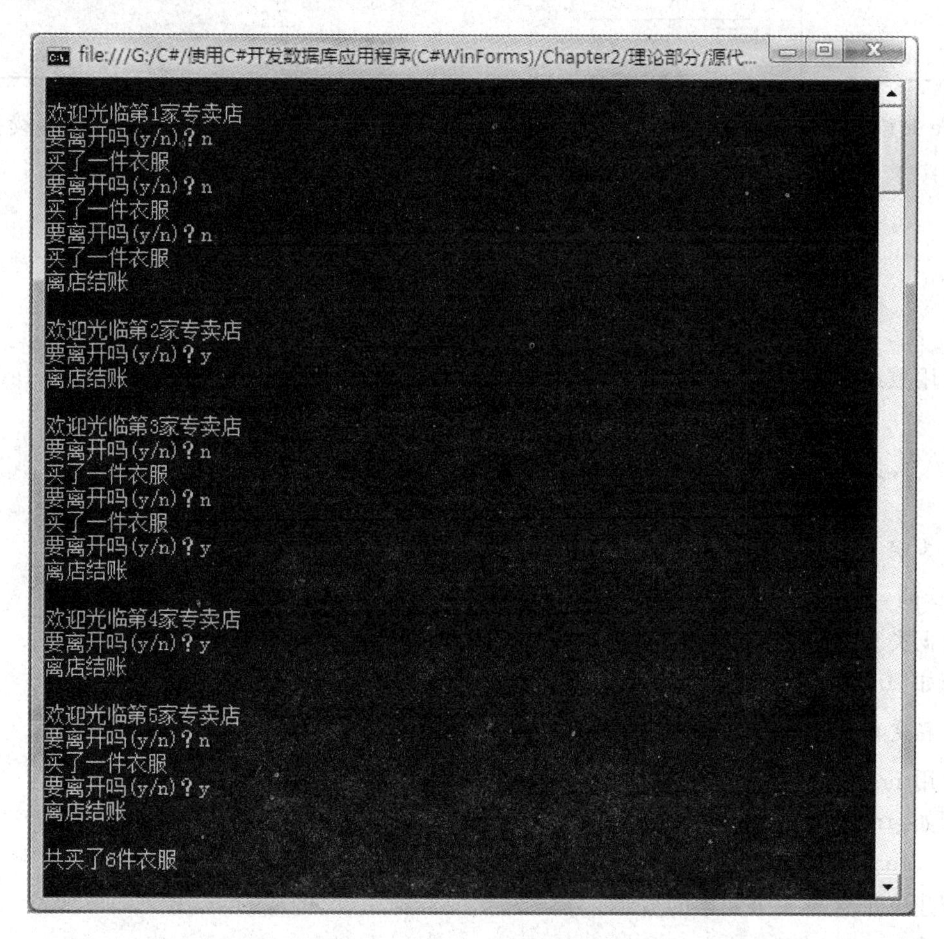

图 2.24　示例运行结果

从例子中我们可以看出，如果选择离开，就直接跳转到外层循环的结账步骤，不执行内层循环。到这里，你明白 continue 语句和 break 语句用在内层循环时的差别了吗？

当 continue 语句和 break 语句用在内层循环时，只会影响内层循环的执行，对外层循环没有影响。但它们跳转的位置不同，详细比较见表 2.5。

表 2.5 break 与 continue 语句的跳转位置比较

控制语句	break	continue

跳转的位置	for(…)
	{
	    for(…)
	    {
	        ……
	        ……
	        break;
	        ……
	        ……
	    }
	    ……
	}
		for(…)
		{
		    for(…)
		    {
		        ……
		        ……
		        continue;
		        ……
		        ……
		    }
		    ……
		}

break 语句是跳出本层循环执行外层循环，而 continue 语句是跳出本次循环继续执行下次循环。

2.6 C#中的数组

使用数组是为了方便存取数据，特别是在循环体内。C#的一维数组的使用与 Java 有些不同。

2.6.1 C#中的一维数组

1. 声明

C#的一维数组声明的语法为：

数据类型[ ] 数组名

例如：int[] array;

2. 指定数组大小

使用 new 关键字设置数组大小。

例如：int[] array;

    array = new int[5];

创建一个含有 5 个元素的数组。

3. 初始化

我们可以在创建数组的同时初始化：

```
int[] array = new int[5]{0,1,2,3,4};
int[] array = new int[]{0,1,2,3,4};
int[] array = {0,1,2,3,4};
```

这 3 条语句都是声明并初始化了一个长度为 5 的整型数组，并为数组的每个元素赋了初值。但有一点区别：第一条语句我们使用了[5]，那么数组长度就由方括号的 5 来决定。后两条的作用完全相同，我们没有指定数组的长度，那么数组的长度就由大括号内的初值数字个数决定。

4. 获取数组长度

通过“数组名. Length”,就可以获取数组的长度,通常用作循环的终止条件。例如:

```
// 循环打印数组元素
int[ ] array = new int[5] { 0, 1,2, 3, 4};  // 声明并初始化一维数组
for (int i = 0; i < array.Length;i + + )         // 输出数组中的所有元素
{
    Console.WriteLine(array[i]);
}
```

C#中数组的下标从 0 开始,我们也把下标叫做索引。

经验:

在程序中使用到数组长度,应该使用“数组名. Length”表示,而不是直接使用数组的具体长度,这样一旦数组长度发生变化,只要修改数组的声明语句即可,而不需要每处用到的地方都去修改。

常见错误:

值的数目与数组的长度不一样。

例如:

```
// 循环打印数组元素
int[ ] array = new int[5] { 0, 1,2};   // 声明并初始化一维数组,个数不一样
for (int i = 0; i < array.Length;i + + )  // 输出数组中的所有元素
{
    Console.WriteLine(array[i]);
}
```

运行程序时,VS 会产生如图 2.25 所示的错误。

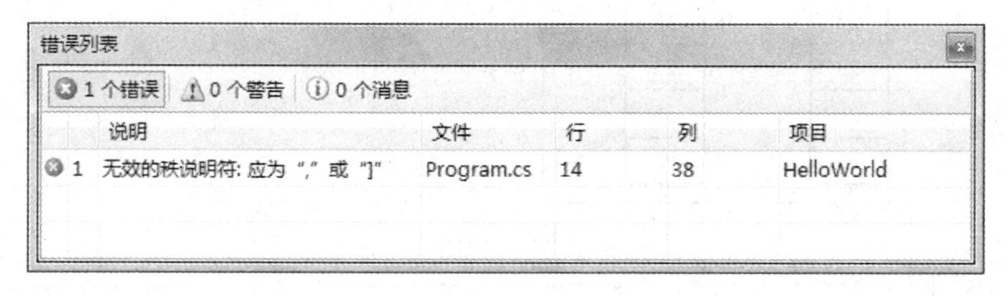

图 2.25　常见错误信息提示

这个错误信息就是我们声明和初始化一维数组的语句是错误的。int[ ] array=new int[5] { 0,1,2};我们告诉编译器数组长度是 5,却给了 3 个初始值。

VS 在出错时,不会智能地告诉我们出错在哪里。因此,我们一定要提高自己找出错误和分析、排错的能力。

2.6.2 冒泡排序

生活中我们常常会遇到一些排序问题,那么怎么用程序来实现排序呢? 前人已经总结出了很多利用程序排序的方法,我们来看看怎样用 C#语言实现经典的冒泡排序。

现有 5 个数字：25、93、8、26、15。它们冒泡排序的过程如图 2.26 所示。

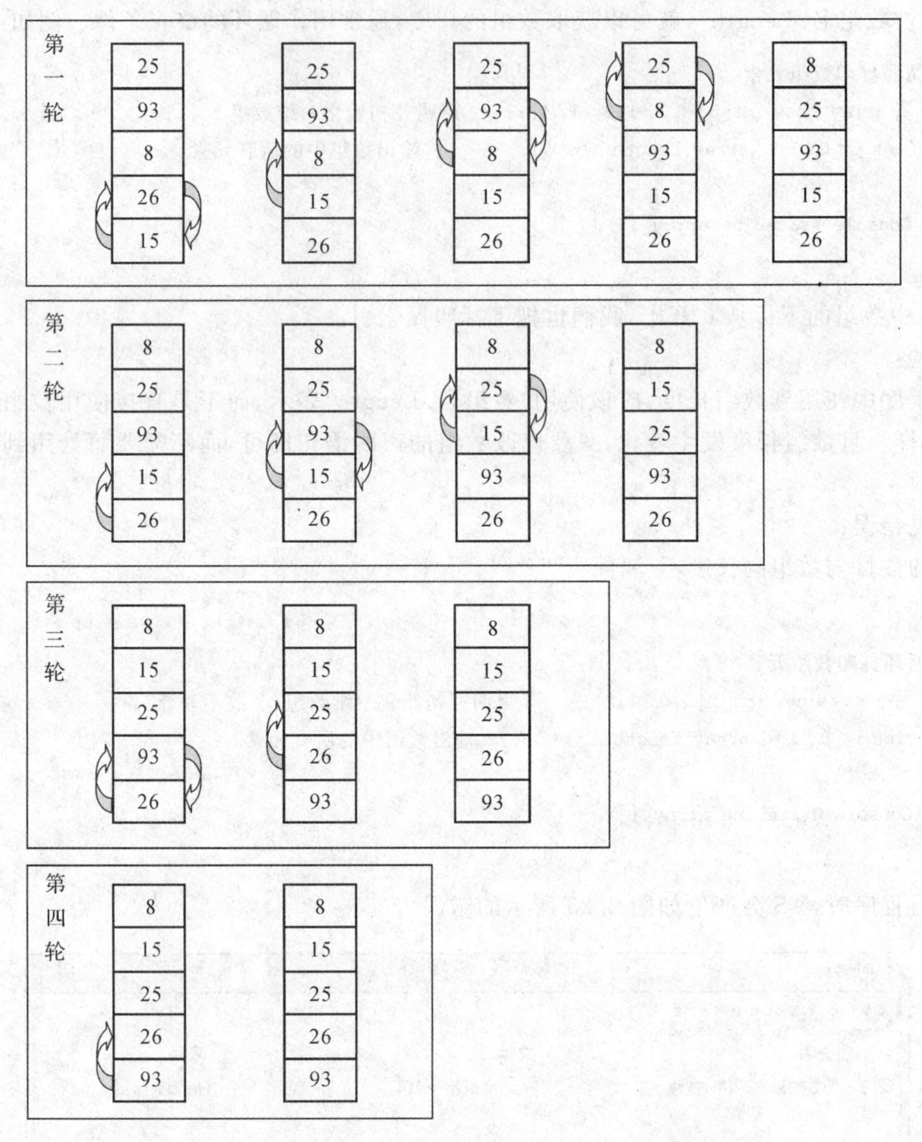

图 2.26　冒泡排序

冒泡排序的过程就像它的名字一样，我们把较小的数比作气泡，排序的过程就是气泡不断向上冒的过程，越小的数冒得越高。从图 2.26 中我们可以看到，冒泡排序是从最底层的元素开始，用它和紧挨着它的上一个元素比较，如果下面的元素小于上面的元素，就交换它们，否则保持原样。然后转移到上个位置，重复以上过程，最后最小的元素冒到了顶端。这时我们再从最底层元素开始比较，重复前面的冒泡过程，就可以把第二小的元素放到第二个位置上，如此重复，直到所有的元素排序，结果使数字按从小排到大的顺序摆放。

下面来看一个具体的排序例子。

问题：

某同学参加全国程序设计大赛，进入了前 5 强，最后的冠军究竟花落谁家呢？请你使用冒泡排序把 5 强的成绩进行排名。成绩通过控制台输入。

分析：

要解决这个问题，我们首先用一维数组来存放成绩，数组的长度为5，然后用冒泡排序将5个人的成绩排序。在排序的过程中要将数组元素进行交换，所以设置一个临时变量temp，用它来帮助我们完成交换的工作，最后将排序的成绩输出。

程序实现的代码如示例2.13所示：

示例2.13：

```
using System;
using System.Collections.Generic;
using System.Text;
namespace HelloWorld
{
    // 本程序演示使用二重循环实现数组的冒泡排序算法
    class Program
    {
        static void Main(string[] args)
        {
            int[] scores = new int[5];
            int i, j;  // 循环变量
            int temp;  // 临时变量
            // 读入成绩,存于数组中
            Console.WriteLine("请输入个学生的成绩:");
            for (i = 0; i < 5; i + + )
            {
                Console.WriteLine("请输入第{0}个学生的成绩:", i + 1);
                scores[i] = int.Parse(Console.ReadLine());//类型转换
            }
            // 开始排序
            for (i = 0; i < scores.Length - 1; i + + )
            {
                for (j = 0; j < scores.Length - 1 - i; j + + )
                {
                    if (scores[j] > scores[j + 1])
                    {
                        // 交换元素
                        temp = scores[j];
                        scores[j] = scores[j + 1];
                        scores[j + 1] = temp;
                    }
                }
            }
            // 排序后输出
            Console.WriteLine("排序后的成绩为:");
            for (i = 0; i < 5; i + + )
```

```
                {
                    Console.Write("{0}\t", scores[i]);
                }
                Console.ReadLine();
            }
        }
    }
```

程序运行的结果如图 2.27 所示。

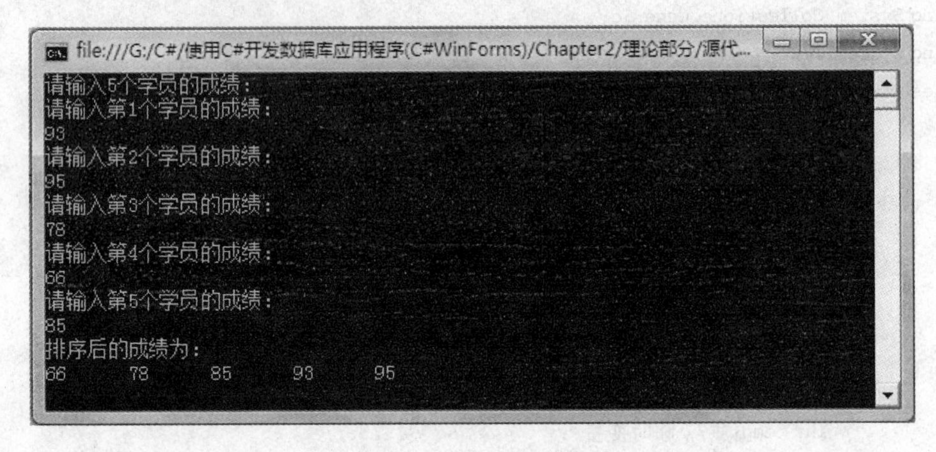

图 2.27 示例运行的结果

经验：

冒泡排序速记口诀(升序)：

N 个数字来排队，两两相比小靠前；

外层循环 N－1，内层循环 N－1－i。

如果要降序排序，只要把程序中的大于号换成小于号就行了。

2.7 结构和枚举

2.7.1 C#中的结构

结构是一种内置的数据类型，避免过多引用。结构中既可以定义成员属性，又可以定义成员方法。

1. 结构的定义

结构的定义格式：

语法：

```
访问修饰符 struct 结构名
{
    结构成员
}
```

说明

- 结构命名必须遵循 Pascal 命名法(首字母大写)。
- 可以在其内部定义方法
- 无法实现继承

例如:定义一个学生的结构如示例 2.14 所示。

示例 2.14:

```
struct StructStudent
{
    public string Name;
    public Genders Gender;
    public int Age;
    public string Hobby;
    public int Popularity;
    public void SayHi()
    {
        string message;
        message = string.Format(
            "大家好,我是{0},今年{1} 岁了,我喜欢{2}。,
            this.Name, this.Age, this.Hobby );
        Console.Write(message);
    }
}
```

注意:

定义结构时,数据字段是不能赋初值的。

2. 结构的使用

我们看到结构与类很相似,在使用结构时,可以不使用 new,直接定义就可以了,但必须为结构的成员赋初值,直接用结构的名字访问成员就可以了,如示例 2.15 所示。

示例 2.15:

```
using System;
using System.Collections.Generic;
using System.Text;
namespace HelloWorld
{
    // 本示例演示结构使用
    class Program
    {
        static void Main(string[] args)
        {
            StructStudent myStu;
            myStu.Name = "李宇春";
            myStu.Gender = Genders.Female;
```

```
            myStu.Age = 20;
            myStu.Hobby = "唱歌";
            myStu.Popularity = 100;
            myStu.SayHi();
        }
    }
}
```

程序运行的结果如图 2.28 所示。

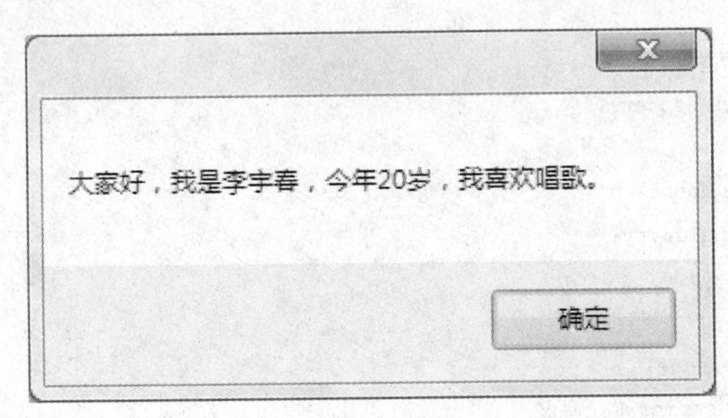

图 2.28 使用结构运行 SayHi()方法

3. 结构与类的区别

上面定义和使用的过程中我们发现结构和类有很多相似之处，那么到底有什么区别的地方呢？表 2.6 列出了结构和类的主要区别。

表 2.6 结构和类的区别

	类	结 构
不同点	引用类型	值类型(数据的存储方式不同)
	可以被继承	不能被继承
	可以有默认构造函数	不可以有默认构造函数
	可以添加无参的构造函数	可以添加构造函数，但它们必须带参数
	创建对象必须使用 new	创建结构可以不用 new
	类中可以给字段赋值	结构中给字段赋值是错误的
相同点	都可以包含字段、方法	
	都可以实现接口	

表中引用类型和值类型及接口和继承这些概念我们将在相关的章节学习。

2.7.2 C#中的枚举

枚举(Enum，Enumerator 的缩写)是一组已命名的数值常量，用于定义具有一组特定值的数据类型，可以对值进行约束，不能包含方法。枚举以 enum 关键字声明，语法结构如下。

语法：

访问修饰符 enum 枚举名 {值1,值2… }

例如,定义一个性别的枚举。

```
public enum Genders
{
    Male, Female
}
```

使用枚举赋值如:student. Gender=Genders. Male;,Genders 是我们定义的枚举,包含值 Male 和 Female,在使用时我们可以定义性别属性的类型为 Genders,那么我们对性别属性赋值的时候只能用枚举的值,不能赋其他的值,这就约束了性别属性的取值范围。

枚举还允许用描述性的名称表示整数值,如示例 2.16 所示。

示例 2.16:

```
public enum Genders
{
    Male = 0, Female = 1
}
static void Main(string[] args)
{
    Student stu = new Student();
    stu.Gender = Genders.Male;
    int genderNum = (int)stu.Gender;
    switch (genderNum)
    {
        case 0:
            Console.WriteLine("您输入的是性别是 - 男");
            break;
        case 1:
          Console.WriteLine("您输入的是性别是 - 女");
          break;
    }
    Console.WriteLine("您输入的是性别是{0}", stu.Gender.ToString());
    stu.Gender = (Genders)(Enum.Parse(typeof(Genders), "Female"));
    Console.WriteLine("您输入的是性别是{0}", stu.Gender.ToString());
}
```

要从字符串转换成枚举值,需要使用 Enum. Parse()方法,这个方法第一个参数是关键字 typeof 后跟放在括号中的枚举类型,第二个参数是要转换的字符串。方法是最外层使用枚举进行强制转换。

2.8　C#的字符串处理

字符串是我们在程序中常用的一种类型,C# 中有一个 String 类,它位于 System 命名空间中，属于.NET Framework类库，而我们以前一直用的string只不过是String类在C#中的一个别号，在C#中，string和String类是一样的。

2.8.1 常用的字符串处理方法

在C#中常用的字符串处理方法有哪些呢？表2.7列出了一些常用的方法及每个方法接受的参数和返回值。

表2.7 常用字符串处理方法

方法	说明
bool Equals(string value)	比较一个字符串与另一字符串value的值是否相等，相等返回true，不等返回false，与"=="的作用一样
int Compare(string strA, string strB)	比较两个字符串的大小关系，返回一个整数。如果strA小于strB，返回值小于0；如果strA等于strB，返回0；如果strA大于strB，返回值大于0
int IndexOf(string value)	查找value字符在当前字符串中的第一个匹配的位置，找到value，就返回它的索引，找不到就返回−1
string Join(string separator, string[] value)	把字符串数组value中的每个字符用指定的分隔符separator连接，返回连接后的字符串
string[] Split(char separator)	用指定的分隔符separator分割字符串，返回分割后的字符串组成的数组
string SubString(int startIndex, int length)	从指定的位置startIndex开始检索长度为length的子字符串
ToLower()	将字符串转换成小写形式
ToUper()	将字符串转换成大写形式
Trim()	去掉字符串两边的空格

下面我们来看以下一个示例。

问题：

有一段输入输出用户电子邮箱地址的程序，在已有代码的基础上实现如下功能：

- 询问用户是否继续，如果用户输入yes就循环执行程序。
- 兼容各种形式的yes输入(YES、Yes、yes、…)。
- 从用户输入的邮箱地址中提取邮箱的用户名。

分析：

第一步：可以使用do...while循环来循环运行程序，使用Equals()方法判断用户是否输入yes。

第二步：为了兼容各种yes的输入，比如用户输入带有空格或者大小写的yes，可以使用Trim()方法去掉空格，使用ToLower()方法把字符串变成小写。

第三步：电子邮件地址的特点是一定会包含@符号，@前面就是用户名，可以使用IndexOf()方法找到@的位置，然后用SubString方法提取用户名。

实现的代码如示例2.17所示。

示例2.17：

```
using System;
using System.Collections.Generic;
using System.Text;
namespace HelloWorld
{
    // 此程序演示字符串的常用处理方法,从邮箱地址中提取用户名
    class Program
    {
        static void Main(string[] args)
        {
            string email;  // 邮箱地址
            string choice; // 用户的选择
            string name;   // 邮箱用户名
            do
            {
                Console.WriteLine("请输入你的邮箱地址:");
                email = Console.ReadLine();
                Console.WriteLine("你的邮箱地址是:{0}", email); //前两步中使用
                // 抽取邮箱用户名,
                int position = email.IndexOf("@");        // 完善的第三步:使用 IndexOf
                f (position > 0)
                {
                    name = email.Substring(0, position); // 完善的第三步:使用 Substring
                    // 输出邮箱用户名
                    Console.WriteLine("你的邮箱用户名是:{0}", name);
                }
                else
                {
                    Console.WriteLine("你的邮箱格式错误!");
                }
                Console.WriteLine("是否要继续? yes/no");  // 第一步
                choice = Console.ReadLine();
                choice = choice.Trim().ToLower(); //完善的第二步:使用 Trim 、ToLower 方法
            } while (choice.Equals("yes"));        //完善的第一步:使用 Equals 判断
            Console.ReadLine();
        }
    }
}
```

示例的运行结果如图2.29所示。

下面我们来看看两个常用的方法Join()和Split(),它们的功能分别是连接和分割字符串,那么到底怎么使用呢?我们来看一个例子。

问题:

```
file:///G:/C#/使用C#开发数据库应用程序(C#WinForms)/Chapter3/理论部分/源代...
请输入你的邮箱地址:
BlueBird@163.com
你的邮箱地址是:BlueBird@163.com
你的邮箱用户名是: BlueBird
是否要继续？yes/no
YES
请输入你的邮箱地址:
BlueBird
你的邮箱地址是:BlueBird
你的邮箱格式错误!
是否要继续？yes/no
no
```

图 2.29　示例运行结果

输入一个字符串，单词间用空格分隔，用程序将字符串中的单词提取出来，然后单词用下划线连接起来后输出。

分析：

有了 Split()和 Join()方法，这个问题非常好解决，实现代码如示例 2.18 所示

示例 2.18：

```
using System;
using System.Collections.Generic;
using System.Text;
namespace HelloWorld
{
    // 此示例演示使用 Split()和 Join()方法分割和连接字符串
    class Program
    {
        static void Main(string[] args)
        {
            string inputString;      // 输入的字符串
            string[] splitStrings;   // 分割后的字符串数组
            string joinString;       // 连接后的新字符串
            // 输入提示
            Console.WriteLine("请输入一串字符串,用空格分隔单词:");
            inputString = Console.ReadLine();          // 接收输入
            splitStrings = inputString.Split(' ');  // 以空格作为分隔符分割字符串
            // 将分割后的字符串输出
            Console.WriteLine("\n分割后的字符串为:");
            foreach (string s in splitStrings)
            {
                Console.WriteLine(s);
            }
            // 将分割后的字符串使用下划线连接在一起
            joinString = string.Join("_", splitStrings);
```

```
            // 将连接后的字符串输出
            Console.WriteLine("\n 连接后的新字符串为:{0}", joinString);
            Console.ReadLine();
        }
    }
}
```

示例的运行结果如图 2.30 所示。

图 2.30　示例运行结果

用 Split()方法将输入以空格作为分隔符的字符串分割后放入字符串数组 splitStrings 中，通过 foreach 循环将 splitStrings 字符串数组中的值输出，再使用 Join()将 splitStrings 字符串数组用“_”连接后输出。

2.8.2　String.Format 方法

Format()方法允许把字符串、数字或布尔型的变量格式化，它的语法格式：

语法：

```
string myString = string.Format("格式字符串", 参数列表);
```

例如：string myString＝string.Format ("{0} 乘以 {1} 等于 {2} ", 2, 3, 2 * 3);

其中，"{0} 乘以 {1} 等于 {2} "就是一个格式字符串，{0}、{1}、{2}分别对应后面的 2、3、2 * 3，占位符中的数字 0、1、2 分别对应参数列表的第 1、第 2、第 3 个参数。这条语句的输出结果是：2 乘以 3 等于 6。

现在我们来看看 Format()方法如何使用。

问题：

输入姓名、出生年月、身高、血型、星座、最喜欢的食物，用 Format()方法建立一个个人档案字符串，然后输出。实现的代码如示例 2.19 所示。

示例 2.19：

```
using System;
using System.Collections.Generic;
using System.Text;
namespace HelloWorld
```

```
{
    // 此示例演示 String 类的 Format 方法
    // 输出一段个人信息
    class Program
    {
        static void Main(string[] args)
        {
            string name;          // 姓名
            string birthday;      // 出生年月
            int height;           // 身高
            string bloodType;     // 血型
            string planet;        // 星座
            string favourFood;    // 最喜欢的食物
            string record;        // 个人档案
            Console.WriteLine("你好,欢迎来到 C# 世界!");
            Console.WriteLine("请输入你的个人信息,我将为你建立个人档案!");
            Console.Write("姓名:");
            name = Console.ReadLine();
            Console.Write("出生年月(*年*月格式):");
            birthday = Console.ReadLine();
            Console.Write("身高(cm):");
            height = int.Parse(Console.ReadLine());
            Console.Write("血型:");
            bloodType = Console.ReadLine();
            Console.Write("星座:");
            planet = Console.ReadLine();
            Console.Write("最喜欢的食物:");
            favourFood = Console.ReadLine();
            record = string.Format(
                "姓名:{0}\n出生年月:{1}\n身高:{2}\n血型:{3}\n星座:{4}\n最喜欢的食物:
{5}",name,birthday,height,bloodType,planet,favourFood);
            Console.WriteLine("\n这是你的个人档案:");
            Console.WriteLine(record);
            Console.ReadLine();
        }
    }
}
```

示例的运行结果如图 2.31 所示。在使用 Format()方法时,要弄清楚格式字符串中占位符和后面参数列表的对应关系。

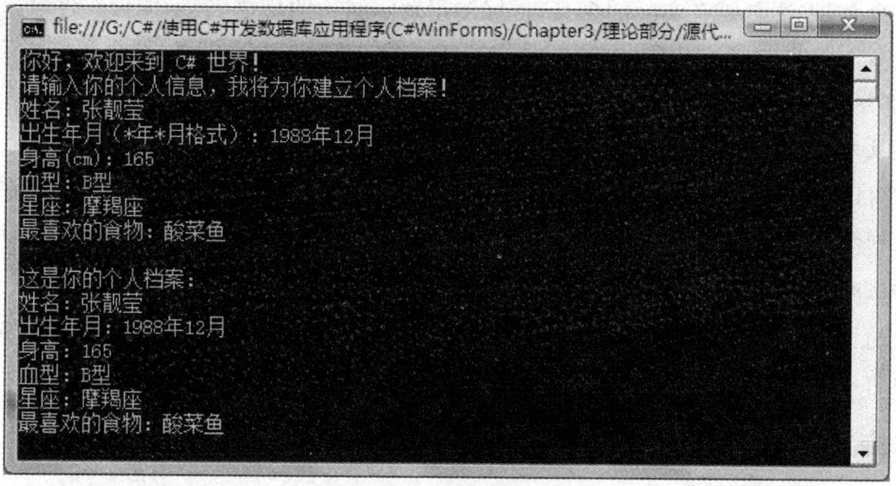

```
file:///G:/C#/使用C#开发数据库应用程序(C#WinForms)/Chapter3/理论部分/源代...
你好，欢迎来到 C# 世界!
请输入你的个人信息，我将为你建立个人档案!
姓名：张靓莹
出生年月（*年*月格式）：1988年12月
身高(cm)：165
血型：B型
星座：摩羯座
最喜欢的食物：酸菜鱼

这是你的个人档案：
姓名：张靓莹
出生年月：1988年12月
身高：165
血型：B型
星座：摩羯座
最喜欢的食物：酸菜鱼
```

图 2.31　示例运行结果

2.9　定义方法

2.9.1　定义方法

除了使用.NET 提供的类的方法外，我们还可以自己来定义方法。在 C# 中定义方法的语法为：

```
访问修饰符 返回类型 方法名(参数列表)
{
//方法的主体
}
```

1. 访问修饰符

访问修饰符就是指可访问的级别，public(公共的)、private(私有的)，它们有什么区别呢？比如我们去餐馆吃饭，任何人都可以在餐馆的餐厅就餐，餐厅就是 public 的。但餐馆的厨房只有他们自己的工作人员可以进入，那么厨房就是 private 的。在我们的程序中，如果将变量或方法声明为 public，就表示其他类可以访问，如果声明为 private，那么就只能在类里面使用。

2. 方法的返回类型

我们的方法是供人调用的，调用后可以返回一个值，这个返回值的数据类型就是方法的返回类型，可以是 int、float、double、bool、string 等，如果方法不返回任何值，就使用 void。

3. 方法名

我们定义的方法都有一个名称，方法的名字应该有明确的含义，这样别人在使用的时候，就能清楚地知道这个方法能做什么，比如我们用了无数遍的 WriteLine()方法，一看就知道是写一行的意思。

规范：

方法命名:方法名要有实际的含义,最好使用动宾结构的短语,表示能做一件事。

方法名一般使用 Pascal 命名法,就是组成方法名的单词直接相连,每个单词的首字母大写,如:WriteLine()、ReadLine()。

4. 参数列表

我们可以向方法中传递参数,这些参数就组成了参数列表,如果没有参数就不用参数列表了。参数列表中的每个参数都是"数据类型 参数名"的形式,各个参数之间用逗号隔开。

5. 方法的主体

方法的主体部分就是这个方法做一件事情要执行的代码了。我们在写方法时,应该先写方法的声明,包括访问修饰符、返回类型、方法名、参数列表,然后再写方法的主体。

2.9.2 向方法中传递参数

通过参数可以把值传递给方法,在 C# 中有按值传递和按引用传递两种传递方式。

1. 值传递

问题:

某同学完成学业,去了一家软件公司面试程序员,老板告诉了他税前工资,工资计税的方法为:低于 1600 元不计税,超出 1600 元部分按 5% 缴税。该同学编写了如下程序计算自己的税后工资,请将工资计算的部分改为方法实现。

示例 2.20:

```
static void Main(string[] args)
{
    int pay;                    // 税前工资
    float taxRate = 0.05f;  // 税率
    float afterTax;             // 税后工资
    Console.WriteLine("请输入税前工资:");
    pay = int.Parse(Console.ReadLine());
    if (pay <= 1600)
    {
        afterTax = pay;
    }
    else
    {
        afterTax = pay - (pay - 1600) * taxRate;
    }
    Console.WriteLine("税前工资{0},税后工资{1}", pay, afterTax);
    Console.ReadLine();
}
```

分析:

我们要定义一个方法来计算实际工资,方法名称可以叫做 GetPay,我们将税前工资和税率作为方法的参数传入,将税后工资作为方法的返回值。实现代码如 9.2 所示。

示例 2.21：

```
using System;
using System.Collections.Generic;
using System.Text;
namespace HelloWorld
{
    // 此示例演示使用方法计算税后工资
    class Program
    {
        static void Main(string[] args)
        {
            int pay;                  // 税前工资
            float taxRate = 0.1f;  // 税率
            float afterTax;           // 税后工资
            Console.WriteLine("请输入税前工资:");
            pay = int.Parse(Console.ReadLine());
            // 调用方法计算税后工资
            afterTax = GetPay(pay, taxRate);
            Console.WriteLine("税前工资{0},税后工资{1}", pay, afterTax);
            Console.ReadLine();
        }
        // 此方法根据税前工资计算税后工资
        private static float GetPay(int pay, float taxRate)
        {
            float afterTax;  // 计税后的工资
            if (pay <= 1600)  // 低于 1600 不缴税
            {
                afterTax = pay;
            }
            else   // 高于 1600 部分按税率缴税
            {
                afterTax = pay - (pay - 1600) * taxRate;
            }
            return afterTax;
        }
    }
}
```

程序运行结果如图 2.32 所示。

在上面的程序中，定义方法的时候，我们使用了一个"static"(静态的)，调用方法时不需要使用 new 来创建一个对象，可以直接使用"类名.方法名"调用。static 是 C# 的一个关键字，用它修饰的方法叫做静态方法。就像 WriteLine()方法就是 Console 类的一个静态方法，使用时不需要使用 new 来创建一个 Console 类的对象，而是通过 Console. WriteLine()来直接调

图 2.32 示例运行结果

用的。示例中的 GetPay()方法和 main()在同一个类中,因此前面的类名可以省略。

问题:

自定义一个方法用来交换两个数值,并输出交换前与交换后的值。有一位同学编写了以下的程序,请你看看他的代码能实现要求吗?

示例 2.22:

```
using System;
using System.Collections.Generic;
using System.Text;
namespace HelloWorld
{
    // 此示例演示使用值传递交换两个数
    class Program
    {
        static void Main(string[] args)
        {
            int num1 = 5, num2 = 10;  // 两个数字
            Console.WriteLine("交换前两个数的值分别为:{0}和{1}", num1, num2);
            Swap(num1, num2);   // 交换两个数的值
            Console.WriteLine("交换后两个数的值分别为:{0}和{1}", num1, num2);
            Console.ReadLine();
        }
        // 交换两个数的方法
        private static void Swap(int num1, int num2)
        {
            int temp;        // 中间变量
            temp = num1;
            num1 = num2;
            num2 = temp;
        }
    }
}
```

程序运行的结果如图 2.33 所示

我们发现,调用后,两个数的值并没有交换,这是为什么呢? 因为我们在给方法传递参数时使用了按值传递。什么是按值传递? 就是只把参数的值传到方法里面,如果在方法中对参数的值进行了修改,在方法调用后,参数仍然是原来的值。那么有没有方法能够在方法调用后

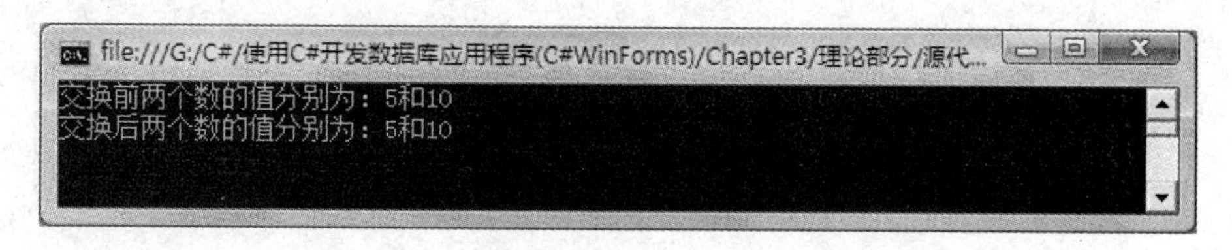

图 2.33　示例运行结果

保存对参数的修改呢？这就需要按引用传递参数。

2. 引用传递

按引用传递参数，可以在调用方法之后保留方法中对参数的修改。要想使参数按引用传递，需要使用 ref 关键字修饰参数，现在我们来重新实现上例中的问题，代码修改后如 2.23 所示。

示例 2.23：

```
using System;
using System.Collections.Generic;
using System.Text;
namespace HelloWorld
{
    // 此示例演示使用值传递交换两个数
    class Program
    {
        static void Main(string[] args)
        {
            int num1 = 5, num2 = 10;   // 两个数字
            Console.WriteLine("交换前两个数的值分别为:{0}和{1}", num1, num2);
            Swap(ref num1, ref num2);   // 交换两个数的值
            Console.WriteLine("交换后两个数的值分别为:{0}和{1}", num1, num2);
            Console.ReadLine();
        }
        // 交换两个数的方法
        private static void Swap(ref int num1, ref int num2)
        {
            int temp;        // 中间变量
            temp = num1;
            num1 = num2;
            num2 = temp;
        }
    }
}
```

程序执行的结果如图 2.34 所示。

参数使用 ref 修饰后，我们在 Swap()方法中交换了 num1 和 num2 的值，结果是交换了。ref 的使用方法很简单，只要在方法定义和方法调用时都使用 ref 修饰参数，而且使用 ref 修饰

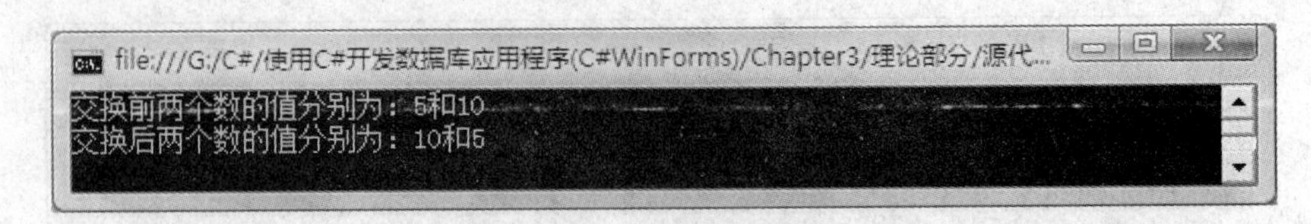

图 2.34　示例运行结果

的参数必须在调用的方法中赋值。

2.10　本章知识梳理

本章是编写程序的基础，变量是存放特定数据类型值的容器，而常量也存放特定数据类型的值，但常量在整个程序中都保持一致，C# 中常用的数据类型，注意布尔类型使用 bool 关键字。

C# 提供了以下类型的选择结构：

- if
- if…else
- switch…case

C# 提供了以下类型的循环结构：

- while 循环
- do 循环
- for 循环
- foreach 循环

当 continue 语句和 break 语句用在内层循环时，只会影响内层循环的执行，不会影响到外层循环。

数组是可将同一类型的多个数据元素作为单个实体存放的一种数据结构，在声明的时候不能将数组名放在数据类型和方括号之间。使用二重循环可以实现冒泡排序，排序的过程是比较相邻的两个数并交换，直到所有数都排序。

C# 中的结构可以在其内部定义方法并可包括一个构造函数；枚举是一组已命名的数值常量。

在向方法传递参数时分为按值传递和按引用传递两种方式。按引用传递需要使用 ref 关键字修饰参数，这样在方法中对参数值的修改可以保留。

可以使用 String 类的 Format()方法格式化字符串。在 C# 中有多种方式进行数据类型的转换：隐式转换、显示转换、Parse()、Convert 类。

第3章　WinForms 基础知识

【本章工作任务】

- 完成 MrCy 餐饮管理系统应用程序的部分基本界面设计
- 系统主界面
- 创建员工信息管理界面
- 系统登录界面

【本章技能目标】

通过本章的学习，主要把握以下内容：

- 理解窗体的属性和事件的作用
- 会使用基本控件如标签、文本、按钮、列表框和组合框设计窗体界面
- 会使用窗体的常用属性和方法
- 会使用 WinForms 中的高级控件
- 单选按钮
- 图片框
- 选项卡控件
- 滚动条、进度条
- 工具条、状态条
- 会编写简单的事件处理程序
- 会使用窗体的消息框

3.1　工作任务引入

3.1.1　任务描述

一个应用系统首先要有登录窗口、主窗口这些基本的 Windows 元素。本章的任务就是为 MrCy 餐饮管理系统应用程序设计两个主要界面：登录界面、员工信息管理窗口。

3.1.2　任务示范

两个主要界面：登录界面、员工信息管理窗口，完成的效果如图 3.1、图 3.2 所示。

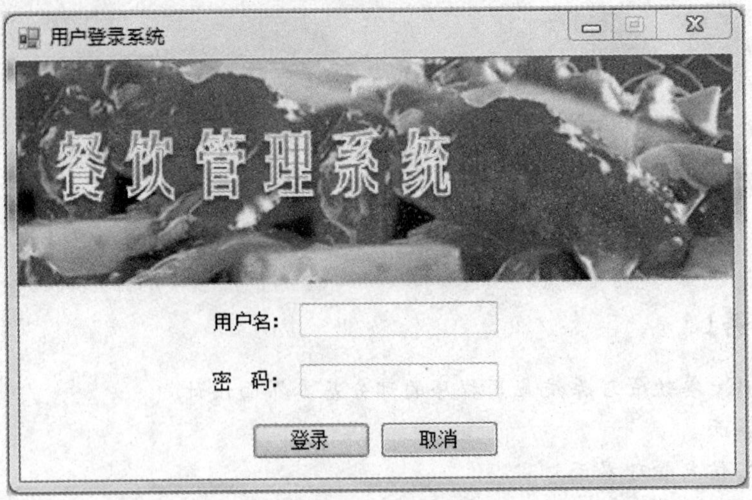

图 3.1　登录界面

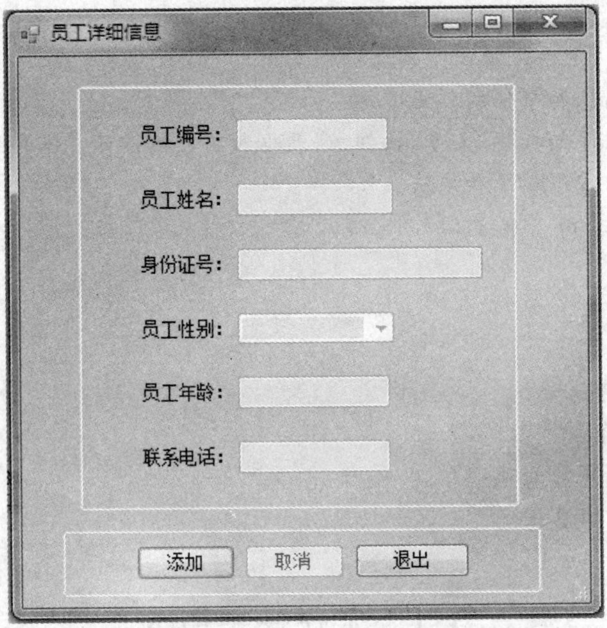

图 3.2　员工信息管理窗口

3.2　windows 窗体简介

在 Windows 操作系统中，窗口无处不在，比如我们经常使用的计算器如图 3.3 所示。

实际上我们每天都接触不同的 windows 窗体，而且窗口上的元素也通常会重复出现，如一些文本框、按钮或下拉列表框等。这些元素均为 GUI(图形用户界面)界面的设计元素，对于程序员而言，我们不需要花时间去独立编写这些元素，而只要根据界面需要选择合适的元素搭建即可。

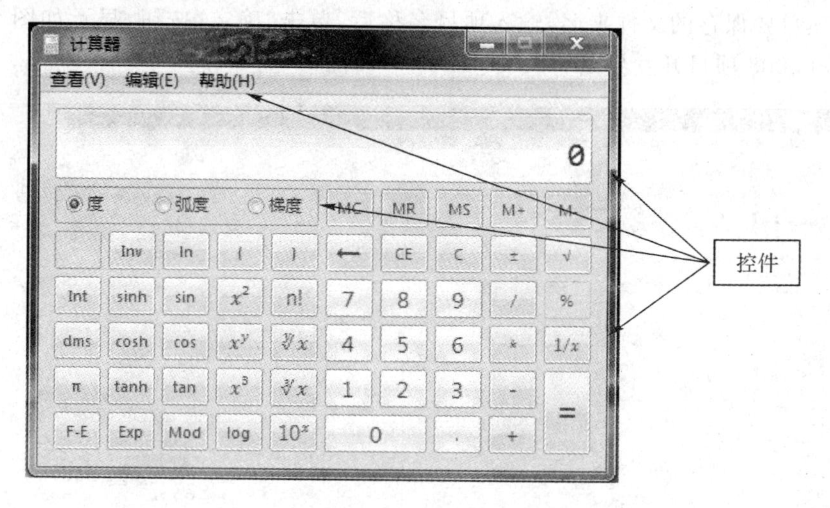

图 3.3　计算器窗口

在 C＃中，windows 窗体也称 WinForms，开发人员可以使用 WinForms 创建用户界面，并使用任何一种.NET 支持的语言编写相关的功能。

3.2.1　创建第一个 Windows 窗体应用程序

我们来动手创建第一个 Windows 窗体应用程序，步骤如下：

- 打开 Microsoft Visual Studio 2008 开发平台。
- 选择“文件”菜单→“新建”→“项目”选项。
- 项目类型选择“Visual C＃”。
- 模板选择“Windows 窗体应用程序”，如图 3.4 所示。

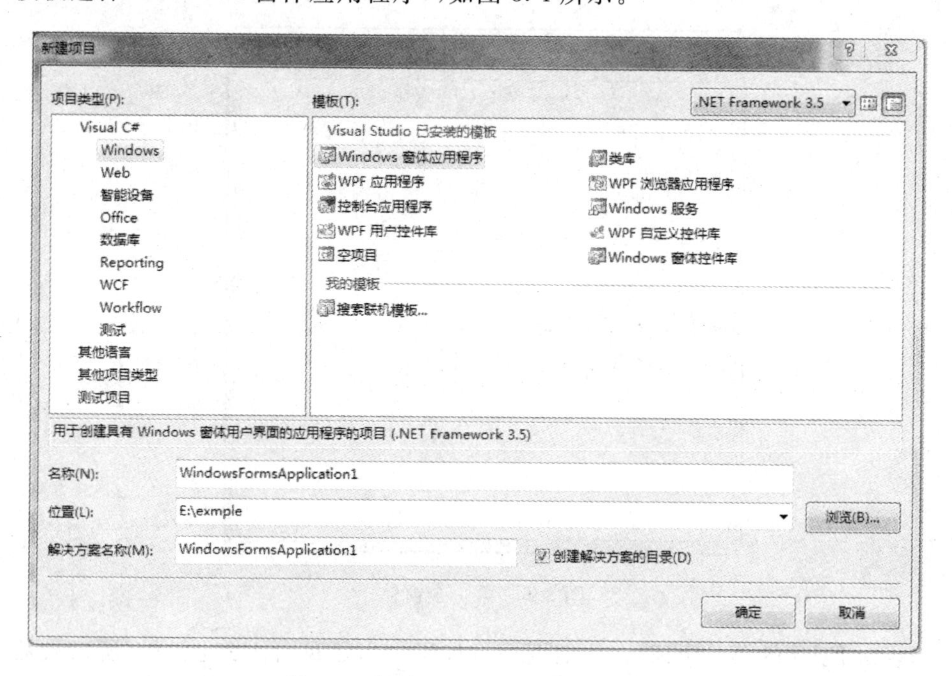

图 3.4　新建 Windows 窗体应用程序

● 选择项目要保存的文件夹名，输入项目名称后，单击“确定”按钮，显示如图 3.5 所示的 Visual Studio 2008 项目开发界面。

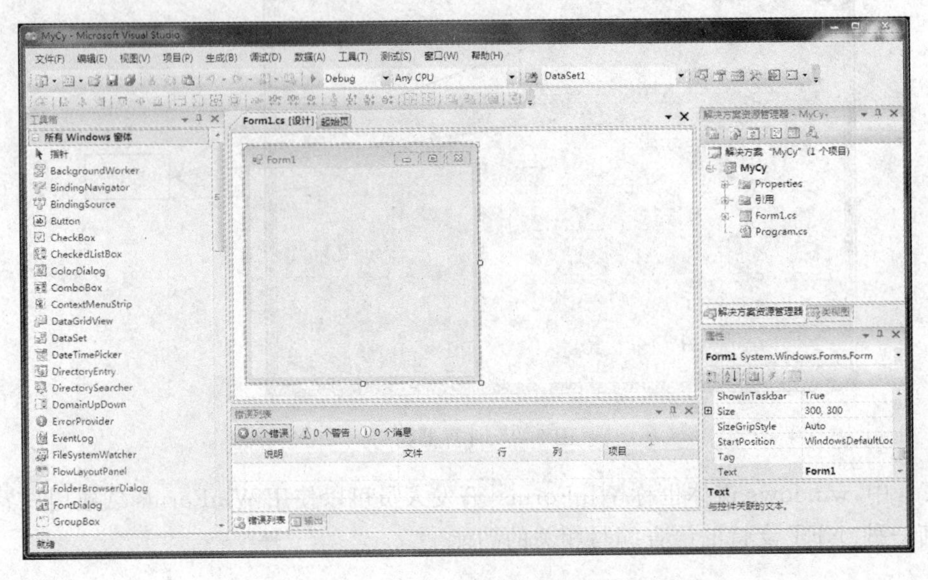

图 3.5 Visual Studio 2008 项目开发界面

这个界面和我们先前使用的控制台应用程序窗口组成有些不同，左边的“工具箱”里包含了很多控件，我们可以直接把它们拖到窗体上。中间部分是窗体设计器，可以放置从工具箱中拖出的控件。右下方的“属性”窗口，用来设置窗体或控件的属性，后面我们会慢慢认识各种控件及其属性。

按 F5 键直接运行，将会出项如图 3.6 所示的窗体。

图 3.6 第一个窗体

这就是我们创建的第一个窗体，不需要一行代码。当然我们什么也没做，所以只是一个空的窗体。

3.2.2　认识 Windows 窗体应用程序文件夹结构

创建第一个窗体后，我们来认识一下 Windows 窗体应用程序的文件夹结构，我们来看一下解决方案资源管理器，如图 3.7 所示。

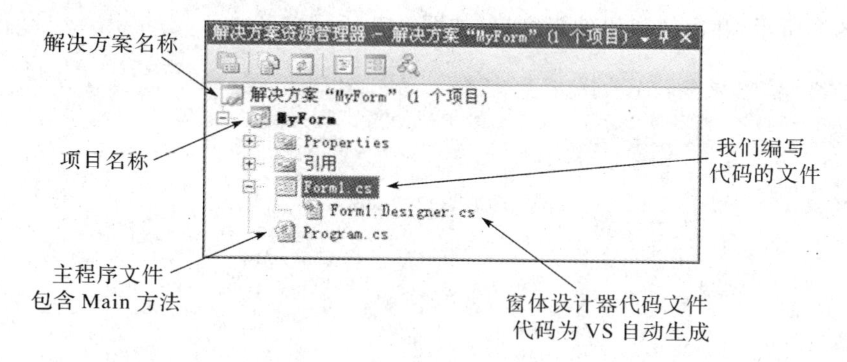

图 3.7　解决方案资源管理器

在解决方案资源管理器中，包含了解决方案名称、项目名称。Form1.cs 就是窗体文件，对窗体编写的代码一般都存放在这个文件当中，展开 Form1.cs 文件前的"+"号，会看到 Form1.Designer.cs 文件，这个文件是窗体的设计文件，其中的代码是我们在进行控件拖放、设置控件属性时由 Visual Studio 环境自动生成的，一般不需要我们修改。Program.cs 文件是主程序文件，其中包含重要的程序入口 Main()方法。

双击 Program.cs 文件，我们来认识一下 WinForms 程序的 Main()方法，如示例 3.1 所示。

示例 3.1：

```
using System;
using System.Collections.Generic;
using System.Windows.Forms;
namespace MrCy
{
    static class Program
    {
        // 应用程序的主入口点。
        [STAThread]
        static void Main()
        {
            Application.EnableVisualStyles();
            Application.SetCompatibleTextRenderingDefault(false);
            Application.Run(new Form1());
        }
    }
}
```

Main()方法中的代码也是 Visual Studio 自动生成的，一般我们不需要去理会这些代码，我们需要知道的是第三行代码"Application.Run(new Form1());"的意思是运行 Form1 窗体，这里是我们应用系统要运行的第一个窗体的名称。

3.2.3　进一步认识窗体文件

在 Visual Studio 中，WinForms 应用程序的窗体文件有两种编辑窗口，分别是窗体设计器窗口（如图 3.8 所示）和窗体代码编辑窗口（如图 3.9 所示）。

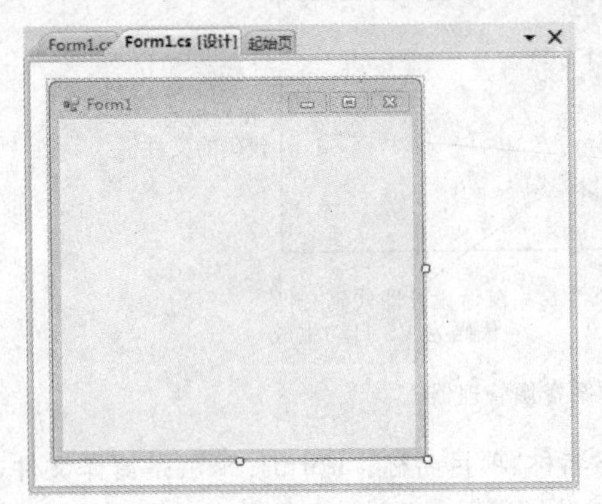

图 3.8　窗体设计器窗口

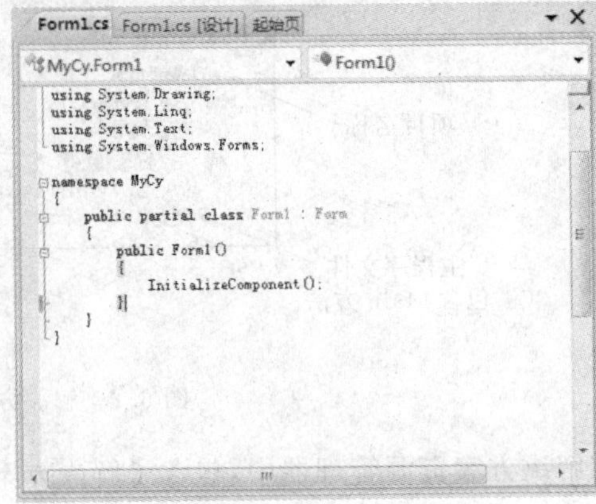

图 3.9　窗体代码编辑窗口

窗体设计器窗口是我们进行窗体界面设计、拖放控件及控件属性时使用的，不需要编写代码，用鼠标就可以进行可视化的操作，如图 3.8 所示。

窗体代码编辑窗口是我们需要手动编写代码的地方，在图 3.9 中我们看到，系统已经自动生成了一些代码，我们来认识一下它们的作用。

1. partial 关键字

在图 3.9 中我们看到，class 前多了一个 partial（部分的），这是.NET Framework 引入的一个新特性——分布类。为什么要使用 partial 呢？在 C# 中，为了方便代码的管理和编辑，使用 partial 关键字可以将同一个类的代码分开放在多个文件中，每个文件都是类的一部分。在 Visual Studio 中创建的窗体都是分布类。在图 3.9 中，Form1 这个类的代码就分布在两个文件 Form1.cs 文件和 Form1.Designer.cs 文件中。我们自己编写的代码放在 Form1.cs 文件，系统自动产生的代码放在 Form1.Designer.cs 文件中，这个文件我们一般不直接操作。Form1.cs 文件和 Form1.Designer.cs 文件的代码具有相同的命名空间和相同的类名，并且都在类名前加了 partial 关键字，在编译时，系统会将它们合并成一个类来进行处理。这就是 partial 的作用。

2. Form 类

在图 3.9 显示的 Form1.cs 代码中我们看到了这样一行代码：public partial class Form1 : Form，在类名后面多了一个冒号和一个 Form，这是什么意思呢？Form 是.NET Framework 定义好的一个最基本窗体类，具有窗体的一些最基本的属性和方法。冒号表示继承，我们自己创建的窗体继承了 Form 类，那么它一开始就具有了 Form 类中定义的属性和方法。关于继承，我们将在后续章节深入地学习。

3.3 Windows 窗体简介

上一节我们已经认识了窗体的大概，那么窗体究竟具有哪些属性和方法呢？这一节我们就要来认识窗体的一些重要的属性和方法。

3.3.1 窗体的重要属性

窗体重要的属性见表3.1。

表3.1 窗体重要的属性

属 性	说 明
Name	窗体对象的名字，在代码中可以用该名字访问窗体对象
BackColor	窗体的背景颜色
BackgroundImage	窗体的背景图片
FormBorderStyle	窗体显示的边框样式，列表框中有7种可选择
MaximizeBox	确定窗体标题栏右上角是否有最大化框，默认是true，包括最大化框
ShowInTaskBar	设置窗体是否出现在任务栏
StartPosition	窗体第一次出现时的位置
Text	窗体标题栏显示的文字
TopMost	设置窗体是否为最顶层的窗体
WindowState	窗体出现时最初的状态(正常、最大化、最小化)

3.3.2 窗体的重要事件

窗体重要的事件见表3.2。

表3.2 窗体重要的事件

事 件	说 明
Load	窗体加载时发生的事件
MouseClick	当用户单击窗体时发生的事件
MouseDoubleClick	当用户双击窗体时发生的事件
MouseMove	鼠标窗体移过窗体时发生的事件
KeyDown	在按下某个键时发生的事件
KeyUp	释放被按下的键时发生的事件

编写事件处理程序的步骤如下：

- 单击要创建事件处理程序的窗体或控件。
- 在“属性”窗口中单击“事件”按钮( )。

- 选择要创建事件处理程序的事件
- 双击事件名,生成对应的事件处理程序
- 编写事件处理代码

现在我们来看一下窗体的 MouseClick 事件,在属性窗口双击 MouseClick 事件,自动生成事件处理程序,如图 3.10 所示。

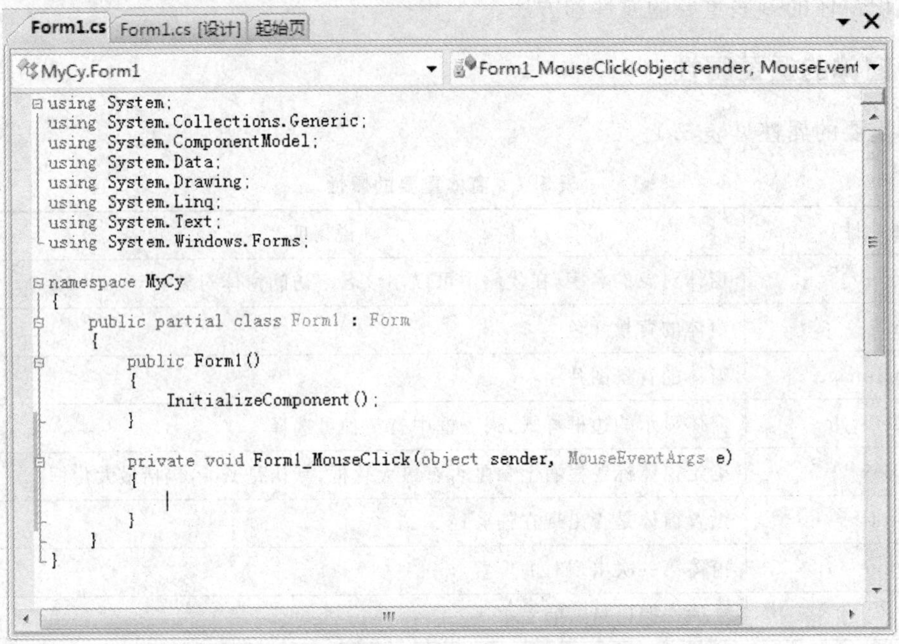

Form1.cs Form1.cs [设计] 起始页

MyCy.Form1 Form1_MouseClick(object sender, MouseEvent

```
using System;
using System.Collections.Generic;
using System.ComponentModel;
using System.Data;
using System.Drawing;
using System.Linq;
using System.Text;
using System.Windows.Forms;

namespace MyCy
{
    public partial class Form1 : Form
    {
        public Form1()
        {
            InitializeComponent();
        }

        private void Form1_MouseClick(object sender, MouseEventArgs e)
        {
            |
        }
    }
}
```

图 3.10 自动生成的 MouseClick 事件处理程序

MouseClick 事件处理方法如下:

private void Form1_MouseClick(object sender, MouseEventArgs e)

其中:参数 sender 是事件源,表示谁引发了这个事件,我们可以通过 sender 得到引发事件的控件,这需要强制类型转换。

参数 e 叫做鼠标事件参数对象,比如我们可以通过 e. X 和 e. Y 来获得鼠标的当前位置坐标。

不同的事件会有不同的事件参数,如果是键盘事件,那么事件的参数就是键盘事件参数,我们可以通过键盘事件参数获取键盘的键值代码。

我们来看一个示例,用鼠标单击来改变窗体的背景颜色。如何来实现呢?要完成这个任务就要利用 MouseClick 事件处理程序,我们在事件处理代码中输入以下代码:

示例 3.2:

```
if (this.BackColor == Color.Red)
{
    this.BackColor = Color.Yellow;
}
else if (this.BackColor == Color.Yellow)
{
```

```
        this.BackColor = Color.Green;
    }
    else
    {
        this.BackColor = Color.Red;
    }
```

按F5运行，单击窗体，窗体的背景颜色会在红、黄、绿之间切换，效果如图3.11所示。

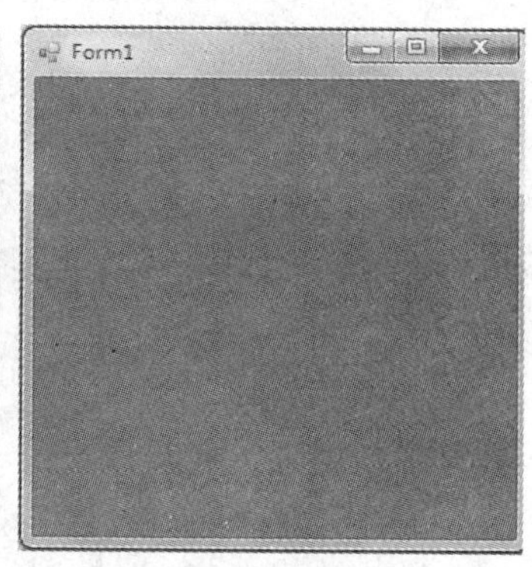

图3.11 鼠标单击事件

3.4 Windows窗体常用控件

.NET Framework为我们提供了非常多的控件，让我们快速地开发出专业的Windows应用程序，我们通过一个餐饮管理系统项目来学习常用的控件。

新建一个"MrCy"项目，在这一章我们将创建MrCy餐饮管理项目中的两个基本界面：登录窗口、员工消息管理窗口。通过这两个窗口，我们来学习如何使用窗体控件。

在C#中，常用的控件如图3.12所示：

3.4.1 Label控件的使用

标签(Label)：用于显示用户不能编辑的文本或图像，我们常用它对窗体上的其他控件进行起标注或说明作用。标签的主要属性、事件与方法见表3.3。

表3.3 标签的属性、事件与方法

属 性	说 明
Text	该属性用于设置或获取与该控件关联的文本
Image	指定标签要显示的图像
方 法	说 明
Hide	隐藏控件，调用该方法时，即使Visible属性设置为True，控件也不可见
Show	相当于将控件的Visible属性设置为True并显示控件
事 件	说 明
Click	用户单击控件时将发生该事件

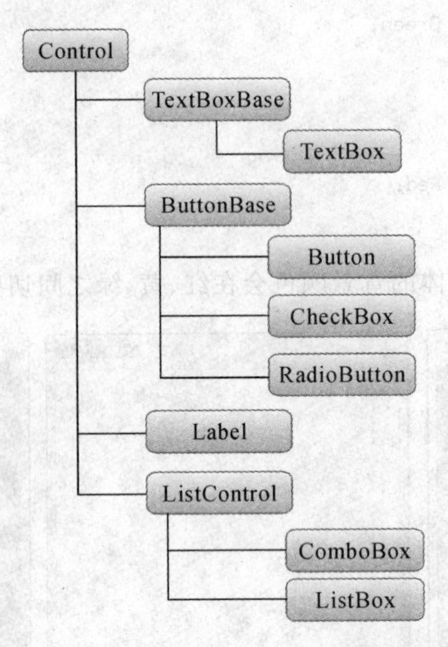

图 3.12　System.Windows.Forms 控件的类层次结构

创建餐饮管理系统用户登录界面。

(1)新建“Windows 窗体应用程序”,命名为“MyCy”。

(2)重命名“Forms.cs”为“Login.cs”。

(3)到属性窗口更改 Login 窗体的“Text”属性为“餐饮管理系统”。

(4)设置该窗体的“MaximizeBox”为 False,不显示最大化窗口。

(5)修改窗体的 Size 属性为“400,300”。

(6)从“工具箱”中拖拽 Label 控件到窗体上,设置其“Name”属性为“lblName”,设置“Text”属性为“用户名:”。同样的方式添加另外一个 Label 控件,设置其“Name”属性为“lblPwd”,设置“Text”属性为“密码:”。

运行后效果如图:

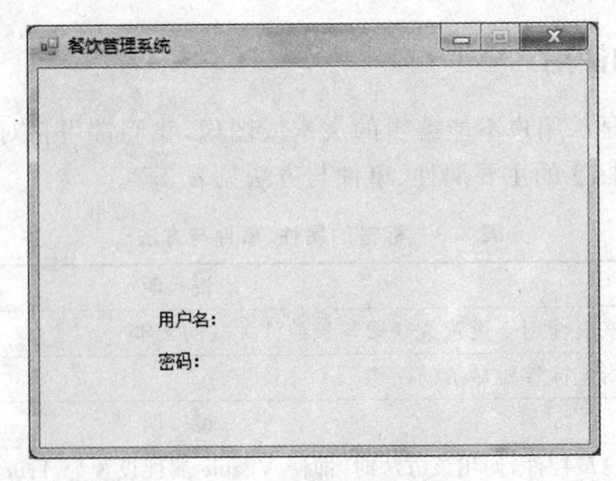

图 3.13　Label 控件的使用

3.4.2　TextBox 控件的使用

文本框(TextBox):用于获取用户输入的信息或向用户显示文本,它的主要属性、方法、事件见表 3.4。

表 3.4　文本框的属性、事件与方法

属　性	说　明
MaxLength	可在文本框中输入的最大字符数
Multiline	表示是否可在文本框中输入多行文本
Passwordchar	机密和敏感数据,密码输入字符
ReadOnly	文本框中的文本为只读
方　法	说　明
Clear	删除现有的所有文本
事　件	说　明
KeyPress	用户按一个键结束时将发生该事件

我们在前面创建好的窗体上继续添加文本框控件。

从"工具箱"中拖拽 TextBox 控件到窗体上,设置其"Name"属性为"txtName"。同样的方式添加另外一个 TextBox 控件,设置其"Name"属性为"txtPwd",并设置密码框的"passwordChar"属性为"*"。

运行效果如下:

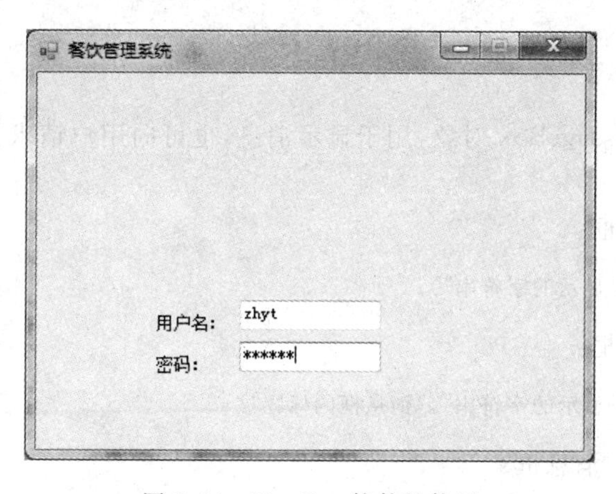

图 3.14　TextBox 控件的使用

3.4.3　Button 控件的使用

按钮(Button):提供用户与应用程序的交互,单击按钮来执行 Click 事件处理程序。我们可以编写 Click 事件处理程序的代码来执行需要的操作。按钮的常用属性、事件与方法见表 3.5。

表 3.5　按钮的属性、事件与方法

属　性	说　明
Enabled	确定是否可以启用或禁用该控件
方　法	说　明
PerformClick	模仿 Button 控件的 Click 事件，无需用户单击按钮
事　件	说　明
Click	单击按钮时将触发该事件

为前面的窗体添加操作按钮。

从“工具箱”中拖拽 Button 控件到窗体上，设置其“Name”属性为“btnSubmit”，设置其“Text”属性为“登录”。同样的方式添加另外一个 Button 控件，设置其“Name”属性为“btnCancel”，设置其“Text”属性为“取消”。

规范：

每个控件都有一个 Name 属性，用以在代码中表示该对象。我们每拖放到窗体上一个控件，都首先要为控件命名。通常加的前缀：Label 为 lbl，TextBox 为 txt，Button 为 btn。

为菜单设置 Name 属性时，加前缀 ms，如 msExit。为菜单项设置 Name 属性时，加前缀 tsmi，如 tsmiExitSystem、tsmiAbout 等。

3.5　C#中的消息窗口

3.5.1　消息框窗口

消息框是一个 MessageBox 对象，用于显示消息，也可向用户请求消息。我们常用的消息框有 4 种类型：

(1)最简单的消息框：

```
MessageBox.Show("要显示的字符串");
```

(2)带标题的消息框：

```
MessageBox.Show("要显示的字符串","消息框的标题");
```

(3)带标题、按钮的消息框：

```
MessageBox.Show("要显示的字符串","消息框的标题",消息框按钮);
```

(4)带标题、按钮、图标的消息框：

```
MessageBox.Show("要显示的字符串","消息框的标题",消息框按钮, 消息框图标);
```

如我们在登录窗体中(如图 3.15 所示)，需要验证用户名是否输入，在没有输入时，弹出一个消息框，提示用户。

双击登录窗体的“登录”按钮，跳转到代码编写界面。在“登录”按钮的 Click 事件处理程序 btnSubmit_Click()方法中输入以下代码。

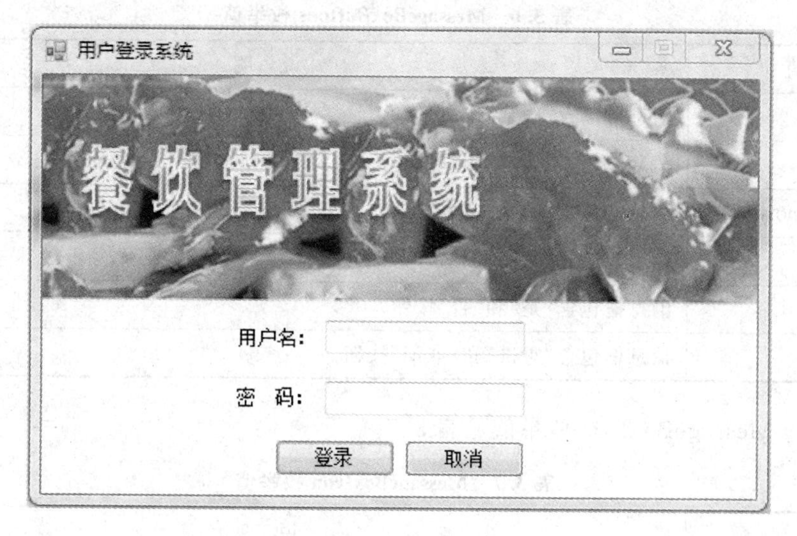

图 3.15　登录窗口

示例 3.3:

```
private void btnSubmit_Click(object sender, EventArgs e)
{
    if (txtName.Text == "")
    {
        MessageBox.Show("请输入用户名", "警告", MessageBoxButtons.OK,
            MessageBoxIcon.Warning);
    }
}
```

如果没有输入用户名,按登录按钮,会弹出如图 3.16 所示的消息框。

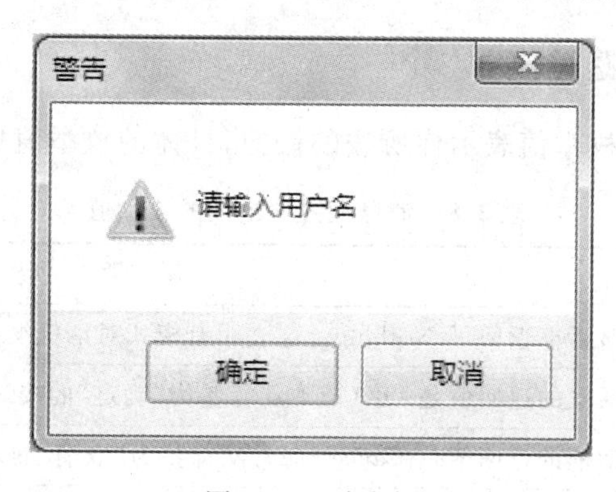

图 3.16　消息框

消息框的 MessageBoxButtons 枚举值见表 3.6。

表 3.6　MessageBoxButtons 枚举值

枚举值	说　明
OK	消息框包含“确定”按钮。
OKCancel	消息框包含“确定”和“取消”按钮。
AbortRetryIgnore	消息框包含“中止”、“重试”和“忽略”按钮。
YesNoCancel	消息框包含“是”、“否”和“取消”按钮。
YesNo	消息框包含“是”和“否”按钮。
RetryCancel	消息框包含“重试”和“取消”按钮。

消息框的 MessageBoxIcon 枚举值见表 3.7。

表 3.7　MessageBoxIcon 枚举值

枚举值	说　明
None	消息框未包含符号。
Hand	消息框包含一个红色背景的圆圈及其中的白色 X 组成的。
Question	消息框包含一个圆圈和其中的一个问号组成的。
Exclamation	消息框包含一个黄色背景的三角形及其中的一个感叹号组成的。
Asterisk	消息框包含一个圆圈及其中的小写字母 i 组成的。
Stop	消息框包含一个红色背景的圆圈及其中的白色 X 组成的。
Error	消息框包含一个由一个红色背景的圆圈及其中的白色 X 组成的。
Warning	消息框包含一个黄色背景的三角形及其中的一个感叹号组成的。
Information	消息框包含一个圆圈及其中的小写字母 i 组成的。

3.5.2　消息框窗口的返回值

消息框方法返回一个枚举值表示你所按的按钮，具体的枚举值见表 3.8。

表 3.8　消息框方法返回的枚举值

枚举值	说　明
None	从对话框返回了 Nothing。这表明有模式对话框继续运行。
OK	对话框的返回值是 OK(通常从标签为“确定”的按钮发送)。
Cancel	对话框的返回值是 Cancel(通常从标签为“取消”的按钮发送)。
Abort	对话框的返回值是 Abort(通常从标签为“中止”的按钮发送)。
Retry	对话框的返回值是 Retry(通常从标签为“重试”的按钮发送)。
Ignore	对话框的返回值是 Ignore(通常从标签为“忽略”的按钮发送)。
Yes	对话框的返回值是 Yes(通常从标签为“是”的按钮发送)。
No	对话框的返回值是 No(通常从标签为“否”的按钮发送)。

图 3.17　测试消息返回值

示例 3.4:

```
private void btnTest_Click(object sender, EventArgs e)
{
    DialogResult Info = MessageBox.Show("测试消息框", "测试",
        MessageBoxButtons.AbortRetryIgnore);
    MessageBox.Show("消息框的返回值是:" + Info.ToString());
}
```

运行起来后首先看到如下界面:

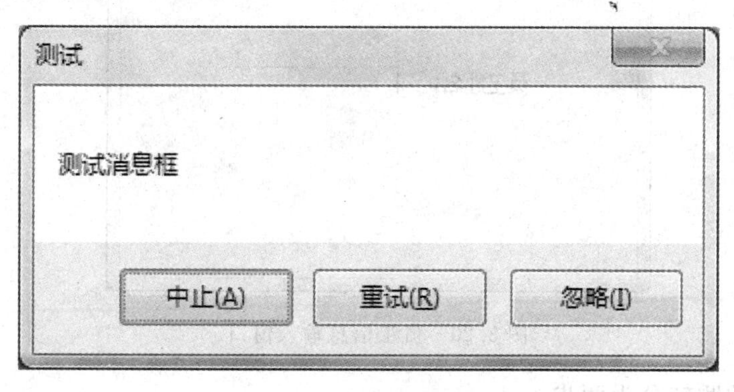

图 3.18　消息框程序运行界面

图 3.19 消息框程序返回值

3.6 多窗体应用程序

3.6.1 实现窗体间的跳转

(1)创建一个员工信息展示和录入的窗体，右键点项目名称，在弹出菜单中选择“添加”→“Windows 窗体”。重命名为“frmUserInfo.cs”。设置其“Text”属性为“员工详细信息”。

(2)在窗体中添加一个 Label 和一个 TextBox 用来显示用户姓名。

其效果如下：

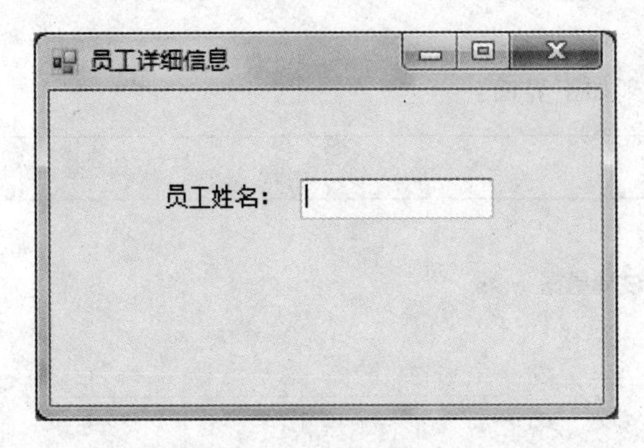

图 3.20 员工信息输入窗口

实现窗体间的跳转分为两步：

(1)创建窗体对象

被调用窗体类 窗体对象名＝new 被调用窗体类()；

(2)显示窗体

```
窗体对象名.Show();
```

当用户登录成功后，能跳转到员工信息窗体。要实现此功能，首先需要在登录窗体的单击事件方法中添加如下代码：

```
frmUserInfo obj = new frmUserInfo(); //实例化 frmUserInfo 窗体
obj.Show(); //显示窗体的实例
//obj.ShowDialog(); //以模式方式显示窗体的实例
```

这样，就可以通过点击登录按钮来实现窗体跳转。

3.6.2 实现用户输入验证

我们在前面已经创建了登录窗口，如果用户没有输入用户名，就弹出一个消息框，这就是一种用户验证，程序要检查用户的输入是否符合要求，这是我们在界面设计阶段完成的任务，现在我们再来完善用户登录验证功能。

问题：

用户登录时必须输入用户名和密码，如果有一个没有输入，就会弹出一个消息框提示用户输入。

分析：

我们可以在登录按钮的单击事件中添加验证代码，登录验证过程的详细代码如示例3.5所示。

示例3.5：

```
//验证用户是否输入了用户名和密码
private void btnSubmit_Click(object sender, EventArgs e)
{
    if (this.txtName.Text == "" || this.txtPwd.Text == "")
    {
        MessageBox.Show("用户名和密码不能为空!");
    }
    else
    {
        if (this.txtName.Text == "admin" && this.txtPwd.Text == "admin")
        {
            frmUserInfo obj = new frmUserInfo();
            obj.Show();
        }
        else
        {
            MessageBox.Show("用户名和密码不对!");
        }
    }
}
```

3.6.3 窗体间的数据传递

上面登录窗体对用户的输入进行了判断，如果用户的输入通过验证，怎么样将用户的信息显示在员工详细信息中的文本框呢？

分析：

要解决这个问题，有多种解决方式，此处我们先用带参数的构造函数来实现，后面学习完面向对象的课程内容后，我们也可以用实体类来进行封装传递。

(1)在 frmUserInfo 窗体后台代码中为 frmUserInfo 类添加一个私有的全局成员变量：

private string userName＝string. Empty；

(2)为 frmUserInfo 类添加一个带参数的构造函数，代码如下：

示例 3.6：

```
public frmUserInfo(string username)
{
    this.userName = username;
    InitializeComponent();
}
```

(3)修改登录窗体中的“登录”按钮事件代码，修改后的代码如下：

示例 3.7：

```
private void btnSubmit_Click(object sender, EventArgs e)
{
    if (this.txtName.Text == "" || this.txtPwd.Text == "")
    {
        MessageBox.Show("用户名和密码不能为空!");
    }
    else
    {
        if (this.txtName.Text == "admin" && this.txtPwd.Text == "admin")
        {
            frmUserInfo obj = new frmUserInfo(this.txtName.Text);
            obj.Show();
        }
        else
        {
            MessageBox.Show("用户名和密码不对!");
        }
    }
}
```

(4)在员工详细信息窗体 frmUserInfo 中的 Load 事件中添加如下代码：

```
private void frmUserInfo_Load(object sender, EventArgs e)
{
    this.txtName.Text = userName;
}
```

现在，我们可以运行了，效果如图 3.21 所示。文本框里显示了从登录页面传递过来的用户名。

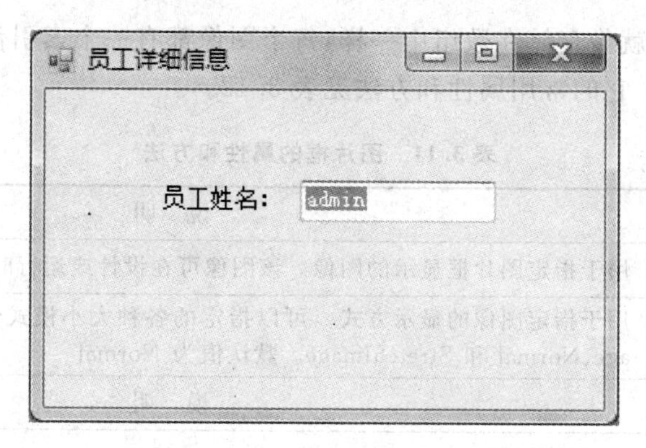

图 3.21　显示登录页面传递的参数

3.7　Winforms 其他基本控件

在前面我们已经学习了 Winforms 的一些基本控件，还有许多功能强大的控件我们再来进一步认识一下，使我们的程序功能更加强大。

(1)单选按钮和复选框(RadioButton 和 CheckBox)：单选按钮允许用户从多个选项中选择一个，每次只能选择一个，通常以组的形式出现，单选按钮主要属性和方法见表 3.9。复选框允许用户从多个选项中选择多项，通常以组的形式出现，复选框的主要属性和方法见表 3.10。

表 3.9　单选按钮主要属性和方法

属　性	说　明
Checked	确定是否已选定控件
方　法	说　明
Focus	将输入焦点移至控件

表 3.10　复选框主要属性和方法

属　性	说　明
Checked	确定是否已选定控件，为 Boolean 值
ThreeState	是否有第三状态
CheckState	当 ThreeState 为 True 时，CheckState 有三个枚举值：Checked、Unchecked、Indeterminate，Indeterminate 值只能通过程序设置，不能通过用户设置
方　法	说　明
CheckedChanged	Checked 属性方式变化时触发
CheckStateChanged	CheckState 方式变化时触发

(2)图片框和图像列表：图片框用于显示图片，支持显示位图、元文件、图标、JPEG、GIF 或 PNG 等格式的图形，它的常用属性和方法见表 3.11。图像列表用于存储其他控件使用的图

像，图像列表存储图像就像存储在数组中一样，每个图像都有一个索引值，从 0 开始，图像列表中的图像大小都相同。它的常用属性和方法见表 3.12。

表 3.11　图片框的属性和方法

属　性	说　明
Image	用于指定图片框显示的图像。该图像可在设计或运行时设置
SizeMode	用于指定图像的显示方式。可以指定的各种大小模式包括 AutoSize、CenterImage、Normal 和 StretchImage。默认值为 Normal
方　法	说　明
Show	显示控件

表 3.12　图像列表属性

属　性	说　明
Images	存储在图像列表中的所有图像
ImageSize	图像列表中图像的大小
TransparentColor	设置成透明的颜色

(4)选项卡控件(TabControl)：用于将相关的控件集中在一起，放在一个页面中，用于显示多个选项卡，其中每个选项卡均可包含图片和其他控件。选项卡(如图 3.22)相当于另一个窗体，可以容纳其他控件。其属性和事件见表 3.13。

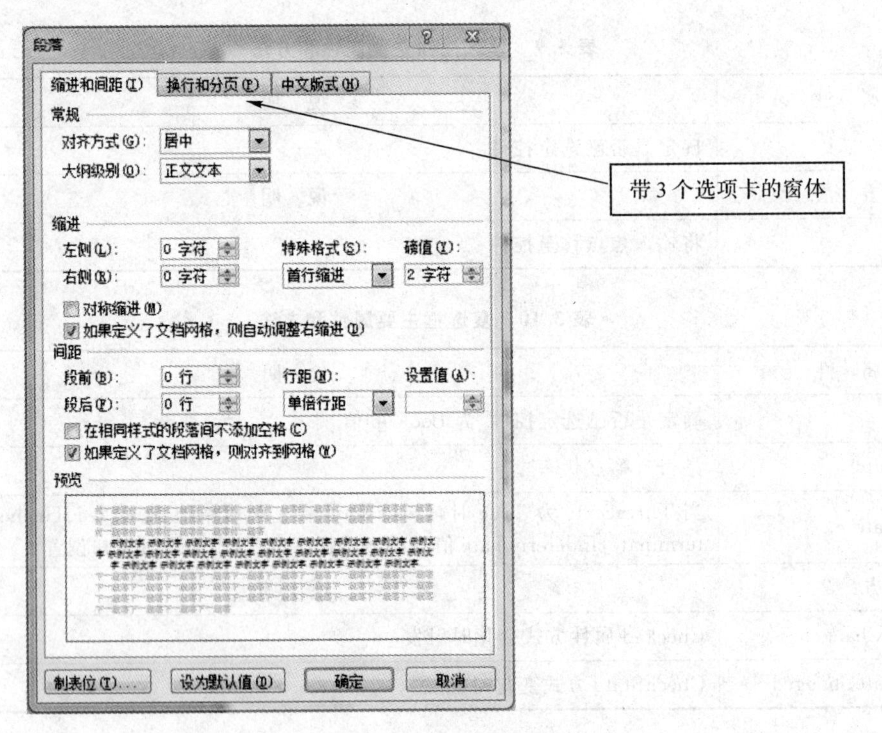

图 3.22　选项卡界面

表 3.13 选项卡的属性和事件

属 性	说 明
MultiLine	指定是否可以显示多行选项卡。如果可以显示多行选项卡,该值应为 True,否则为 False。默认值为 False
SelectedIndex	当前所选选项卡页的索引值。该属性的值为当前所选选项卡页的基于 0 的索引。默认值为－1,如果未选定选项卡页,则为同一值
SelectedTab	当前选定的选项卡页。如果未选定选项卡页,则值为 NULL 引用
ShowToolTips	指定在鼠标移至选项卡时,是否应显示该选项卡的工具提示。如果对带有工具提示的选项卡显示工具提示,该值应为 True,否则为 False
TabCount	检索选项卡控件中选项卡的数目
TabPages	包含选项卡页的集合
事 件	说 明
SelectedIndexChanged	更改 SelectedIndex 属性值时,将触发该事件

(5)列表框(ListBox):显示一个完整的选项列表,用户可以从中选取一个或多个选项,列表中的每个元素都称为一个项(Item)。列表框的主要属性、事件与方法见表 3.14。

表 3.14 列表框的属性、事件与方法

属 性	说 明
Items	列表框中所有项
SelectionMode	选择模式,多选还是单选
SelectedIndex	选中项的索引号,从 0 开始
Text	当前选中项的文本
SelectedItem	选中的项
SelectedItems	所有被选中的项
方 法	说 明
ClearSelected	清除选中的选项
事 件	说 明
SelectedIndexChanged	选中时触发

示例 3.8:

```
//添加选项
private void frmUserAdd_Load(object sender, System.EventArgs e)
{
    this.lstCurrDeptName.Items.Add("软件部");
    this.lstCurrDeptName.Items.Add("硬件部");
    this.lstCurrDeptName.Items.Add("财务部");
    this.lstCurrDeptName.Items.Add("人事部");
}
```

(6)组合框(ComboBox):结合文本框和列表框的特点,允许用户输入文本或选择某选项。

组合框的主要属性和方法见表 3.15。

表 3.15 组合框的属性和方法

属 性	说 明
DropDownStyle	ComboBox 控件的样式，simple、DropDown 和 DropDownList 三种
MaxDropDownItems	下拉区显示的最大项目数
方 法	**说 明**
Select	在 ComboBox 控件上选定指定范围的文本

示例 3.9：

```
private void frmUserAdd_Load(object sender, System.EventArgs e)
{
    ……
    this.cboDesig.Items.Add("总裁");
    this.cboDesig.Items.Add("副总裁");
    this.cboDesig.Items.Add("首席执行官");
    this.cboDesig.Items.Add("经理");
    this.cboDesig.SelectedIndex = 1; //默认的选择是"总裁"
}
private void cboDesig_SelectedIndexChanged(object sender, System.EventArgs e)
{
    MessageBox.Show( "选择的是第" + (this.cboDesig.SelectedIndex + 1).ToString(),"选择的信息");
    MessageBox.Show( "选择的职务是" +  this.cboDesig.Text, "选择的信息");
}
```

(7)分组框(GroupBox)：为其他控件提供可识别的分组，常用来按功能细分窗体，通过 Text 属性可以设置分组框上显示的标题。

(8)面板(Panel)：功能与分组框类似，都是用来将控件分组的，唯一不同的是面板没有标题，但可以显示滚动条。

(9)滚动条(HScrollBar 和 VScrollBar)：用于滚动整个窗体。windows 窗体支持两种滚动条：HScrollBar 水平和 VScrollBar 垂直滚动条。滚动条的常用属性和方法见表 3.16。

表 3.16 滚动条属性和事件

属 性	说 明
Maximum	用于表示滚动范围的上限值。默认值为 100
Minimum	用于表示滚动范围的下限值。默认值为 0
Value	该属性表示滚动条控件中代表滚动框的当前位置的数字。默认值为 0
事 件	**说 明**
Scroll	移动滚动条上的滚动框时，将触发该事件
ValueChanged	更改 Value 属性的值时，将触发该事件。Value 属性的值可由滚动事件更改，也可以通过程序来更改

(10)进度条(ProgressBar):用于指示操作的进度、完成的百分比,外观是排列在水平条中的矩形,如图 3.23 所示。

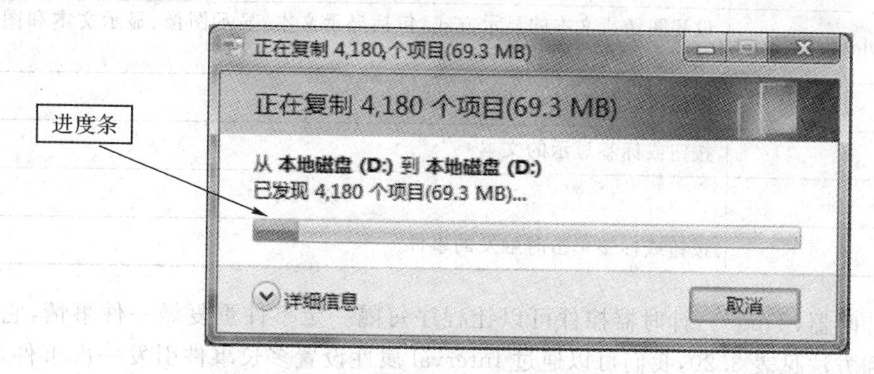

图 3.23　进度条

进度条常用的属性和方法见表 3.17。

表 3.17　进度条的属性和方法

属　性	说　明
Maximum	进度条控件的最大值。默认值为 100
Minimum	进度条控件的最小值。进度条从最小值开始递增,直至达到最大值。默认值为 0
Step	PerformStep 方法应据以增加进度条的光标位置的值。默认值为 10
Value	进度条控件中光标的当前位置。默认值为 0
方　法	**说　明**
Increment	按指定的递增值移动进度条的光标位置
PerformStep	按 Step 属性中指定的值移动进度条的光标位置

(7)工具条(ToolStrip)和状态条(StatusStrip):使用工具条控件可以创建功能非常强大的工具栏,工具条控件中可以包含按钮、标签、下拉按钮、文本框、组合框等,可显示文字、图片或文字加图片。它的主要属性见表 3.18。状态条常常放在窗体的底部,用来显示一些基本信息。在状态条中可以包含标签、下拉按钮等,经常和工具条、菜单一起使用。它的主要属性见表 3.18。

表 3.18　工具条和状态条的主要属性

属　性	说　明
ImageScalingSize	工具条和状态条中显示项的图像大小
Items	工具条和状态条中显示项的集合

在 Items 属性编辑窗口,我们可以增加、删除项,也可以调整各项的排列顺序,还可以设置其中每项的属性。在工具条或状态条中显示的按钮或标签的主要属性和事件见表 3.19。

表 3.19 工具条或状态条中显示的按钮或标签的主要属性和事件

属 性	说 明
DisplayStyle	设置图像或文本的显示方式，包括显示文本、显示图像、显示文本和图像或什么都不显示几项选项
Image	按钮或标签上显示的图片
Text	按钮或标签显示的文本
事 件	说 明
Click	按钮或标签单击时触发的事件

(8)计时器(Timer)：计时器控件可以让程序每隔一定事件重复做一件事情，它的主要属性、事件和方法见表 3.20，我们可以通过 Interval 属性设置多长事件引发一次事件，而每次引发事件时要执行的代码写在 Tick 事件的处理程序中。

表 3.20 计时器的主要属性、事件和方法

属 性	说 明
Interval	事件发生的事件间隔，以毫秒为单位
Enabled	是否定时触发事件
事 件	说 明
Tick	每当指定事件间隔触发的事件
方 法	说 明
Start()	启动计时器
Stop()	停止计时器

3.8 本章综合任务演练

现在我们来完善餐饮管理应用程序中的员工详细信息窗体。

推荐实现步骤：

(1)拖拽“TabContorl”控件到当前窗体，设置其“Name”属性为“tcUserInfo”；

(2)设置其“TabPages”属性，弹出如下窗口：

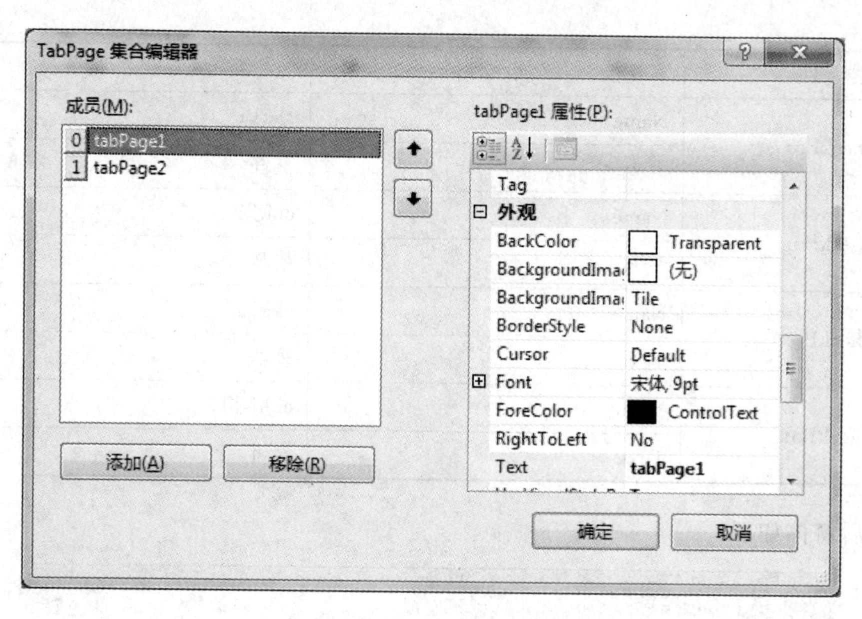

图 3.24　TabPages 属性设置窗口

(3)分别修改两个"tabPage"的"Text"属性为"员工基本信息"和"联系方式"。

(4)选中"员工基本信息"页,在该页中添加如下控件:

控　件	属　性	值
GroupBox	Text	基本信息
	Name	gbInfo
PictureBox	Name	pbUser
Label	Text	用户名:
	Name	lblName
Label	Text	性别:
	Name	lblSex
Label	Text	所在部门:
	Name	lblDep
Label	Text	曾从事岗位:
	Name	lblPosition
TextBox	Name	txtName
RadioButton	Name	rdMan
	Text	男
RadioButton	Name	rdWoman
	Text	女
ComboBox	Name	cboDep

续表

控　件	属　性	值
CheckBox	Name	chkPr
	Text	烹饪
CheckBox	Name	chkJd
	Text	接待
CheckBox	Name	chkCg
	Text	采购
CheckBox	Name	chkKj
	Text	会计

完成后窗体如下：

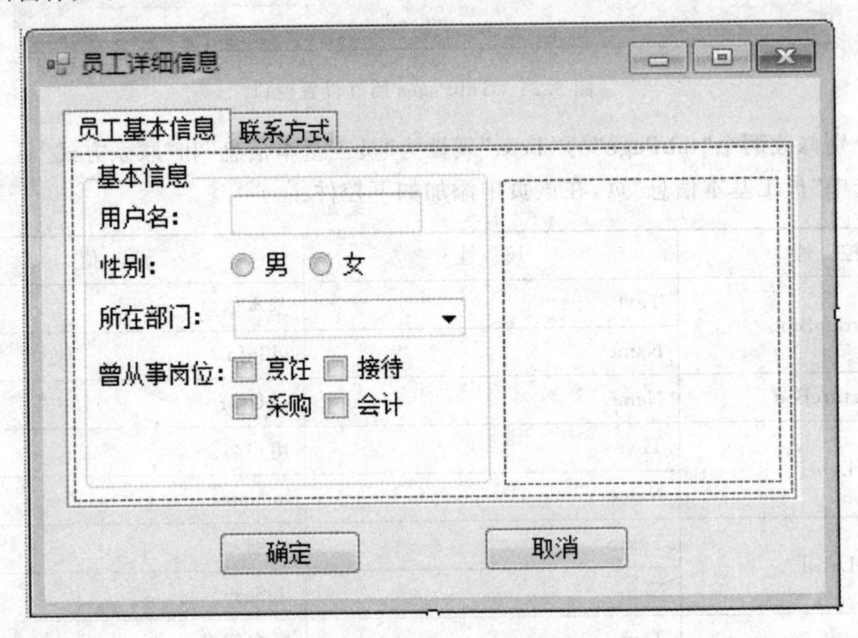

图 3.25　员工详细信息窗体一

(5)选中“联系方式”页，在该页中添加如下控件：

控　件	属　性	值
Label	Text	家庭地址：
	Name	lblAddress
Label	Text	联系电话：
	Name	lblPhone
Label	Text	邮政编码：
	Name	lblCode
TextBox	Name	txtPhone

续表

控　件	属　性	值
TextBox	Name	txtAddres
	Multiline	true
TextBox	Name	txtCode

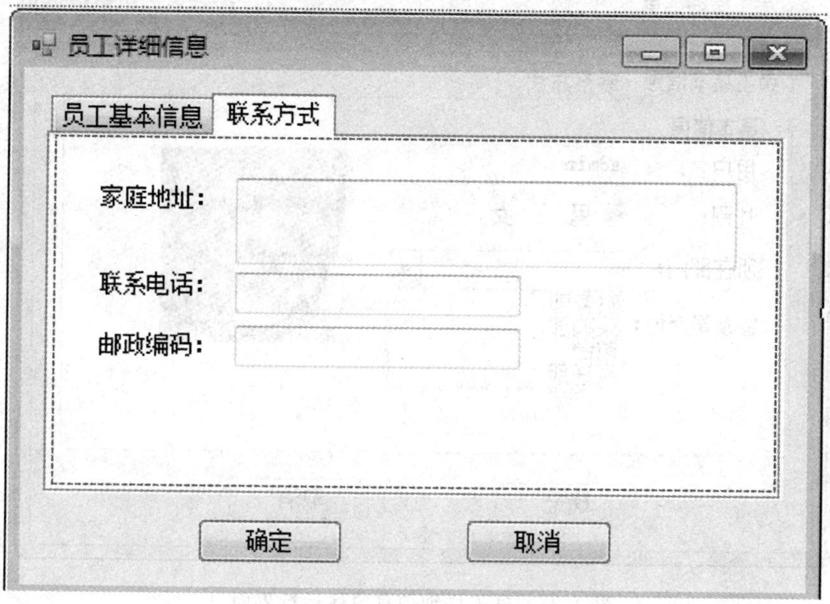

图 3.26　员工详细信息窗体二

(6)在窗体的 Load 事件中添加如下代码：

示例 3.10：

```
private void frmUserInfo_Load(object sender, EventArgs e)
{
    //设置用户名文本框的值
    this.txtName.Text = userName;

    //默认设置性别“男”为选中状态
    this.rdbMan.Checked = true;

    //部门下拉框中设定值
    this.cboDep.Items.Add("财务部");
    this.cboDep.Items.Add("采购部");
    this.cboDep.Items.Add("前台");
    this.cboDep.Items.Add("烹饪部");

    //设置员工图像
    this.pbUser.Image = Image.FromFile("admin.jpg");
```

```
}
```

注意：

此处需制作一张员工照片，命名为 admin. jpg，存放在当前应用程序的 bin 目录下的 Debug 文件夹下。若无此照片文件程序将报错。

程序执行效果如下：

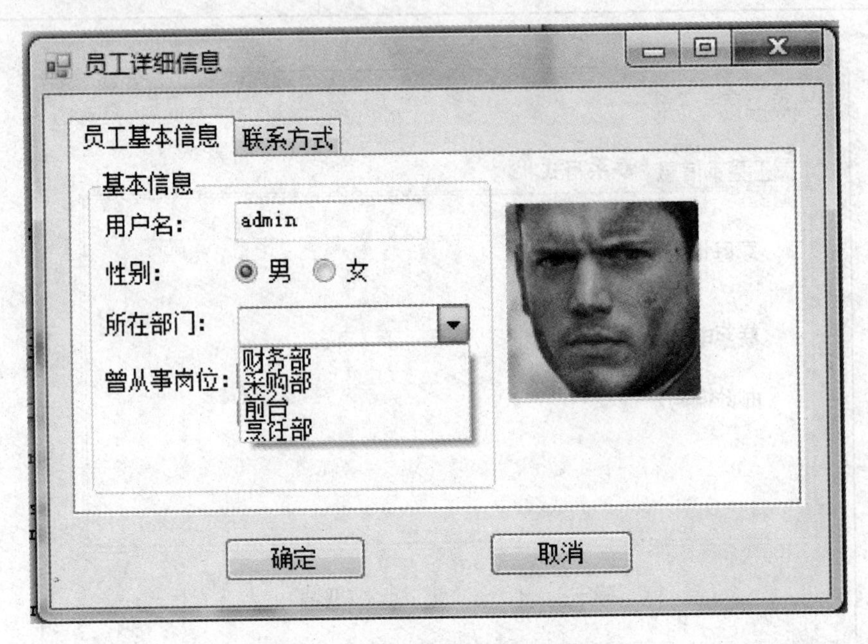

图 3.27 员工详细信息窗体运行界面

(7)在“取消”按钮单击事件中添加如下代码：

示例 3.11：

```
private void btnCancel_Click(object sender, EventArgs e)
{
    //获取消息框的返回值,根据返回结果判断下一步操作
    if (MessageBox.Show("您将关闭当前窗口,确认要关闭吗?", "确认消息", MessageBoxButtons.
YesNo) == DialogResult.Yes)
    {
        this.Close();
    }
    else
    {
        return;
    }
}
```

(8)在“确认”按钮单击事件中添加如下代码：

示例 3.12：

```
private void btnOK_Click(object sender, EventArgs e)
{
    StringBuilder str = new StringBuilder();
    if (this.tcUserInfo.SelectedIndex == 0)
    {
        if (this.rdbMan.Checked == true)
        {
            str.Append("您设置了性别为:" + this.rdbMan.Text);
        }
        if (this.rdbWoman.Checked == true)
        {
            str.Append("您设置了性别为:" + this.rdbWoman.Text);
        }
        if (this.cboDep.SelectedIndex != -1)
        {
            str.Append( ",您选择了部门为:" + this.cboDep.SelectedItem.ToString());
        }
        str.Append(",您曾经工作过的岗位:");
        if (chkCg.Checked == true)
        {
            str.Append(this.chkCg.Text + ",");
        }
        if (chkPr.Checked == true)
        {
            str.Append(this.chkPr.Text + ",");
        }
        if (chkJd.Checked == true)
        {
            str.Append(this.chkJd.Text + ",");
        }
        if (chkKj.Checked == true)
        {
            str.Append(this.chkKj.Text + ",");
        }

    }
    if (this.tcUserInfo.SelectedIndex == 1)
    {
        str.Append("您的家庭地址为:" + this.txtAddress.Text);
        str.Append(",您的联系电话为:" + this.txtPhone.Text);
        str.Append(",您的邮政编码为:" + this.txtCode.Text);
    }
```

```
MessageBox.Show(str.ToString());
}
```

完成的效果如下图：

图 3.28　员工详细信息窗体运行结果

3.9　本章知识梳理

本章首先介绍了 WinForms 应用程序，介绍了 Windows 窗体的重要属性和事件。

在 Windows 窗体的常用控件中重点介绍了用于显示文本的 Label 控件、用于输入的 TextBox 控件和按钮 Button 控件，对其他的基本控件也做了简单介绍，便于后面学习过程中可视化编写程序及调试。

在 C# 中，MessageBox 为用于显示消息的消息窗口，可以设置其 Show() 方法的不同参数而呈现不同外观，并且可以获取消息框返回值。

一个 WinForms 应用程序通常由多个窗体组成，窗体之间需要相互跳转并且传递数据，.NET 提供了快捷的方式满足各种开发的需求。

第4章　在C#中实现面向对象的概念

【本章工作任务】

- 定义一个服务员类
- 分别用结构和类实现 waiter 对象
- 体会值类型与引用类型的区别

【本章技能目标】

- 理解类和对象的概念
- 理解属性和方法的概念
- 能够创建一个简单类
- 理解值类型与引用类型的概念
- 理解值类型与引用类型作为参数时的区别

4.1　工作任务引入

C#是面向对象的编程语言，它使用类和结构来实现类型(如 Windows 窗体、用户界面控件和数据结构等)。典型的C#应用程序由程序员定义的类和.NET Framework 的类组成。

自定义类在应用程序是很常用的，本章的工作任务：定义一个服务员类；分别用结构和类实现 waiter 对象；在编程的过程中体会值类型与引用类型的区别。

4.2　C#的对象和类

4.2.1　一切皆对象

不管处于什么样的环境，不可否认的是，您会面对诸多的对象。如果您在学习，书本、电脑、您的同学和您的老师都是对象。如果您在踢足球，足球、场地和球门都是对象。如果您正在吃饭，饭碗、筷子和餐桌都是对象。对象可能是非常小的，例如分子，对象可能非常大，例如太阳系。

4.2.2　类和对象的关系

对象(object)即指现实世界中各种各样的实体。它可以指具体的事物也可以指抽象的事物。如:整数1、2、3、学生、苹果、飞机、规则、法律、法规、表单等等。每个对象皆有自己的内部状态和运动规律,如学生具有名字、身高、体重等内部状态,具有吃饭、睡觉、上课、考试等运动规律。在面向对象概念中我们把对象的内部状态称为属性,运动规律称为方法。

对象是要研究的任何事物。从一本书到一家图书馆,单一的整数到庞大的数据库、极其复杂的自动化工厂、航天飞机都可看作是对象,它不仅能表示有形的实体,也能表示无形的(抽象的)规则、计划或事件。对象由数据(描述事物的属性)和作用于数据的操作(体现事物的行为)构成一独立整体。从程序设计者来看,对象是一个程序模块;从用户来看,对象为他们提供所希望的行为。在对内的操作通常称为方法。

对象既可以是具体的物理实体的对象,也可以是人为的概念,或者是任何有明确边界和意义的东西。比如:一名服务员、一家公司、贷款与借款等,都可以作为对象。例如,学校里的每个学生都有学号、姓名、生日、教室、课程、班级等属性及选课、查询成绩等行为,所以就会抽象出来一个学生类型,这样如果要描述一个学生的时候,也会从这些方面进行描述,这个学生的学号是多少,叫什么名字,在哪个教室上课,是哪个班级的,有哪些课程,等等。通过这样的描述,就知道这个学生了。

类就是一种抽象的数据类型,但是其抽象的程度可能不同,而对象就是一个类的实例。可以看出类与对象的区别:类是具有相同或相似结构、操作和约束规则的对象组成的集合,而对象是某一类的具体化实例,每一个类都是具有某些共同特征的对象的抽象。

- 由对象共性归纳为类。
- 将类的状态和行为具体化为对象的过程称为实例化。

经验:

例如:我们经常填写的各种各样的表格,如个人简历,在没有填写时,它是一份简历模板,我们可以称之为“简历类”,当填上个人信息后,就成为描述个人信息的简历对象。

4.2.3　类和对象的使用

我们在程序开发中会大量使用类和对象,一般按以下的使用方法:

- 定义一个类。
- 将类实例化为对象。
- 访问对象的属性或方法。

1. 定义类

语法:

```
访问修饰符 class <类名>
{
    类的属性和方法
}
```

Waiter类描述的是一个服务员的特征和行为。用以下的定义:

示例4.1:

```
public class Waiter
{
    private int age = 25;
```

```
    private string name;
    public string Name
    {
        get { return name; }
        set { name = value; }
    }
    public string SayHi()
    {
        String message;
        message = string.Format("大家好,我是{0},今年{1}岁!", name, age);
        return message;
    }
}
```

在 Waiter 类中,age、name、Name、SayHi()都叫做类的成员。在 C# 中,age 和 name 称为字段,"public string Name"称为 C# 属性(在后续章节讲解),SayHi()则是这个类的方法。

2. 在类中添加属性和方法

问题:

用对象思考:创建一个 MrCy 应用程序,用于模拟学习,现在我们来思考餐馆中的对象都有些什么?

分析:

服务员是一个对象,厨师也是对象,还有管理人员等。服务员有工号、姓名、年龄等特征。首先创建一个服务员类(Waiter),使用这个类可以创建服务员对象。在类中使用字段来定义工号、姓名、年龄等。

示例 4.2:

```
public class Waiter
{
    public Waiter()
    {


    }
    private string cardnum;     //工号
    private string name;        //姓名
    public int age;             //年龄
}
```

3. 访问修饰符

问题:

在示例 4.2 中我们看到:类的成员都有访问修饰符 private 和 public,那么我们为什么要使用访问修饰符呢?

分析:

我们在编写员工类时,要求其他对象不可以修改工号、姓名,但可以修改年龄,所以要保护工号、姓名，也就是将它们设为私有成员。对于可以修改的数据，可以公开，即设成共有成员。

public 修饰共有成员，共有成员可以被其他对象访问，没有任何限制。

private 修饰私有成员，只有对象自己能访问。

我们在 Form1 窗体上新增一个按钮，如下图：

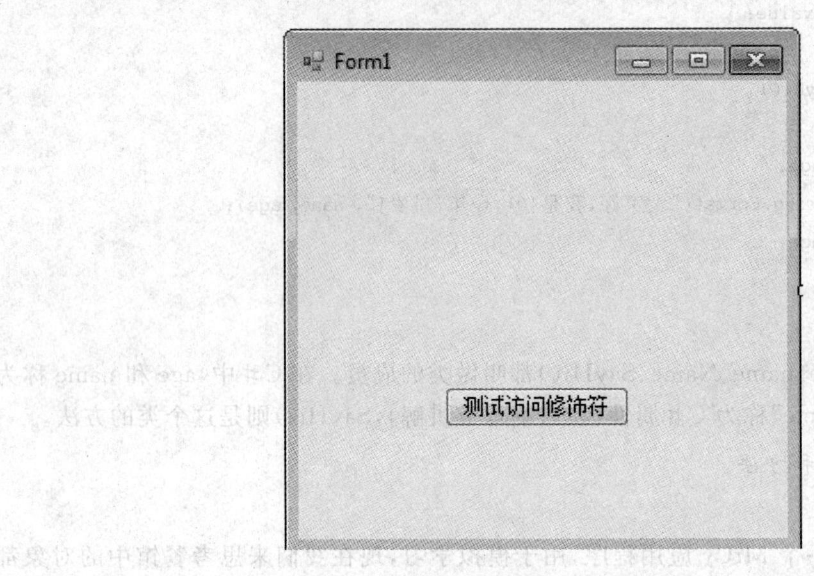

图 4.1　测试访问修饰符窗体

在按钮的点击事件中添加如下代码：

示例 4.3：

```
private void button1_Click(object sender, EventArgs e)
{
    Waiter myWaiter = new Waiter();
    myWaiter.name = "张三";      //无法访问编译错误
    myWaiter.age = 30;           //可以访问
}
```

在 Form1 类中修改 Waiter 类的成员，name 为 private 字段，而年龄为 public 字段。运行后编译没有通过，系统提示“MyCy. Waiter. name 不可访问，因为它受保护级别限制”，如图 4.2 所示，也就是说在 Form1 类中不能访问 private 字段 name，而可以访问 public 字段 age。

通过使用访问修饰符，可以安全地编程，保护类中比较敏感的成员，公开外部需要访问的成员。

4. 使用 C# 属性

在 C# 中，我们通常不会直接访问类中的字段，而是通过 get 和 set 访问器来访问，这种实现方式称为属性。

语法：

```
private string name;
public string Name
```

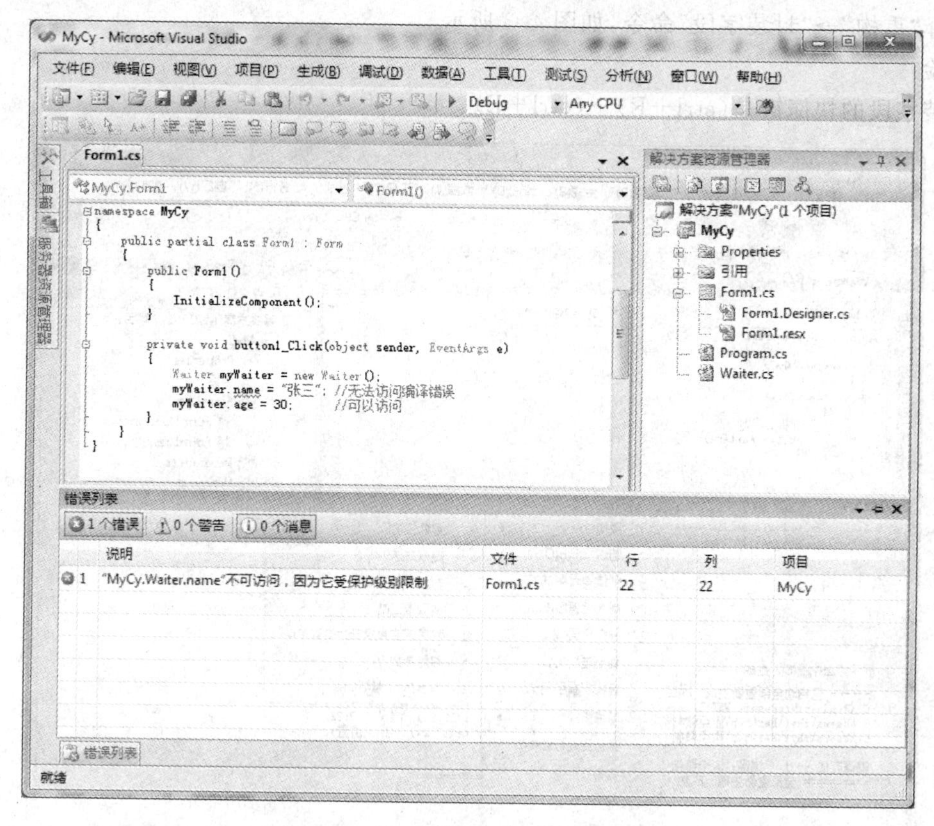

图 4.2　访问私有成员出现的错误信息

```
{
    get { return name; }
    set { name = value;}
}
```

- get 访问器用 return 来返回相应的私有字段的值。
- set 访问器用来设定相应私有字段的值，可以看做是一个隐含的输入参数，set 访问器中的 value 的值就是共有成员 Name 的值。

实例化一个对象后，通常要给它的属性赋值。在使用属性时，类型必须与它访问的字段类型一致。例如，年龄的字段 age 是整型，那么，它的属性 Age 也必须是整型；如果姓名字段 name 为 string，那么它对应的属性 Name 也一定是 string 类型的。

5. 属性的类型

问题：

属性类型可以是一个类或一个数组吗？

回答是肯定的。定义属性，我们可以给它设定值，也可以获取它的值。如果想保护属性关联的字段，则允许读数据，或允许写数据，那么应该如何设定？

属性除了可以约束数据访问外，还可以设置读写属性，来限制它的访问类型。我们可以设置该属性为只读属性，在这种情况下，只能读取字段的值而不能给它赋值。

在 C♯中使用属性非常多，除了手动输入代码外，Visual Studio 还提供了一个快捷的方法，重构－封装字段。在定义类时，定义一个私有字段，选择这个字段，右击，在弹出的快捷菜单中选择“重构”→“封装字段”命令，如图 4.3 所示。

经验：

封装字段的快捷键是(ctrl+R)+(ctrl+E)

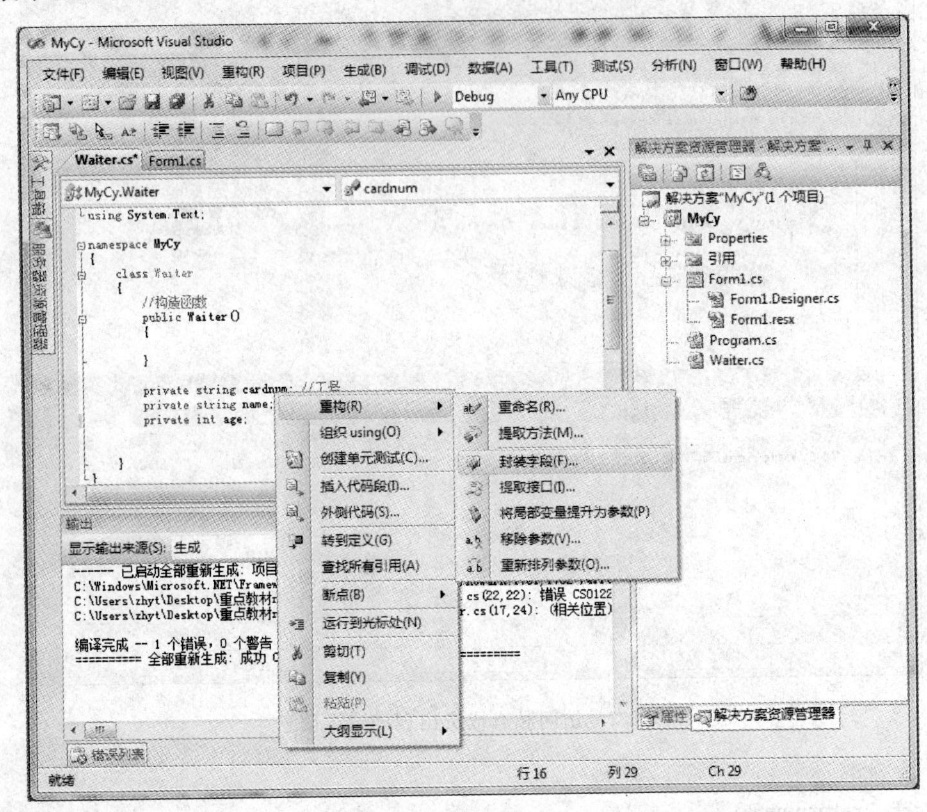

图 4.3 重构－封装字段

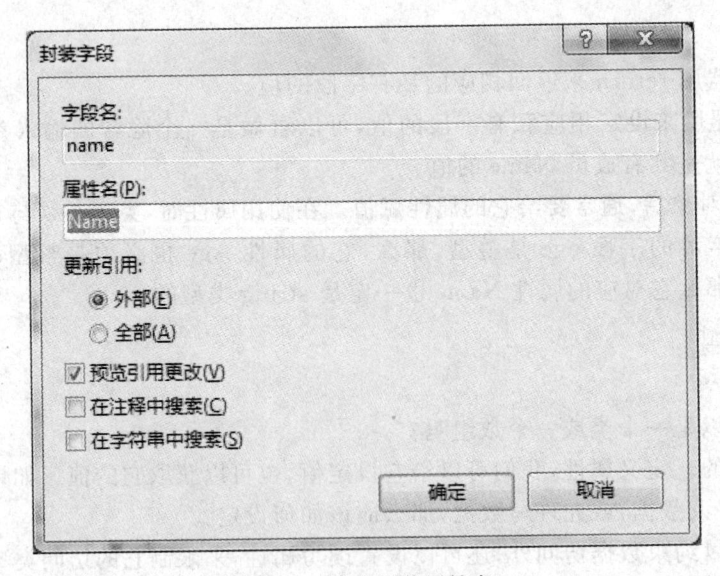

图 4.4 设定封装属性名

封装完成后的代码如下：

示例 4.4：

```
class Waiter
{
    //构造函数
    public Waiter()
    {
    }
    private string cardnum;      //工号
    public string Cardnum
    {
        get { return cardnum; }
        set { cardnum = value; }
    }
    private string name;      //姓名
    public string Name
    {
        get { return name; }
        set { name = value; }
    }
    private int age;          //年龄
    public int Age
    {
        get { return age; }
        set { age = value; }
    }
}
```

6. 使用方法

类和对象中的另一个主要成员是方法，方法用来表示类和对象的行为。当需要类的对象做一件事情的时候，就需要给类添加方法。

语法：

```
访问修饰符 返回类型 方法名(参数)
{
    方法体
}
```

- 方法的返回类型可以是基本数据类型、对象，还可以是没有返回值 void。
- 方法的参数可以是按值传递、ref 方式传递和 out 方式传递。按值传递在方法中对参数值的更改在调用后不能保留，而使用 ref 方法传递可以将参数值的更改保留，out 关键字修饰的参数在方法中的修改也会被保留。
- 使用 ref 型参数时，传入的参数必须先被初始化，而 out 则不需要，对 out 而言，就必须在方法中对其完成初始化。ref 可以把参数的数值传递进函数，但是 out 是要把参数清空，就是说你无法把一个数值从 out 传递进去的，out 进去后，参数的数值为空，所以你必须初始化一次。ref 是有进有出,out 是只出不进。

● out 更适合用在需要 Return 多个返回值的地方,而 ref 则用在需要被调用的方法修改调用者的引用的时候。

示例 4.5:

```
class Add
{
    public int Sum(int para1, int para2)
    {
        return para1 + para2;
    }
}
```

我们构建一个 Form1 窗体以测试上述方法,如下图:

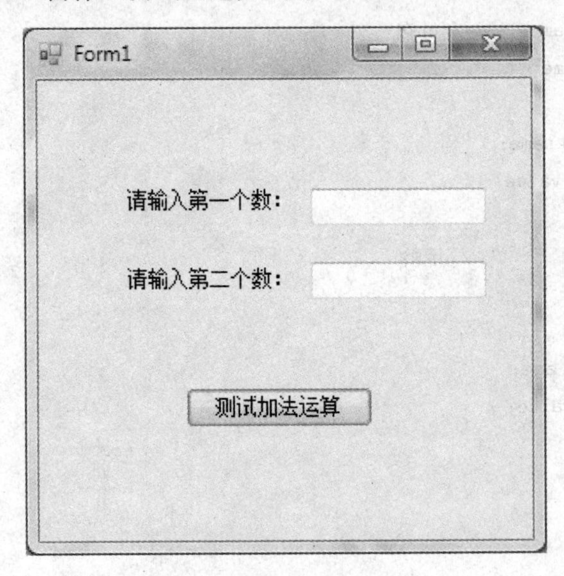

图 4.5 测试加法运算窗体

在按钮的单击事件方法中添加如下代码:

示例 4.6:

```
private void btnTest_Click(object sender, EventArgs e)
{
    Add myAdd = new Add();
    int num1, num2;
    num1 = int.Parse(this.txtNum1.Text);
    num2 = int.Parse(this.txtNum2.Text);
    int sum = myAdd.Sum(num1, num2);
    MessageBox.Show("加法结果是:" + sum);
}
```

调用的步骤:

● 将被调用方法实例化为一个对象。

```
Add myAdd = new Add();
```

● 通过对象调用它的成员方法。

```
int sum = myAdd.Sum(num1, num2);
```

4.3　构造函数和析构函数

4.3.1　构造函数

问题：

在 MyCy 应用程序中，如果餐馆来了新服务员，需创建新对象，则需要通过 Waiter myWaiter＝new Waiter()；实例化，但各个属性值需要逐个赋值，能不能在创建对象时就指定它的属性值呢？

分析：

其实，类中有一个成员，它是一个特殊方法，通常在类成员的最前面，名字和类名一样，叫构造函数。它用于在创建实例时对象的实例化。

示例 4.7：

```
//Waiter 类的构造函数
class Waiter
{
    //构造函数
    public Waiter(string name, int age, int cardnum)
    {
        this.Name = name;
        this.Age = age;
        this.Cardnum = cardnum;
    }
    private int cardnum;    //工号
    public int Cardnum
    {
        get { return cardnum; }
        set { cardnum = value; }
    }
    private string name;    //姓名
    public string Name
    {
        get { return name; }
        set { name = value; }
    }
    private int age;        //年龄
    public int Age
```

```
    {
        get { return age; }
        set { age = value; }
    }
}
```

在创建对象时,调用构造函数并赋值。

Waiter li=new Waiter("李艳艳",25,1001);

Waiter zhang=new Waiter("张靓靓",23,1002);

Waiter jay=new Waiter("张杰",27,1003);

new 后面的 Waiter("李艳艳",25,1001);就是调用了 Waiter 类的构造函数。

每个类都有构造函数,即使我们没有声明它,编译器也会自动提供一个默认的没有参数的构造函数,仍然可以使用"Waiter myWaiter=new Waiter();"创建一个对象。在访问一个类时,系统将最先执行构造函数中的语句。

一个类可以有多个不同参数的构造函数,用于初始化不同数量的属性,如:

```
public Waiter (string name)
{
    this.Name = name;
}
```

利用该构造函数可以在创建对象时只给姓名赋初值,Waiter li=new Waiter("李艳艳")。

注意:

使用构造函数请注意以下几个问题:

- 一个类的构造函数名通常与类名相同。
- 构造函数没有返回值。
- 一般情况下,构造函数总是 public 类型的。
- 在构造函数中不要对类的示例做初始化以外的事情,不要直接调用构造函数。

4.3.2 析构函数

析构函数是实现销毁一个类的实例的方法成员。析构函数不能有参数,不能有任何修饰符而且不能被调用。由于析构函数的目的与构造函数相反,加前缀'~'以示区别。

虽然 C# 提供了一种新的内存管理机制——自动内存管理机制(Automatic memory management),资源的释放是可以通过"垃圾回收器" 自动完成的,一般不需要用户干预,但在有些特殊情况下需要用到析构函数的,如非托管资源的释放。

类 Waiter 的析构函数的声明:

```
class Waiter
{
    ~ Waiter ()              // 析构函数
    {
                             // 清理数据的语句...
    }
}
```

在C#中,资源的释放一般是通过“垃圾回收器”自动完成的,但仍有些需要注意的地方:

1. 值类型和引用类型的引用其实是不需要什么“垃圾回收器”来释放内存的,因为当它们出了作用域后会自动释放所占内存,它们都保存在栈(Stack)中;

2. 只有引用类型的引用所指向的对象实例才保存在堆(Heap)中,而堆是一个自由存储空间,所以它并没有像“栈”那样有生存期(“栈”的元素弹出后就代表生存期结束,也就代表释放了内存),但要注意的是,“垃圾回收器”只对这块区域起作用;

3. 有些情况下,当需要释放非托管资源时,就必须通过写代码的方式来解决。通常是使用析构函数释放非托管资源,将用户自己编写的释放非托管资源的代码段放在析构函数中即可。需要注意的是,如果一个类中没有使用到非托管资源,那么不要定义析构函数。因为对象使用了析构函数,那么“垃圾回收器”在释放托管资源之前要先调用析构函数,然后第二次才真正释放托管资源,这样就相当于执行了两次删除动作。

4.3.3 this关键字

this关键字代表的是当前对象。在类的内部,我们可以用this关键字来访问它的成员。构造函数Waiter所写的就是将参数赋值给相应的成员属性。

```
public Waiter (string name, int age, string type)
{
    this.Name = name;
    this.Age = age;
    this.Type = type;
}
```

4.4 方法的重载

根据示例4.6,我们来思考一个问题,如果我想用两个double类型或string类型的变量相加,或3个以上的整型数相加,应该如何解决问题呢?

在类中可以创建多个方法,它们具有相同的名字,但具有不同的参数和不同的参数类型。调用方法时通过传递给它们的不同个数和类型的参数来决定具体使用哪个方法,这就是重载。

示例4.8:

```
class Add
{
    public int Sum(int para1, int para2)
    {
        return para1 + para2;
    }
    public int Sum(int para1, int para2, int para3)
    {
        return para1 + para2 + para3;
    }
```

```
    public double Sum(double para1, double para2)
    {
        return para1 + para2;
    }
    public string Sum(string para1, string para2)
    {
        return para1 + para2;
    }
}
```

在计算 int、double、string 类型的数据时，无需判断类型，只要将两个数传入 Sum()方法，系统会自动识别。

重载方式主要有两种。

- 参数类型和返回值不同的重载：

public int Sum(int para1, int para2)
public double Sum(double para1, double para2)
public string Sum(string para1, string para2)

- 参数个数不同的重载：

public int Sum(int para1, int para2, int para3)

4.5　在类中使用索引器

索引器(Indexer)是 C#引入的一个新型的类成员，它使得类中的对象可以像数组那样方便、直观地被引用。索引器非常类似于属性，但索引器可以有参数列表，且只能作用在实例对象上，不能在类上直接作用。定义了索引器的类可以让您像访问数组一样地使用[ ]运算符访问类的成员。

4.5.1　索引器的使用

现在我们来搭建一个 Waiter 类，可以通过服务员姓名的属性来访问服务员。

首先我们建立一个公司类，类中通过数组保存服务员对象，然后访问服务员，如示例 4.9 所示：

示例 4.9:

```
class MyCyCompany
{
    public MyCyCompany(string name)
    {
        this.name = name;
        this.waiters = new Waiter[3];
        waiters[0] = new Waiter("zyt", 21, 1001);
        waiters[1] = new Waiter("lx", 32, 1002);
        waiters[2] = new Waiter("wjy", 43, 1003);
```

```
    }
    private string name;
    public string Name
    {
        get { return name; }
        set { name = value; }
    }
    private Waiter[] waiters;
    public Waiter[] Waiters
    {
        get { return waiters; }
        set { waiters = value; }
    }
}
```

Waiter 类代码如下：

示例 4.10：

```
class Waiter
{
    public enum Genders
    {
        man, woman
    }
    //构造函数
    public Waiter(string name, int age, int cardnum)
    {
        this.Name = name;
        this.Age = age;
        this.Cardnum = cardnum;
    }
    public Waiter(string name)
    {
        this.Name = name;
    }
    private int cardnum;      //工号
    public int Cardnum
    {
        get { return cardnum; }
        set { cardnum = value; }
    }
    private string name;       //姓名
    public string Name
    {
        get { return name; }
```

```
        set { name = value; }
    }
    private int age;            //年龄
    public int Age
    {
        get { return age; }
        set { age = value; }
    }
    public string SayHi()
    {
        String message;
        message = string.Format("大家好,我是{0},今年{1}岁!", name, age);
        return message;
    }
    ~Waiter()// 析构函数
    {
        // 清理数据的语句...
    }
}
```

根据我们以前学的数组和属性的知识,访问一个服务员对象的方法,通过数组中对象的索引来访问。

```
MyCyCompany company = new MyCyCompany("t01");
string message = company.Waiters[0].SayHi();
MessageBox.Show(message);
```

问题:必须通过数组的索引来访问,这样我们必须非常清楚数组中的元素的索引,使用起来非常不方便,因为我们很容易记住服务员的名字,但是很难记住它在数组中的位置。那么有没有办法通过服务员的姓名来访问呢?

C#中的索引器允许类和结构的实例按照与数组想通的方式进行访问,但它能够定义不同的访问方式来访问,而不仅仅是使用索引。

分析:现在我们使用索引器通过姓名检索,实现步骤如下:

(1) 添加一个 Waiters 类并加入索引器,然后将它的访问方式重载。

(2) 在 MyCyCompany 类中将服务员属性的类型由数组属性 Waiter[]改为 Waiter 对象,如示例 4.11 所示。

示例 4.11

```
class Waiters
{
    private Waiter[] waiters = new Waiter[3];
    public Waiters()
    {
        waiters[0] = new Waiter("zyt", 21, 1001);
        waiters[1] = new Waiter("lx", 32, 1002);
```

```
        waiters[2] = new Waiter("wjy",43,1003);
    }
    //基本索引器 根据数组下标查找服务员
    public Waiter this[int index]
    {
        get { return waiters[index]; }
    }
    //重载的索引器 根据姓名查找服务员
    public Waiter this[string name]
    {
        get
        {
            int i;
            bool found = false;
            for (i = 0; i < waiters.Length; i++)
            {
                if (waiters[i].Name == name)
                {
                    found = true;
                    break;
                }
            }

            if (found)
            {
                return waiters[i];
            }
            else
            {
                return null;
            }
        }
    }

}
```

修改后的 MyCyCompany 代码如下：

示例 4.12：

```
class MyCyCompany
{
    public MyCyCompany(string name)
    {
        this.name = name;
        this.myWaiters = new Waiters();
```

```
    }
    //公司名称
    private string name;
    public string Name
    {
        get { return name; }
        set { name = value; }
    }
    //服务员集合
    private Waiters myWaiters;
    public Waiters MyWaiters
    {
        get { return myWaiters; }
        set { myWaiters = value; }
    }
}
```

这样,在访问 Waiter 对象时,可以通过服务员的姓名访问,也可以通过索引访问。

```
//采用索引器的方式
MyCyCompany myCyCompany = new MyCyCompany("T01");
MessageBox.Show(myCyCompany.MyWaiters[2].SayHi());
MessageBox.Show(myCyCompany.MyWaiters["zyt"].SayHi());
```

4.5.2 索引器的特点

定义索引器的时候,要使用 this 关键字,get 和 set 访问器类似于属性。索引器和数组属性类似,但数组属性只能通过下标(索引)访问,而索引器可以通过重载,可以自定义它的访问方法。

索引器与数组的比较:

- 索引器的索引值不受类型限制。用来访问数组的索引值一定是整数,而索引器可以是其他类型的索引值。
- 索引器允许重载,一个类可以有多个索引器。
- 索引器不是一个变量没有直接对应的数据存储地方。索引器有 get 和 set 访问器。

索引器与属性的比较:

- 标识方式:属性以名称来标识,索引器以函数名来标识。
- 索引器可以被重载,属性则不可以被重载。
- 属性可以为静态的,索引器属于实例成员,不能被声明为 static。

4.6 值类型和引用类型

在 C# 中,我们已经可以使用一些基本的数据类型和枚举、结构等数据类型,其实,在 C# 中数据类型归根结底可以分为两种类型:值类型和引用类型。在学习结构的时候我们说,结构是值类型，类是引用类型，那么这两种类型到底有什么区别呢？

我们先来看一段代码。

示例 4.13：

服务员结构代码如下：

```
public struct StructWaiter
{
    public int age;
    public string name;
    public int cardNum;
    public StructWaiter(string name, int age, int cardNum)
    {
        this.name = name;
        this.age = age;
        this.cardNum = cardNum;
    }
    public string SayHi()
    {
        string message;
        message = string.Format("大家好，我是{0}，今年{1}岁，我的卡号是{2}!", name, age,
            cardNum);
        return message;
    }
    //值类型参数演示
    public string TestValueReference()
    {
        //传递值类型参数
        StructWaiter scofield = new StructWaiter("李宇春", 28, 1001);
        return(scofield.SayHi());
    }
}
```

调用值类型输出的代码如下：

示例 4.14：

```
private void btnTest_Click(object sender, EventArgs e)
{
    //使用值类型
    StructWaiter waiter1 = new StructWaiter();
    StructWaiter waiter2 = new StructWaiter();
    waiter1.age = 25;
    waiter2 = waiter1;
    waiter2.age = 28;
    MessageBox.Show("waiter1 = " + waiter1.age + ", waiter2 = " + waiter2.age);
}
```

输出结果如图 4.6 所示。

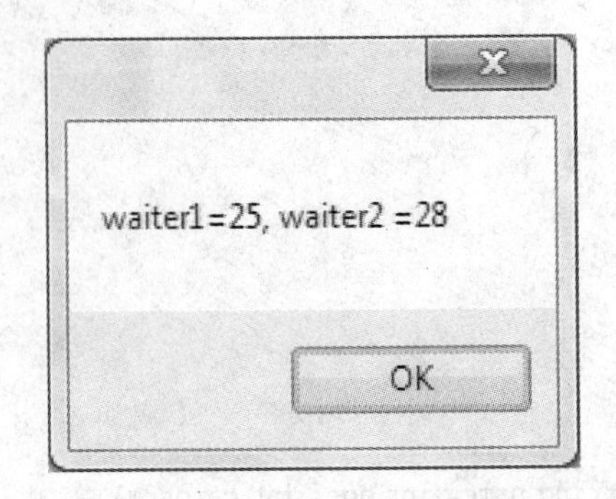

图 4.6　使用值类型的输出

调用引用类型输出的代码如下：

示例 4.15：

```
private void btnTest_Click(object sender, EventArgs e)
{
    //使用引用类型
    Waiter waiter1 = new Waiter();
    Waiter waiter2 = new Waiter();
    waiter1.Age = 25;
    waiter2 = waiter1;
    waiter2.Age = 28;
    MessageBox.Show("waiter1 = " + waiter1.Age + ",waiter2 = " + waiter2.Age);
}
```

输出结果如图 4.7 所示。

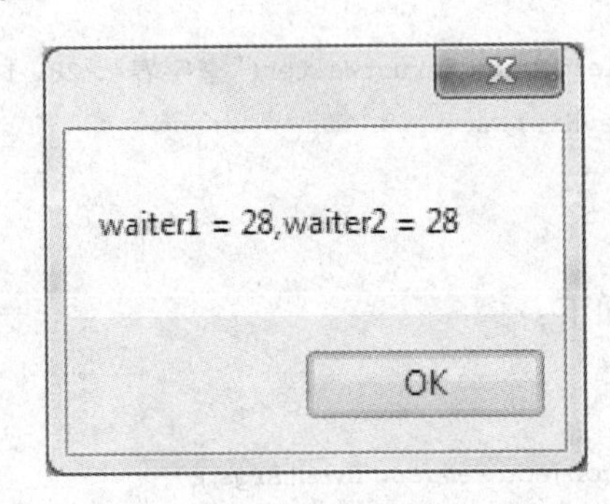

图 4.7　使用引用类型的输出

问题：

当我们对 waiter2 的年龄赋值时，两种情况的结果是不一样的，使用结构时，改变了 waiter2 的值，但 waiter1 的值还是 25。而使用类时 waiter2 的年龄值改变了，但 waiter1 的值也改变了，究竟是什么原因造成了这种结果呢？

这是因为结构对象和类的对象在内存中的存储方式不同造成的，这就是值类型和引用类型的主要区别。下面根据它们的存储方式分析这个例子。

4.6.1　值类型

值类型源自 System. ValueType 家族，每个值类型的对象都有一个独立的内存区域保存自己的值。只要在代码中修改它，就会在它的内存区内保存这个值。示例 4.10 中，系统会将 waiter1 和 waiter2 的值存储在内存的两个位置上。如图 4.8 所示。

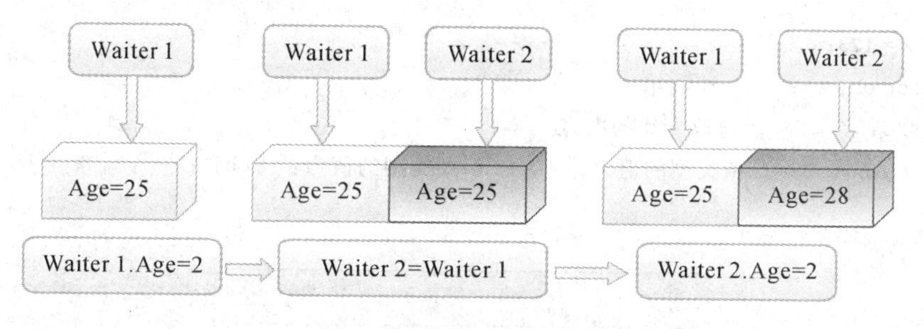

图 4.8　值类型存储方式

- 当 waiter1 的年龄 Age 赋值 25 时，就会在 waiter1 的存储区内保存 Age=25。
- 当 waiter1 赋值给 waiter2 时，waiter1 对象的值就会赋值给 waiter2 对象。
- 当 waiter2 的年龄 Age 改成 28 时，就会在 waiter2 的存储区内保存 Age=28。

当使用类对象实现同样的操作时，结果又会怎么样呢？

4.6.2　引用类型

引用类型源自 System. Object 家族，它存储的是对值的引用。就好比存储值的对象是一个气球，而我们引用变量是一根线。如图 4.9 所示。

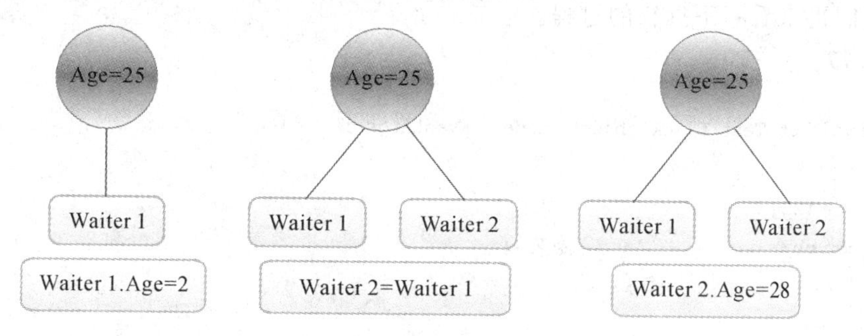

图 4.9　引用类型存储方式

- 当 waiter1 的年龄 Age 赋值 25 时，就会在 waiter1 的存储区内保存 Age=25。
- 当 waiter1 赋值给 waiter2 时，它们两个就会引用同一对象，waiter2 对象就会保存 waiter1 对象。
- 当 waiter2 的年龄 Age 改成 28 时，由于两个变量引用同一对象，那么它们的值都会随之发生改变，即 Age=28。

两个不同的引用变量指向同一内存中的存储单元，引用类型变量的赋值只是赋值对象的引用，而实际的存储单元的内容不复制。在 C# 中引用类型主要包括类和接口等。

4.6.3　装箱和拆箱

虽然，我们把类型分为值类型和引用类型，但它们之间其实是可以相互转换的，我们把值类型转换成引用类型的过程称为装箱,反过来由引用类型转换为值类型称为拆箱。下面我们来看一个例子,从中体会装箱和拆箱的过程。

示例 4.16:

```
private void btnTest_Click(object sender, EventArgs e)
{
    int i = 123;
    object obj = i;      // 装箱
    i = 456;             //改变 i 的内容
    MessageBox.Show("值类型的值为:" + i + "引用类型的值为:" + obj);
}
```

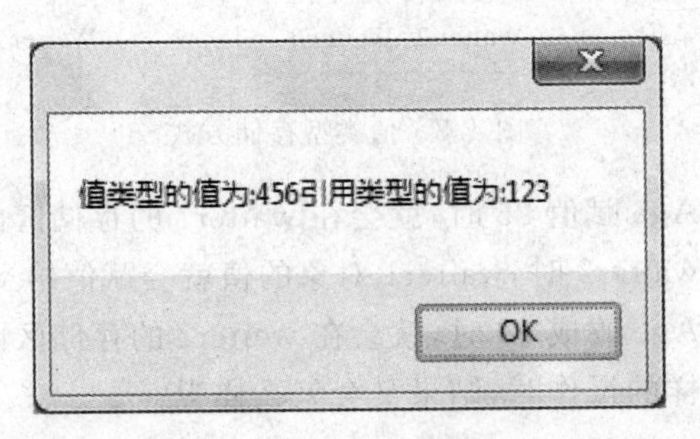

图 4.10　装箱

当执行 i=456;语句,改变 i 的值时,因为 i 是值类型,所以只能改变它自己的值,无法修改引用类型 object 的值。

下面我们再来看一下拆箱的过程。

示例 4.17:

```
private void btnTest_Click(object sender, EventArgs e)
{
    int i = 123;
    object obj = i;              // 隐装箱
    try
    {
        int j = (int)obj;        // 拆箱
        MessageBox.Show("取消装箱成功.");
    }
    catch (System.InvalidCastException ex)
    {
        MessageBox.Show(ex.Message + "错误:不正确的取消装箱.");
    }
}
```

图 4.11　拆箱

先将值类型 i 进行装箱，然后再将转换后的引用类型 obj 进行拆装处理。记住 int i = 123;中的 i 的数据类型和 int j=(int)obj;中 obj 前面的转换类型(int)一致。如果不一致就会发生异常。所以在拆箱的时候要注意异常的处理。

4.6.4　不同类型的参数传递

在一个类中添加方法，如果需要传递参数，我们可以传递字符型、整数型，也可以传递类的对象。那么当我们传递值类型和引用类型时，会对方法产生什么影响呢？

1. 值方式传递参数

(1)首先选择值类型作为参数，在学习结构的时候我们编写了一个 StructWaiter 结构，用于存储服务员的信息。将值类型的服务员传递给一个方法，将服务员的人气累加。

示例 4.18：

```
//值类型参数演示
private void TestValueReference()
{
    //传递值类型参数
    StructWaiter scofield = new StructWaiter ("李宇春",  28, "服务员",100);
    scofield.SayHi();
    Vote(scofield);
    scofield.SayHi();
}
//投票每次投票增加人气值 1
private void Vote(StructWaiter emp)
{
    emp.popularity + + ;
}
```

调用人气累加方法 Vote()，参数传递的是结构类型，在调用之后的 SayHi()方法中，输出的人气值并没有发生变化，如图 4.12 所示。

这和我们学习的值类型传递参数时的结果一样的，在程序中不会修改值类型参数的值。

(2)使用引用类型作为参数，传递方式不变，还是值方式。

示例 4.19：

```
//引用类型参数演示
private void TestValueReference()
```

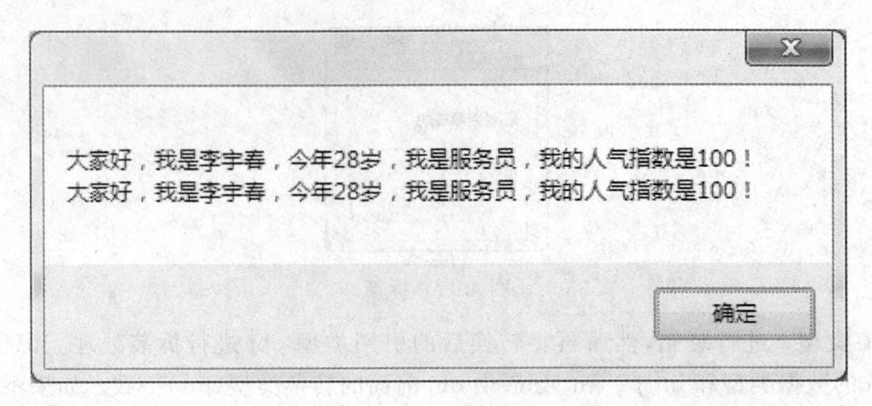

图 4.12 值传递后的 SayHi()方法的结果

```
{
    //传递引用类型参数
    Waiter scofield = new Waiter ("李宇春", 28, "服务员",100);
    scofield.SayHi();
    Vote(scofield);
    scofield.SayHi();
}
//投票每次投票增加人气值 1
private void Vote(Waiter emp)
{
    emp.popularity + + ;
}
```

人气累加的方法这次传递的是引用类型 Waiter 对象，运行后的结果发生了变化，人气值发生了变化，如图 4.13 所示。

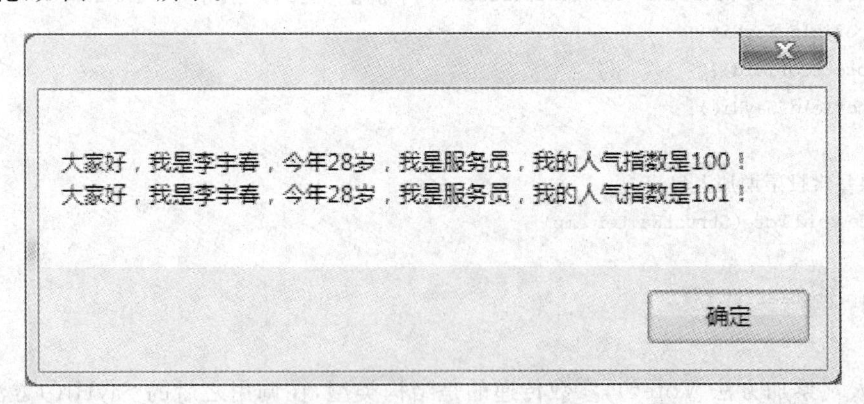

图 4.13 引用类型参数运行结果

虽然我们没有用 ref 方式传递，但是参数是引用类型，当引用变量发生变化时，参数发生变化。所以我们说，当类作为参数的时候，参数被修改时，类成员的值也可以修改。

2. 引用方式传递参数

问题：

如果我们将参数作为引用方式传递，即 ref 修饰参数。那么值类型和引用类型作为参数时，会有什么影响呢？

- 引用方式传递值类型

```
private void Vote(ref StructWaiter emp)
{
    emp.Popularity++;
}
```

- 引用方式传递引用类型

```
private void Vote(ref Waiter emp)
{
    emp.Popularity++;
}
```

通过验证，结果人气值（Popularity 属性）都发生了变化，也就是说 ref 方式两种传递没有区别，都会保存方法中的参数修改。

4.7　使用类图描述类和类成员

在面向对象编程中，会经常使用一种表示类的构成和类与类之间的关系的图表——类图。如图 4.14 所示是 Waiter 的类图，这种类图是我们 Visual Studio 中的类图。

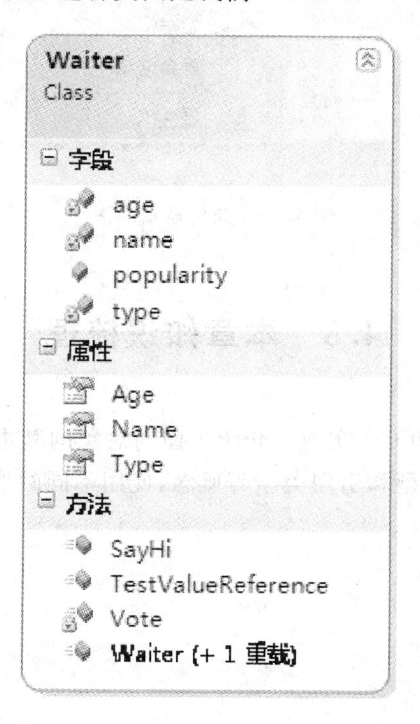

图 4.14　类图

从图中可以看到类中的成员都由不同的图标表示，私有成员会在图标的左下方有一个“小锁”，而共有成员则没有特殊标记。字段和属性冒号后面是它们的类型，方法后面是它的返回类型。如果想在 Visual Studio 中打开一个类的类图，我们可以在 VS 中的资源管理器里右击要显示的类，在弹出的快捷菜单中选择“查看类关系图”命令便可。如图 4.15 所示。

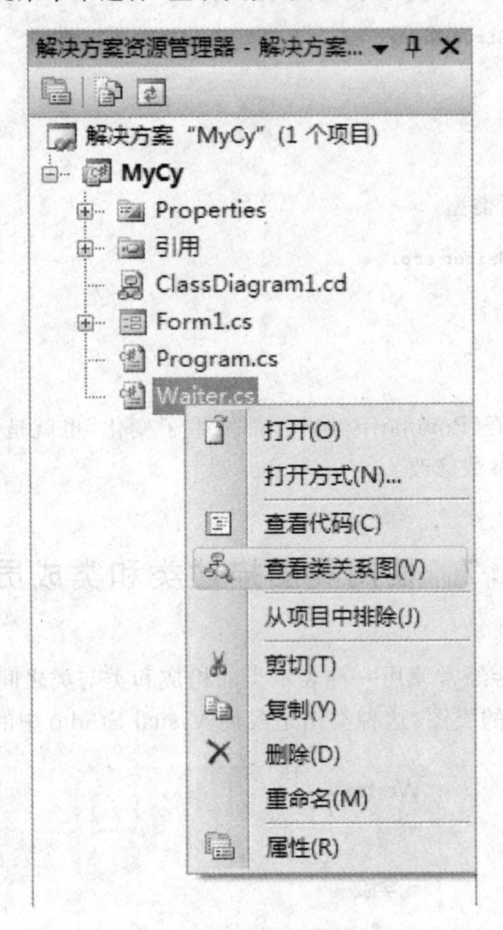

图 4.15　如何显示类图

4.8　本章知识梳理

本章重点讲述面向对象的 C# 实现。介绍了面向对象的基本概念：类和对象、构造函数和析构函数、重载、索引器、值类型和引用类型等概念，使用不同的形式初步实现了餐饮管理系统的服务员类。

第5章　ADO.NET数据库编程

【本章工作任务】

完成 MyCy 餐饮管理系统应用程序的数据库连接和操作数据：

- 完成管理员登录功能
- 实现用户合法性验证
- 实现员工信息的模糊查询
- 实现员工用户功能
- 实现修改员工用户状态功能
- 实现删除员工用户功能

【本章技能目标】

- 了解 ADO.NET 的功能和组成
- 会使用 Connection 对象连接到数据库
- 会使用 Command 对象操作数据
- 会使用 DataReader 对象检索数据
- 掌握 ListView 控件的使用

5.1　工作任务引入

MyCy 餐饮管理系统需要对用户登录进行验证。用户信息存储在数据库中的 tb_User 表中。现要求呈现给用户一个登录界面，用户可以输入用户名和密码，然后进行登录过程处理，连接到数据库，查询用户名和密码是否存在。在.NET 中如何进行数据库操作呢？我们将从几个主要的数据库操作类入手来讲解并实现。

当用户登录成功后，可以进行一系列操作，例如对系统的用户信息的增删改查：

- 实现用户信息的模糊查询
- 实现添加员工用户功能
- 实现修改员工用户状态功能
- 实现删除员工用户功能

当用户进行模糊查询后，数据库返回一系列数据，我们需要将这些数据通过.NET 提供的数据控件展现在 Windows 窗体中来，并能通过窗体对数据进行一些操作，为了方便用户操作，我们将在数据绑定控件上提供快捷菜单。由此，本章还将介绍数据绑定控件 ListView。

5.2 ADO.NET 简介

ADO.NET 是.NET Framework 中不可缺少的一部分，它是一组类，通过这些类，我们的.NET 应用查询就可以访问数据库了。ADO.NET 的功能非常强大，它提供了对关系数据库、XML 以及其他数据存储的访问，我们的应用程序可以通过 ADO.NET 连接到这些数据源，对数据进行增删改查。

ADO.NET 的一个非常大的优点就是，它与数据源断开连接时也可以使用数据。这是怎么做呢？这就好比我们有一个大的工厂，工厂里有一个仓库，用来存放生产用的原料和产品，在工厂中有很多的生产车间。假设每个车间每天要生产 100 件产品，如果每加工一件产品都从仓库里面取一次原料，恐怕仓库的管理员忙得晕头转向也不能够满足所有车间的需求。所以车间就在自己的旁边建了一个临时仓库。每天先把生产用的原料一次性地从仓库中取出来放在临时仓库当中，生产的时候只要从临时仓库取原料就行了。在下班前再把这一天生产的产品一起运到仓库中存放。

类似地，ADO.NET 可以把从数据源检索到的数据保存在本地一个叫做“数据集”的地方，这样应用程序直接操作本地的数据就行了，数据源就可以给更多的应用程序提供服务。

5.3 ADO.NET 的基本组件

ADO.NET 提供了两个组件，让我们能够访问和处理数据：.NET Framework 数据提供程序和 DataSet（数据集），如图 5.1 所示。

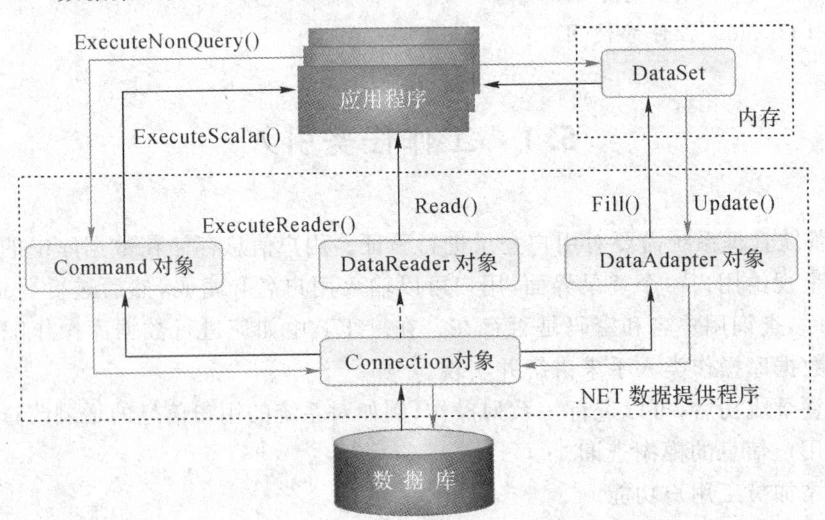

图 5.1 利用 ADO.NET 操作数据库的简单示意图

- .NET Framework 数据提供程序是专门为数据处理以及快速地只进、只读访问数据而设计的组件。使用它，我们可以连接数据库、执行命令和检索数据，直接对数据库进行操作。
- DataSet（数据集）是专门为独立于任何数据源的数据访问而设计。使用它，我们可以不必直接和数据库打交道，可以大批量地操作数据，也可以将数据绑定在控件上。

. NET Framework 数据提供程序包含了访问各种数据源数据的对象，它是和数据库有关的。目前有4种类型的数据提供程序，见表5.1。

表5.1　. NET Framework 数据提供程序

. NET Framework 数据提供程序	说　明
SQL Server . NET Framework 数据提供程序	提供对 Microsoft SQL Server 7.0 版或更高版本的数据访问，使用 System. Data. SqlClient 命名空间
OLE DB . NET Framework 数据提供程序	适合 OLE DB 数据源，使用 System. Data. OleDb 命名空间
ODBC . NET Framework 数据提供程序	适合 ODBC 数据源，使用 System. Data. Odbc 命名空间
Oracle . NET Framework 数据提供程序	适合 Oracle 数据源，支持 Oracle 客户端软件 8.1.7 版或更高版，使用 System. Data. OracleClient 命名空间

具体使用哪种数据提供程序，要看我们使用什么数据库。. NET Framework 数据提供程序包括4个核心对象，见表5.2。

表5.2　. NET Framework 数据提供程序的4个核心对象

对　象	说　明
Connection	建立与数据源的连接
Command	对数据源执行操作命令
DataReader	从数据源中读取只进且只读的数据流
DataAdapter	用数据源填充 DataSet 并解析更新

不同的命名空间中有对应的对象。比如我们使用 SQL Server 数据库，需要使用 System. Data. SqlClient 命名空间，SQL 数据提供程序中的类都以"Sql"开头，所以它的4个核心对象分别为：SqlConnection、SqlCommand、SqlDataReader、SqlDataAdapter。本书我们利用 SQL Server . NET Framework 数据提供程序来操作 SQL Server 数据库。

5.4　使用 Connection 对象

为了实现数据持久化保存，我们在 SQL Server2005 中创建数据库 db_MrCy，并在数据库中创建 tb_User 表，用来存放用户信息。如5.3表：

表5.3　tb_Waiter 结构

字段名	类　型	允许空	说　明
ID	int	否	主键、自增
UserName	varchar(50)	是	用户登录名
UserPwd	varchar(50)	是	用户密码
power	char(10)	是	用户权限

表中示例数据如下：

ID	UserName	UserPwd	power
1	TSoft	111	0

图 5.2 表 tb_Waiter 数据

同时在数据库中创建表 tb_Room，如表 5.4：

表 5.4 表 tb_Room 结构

字段名	类 型	允许空	说 明
ID	int	否	主键、自增
RoomName	char(10)	是	房间名称
RoomJC	char(10)	是	
RoomBJF	decimal(18,0)	是	
RoomWZ	char(10)	是	房间位置
RoomZT	char(10)	是	房间状态
RoomType	char(10)	是	房间类型
RoomBZ	varchar(50)	是	
RoomQT	varchar(50)	是	
GuestName	varchar(50)	是	客人姓名
ZhangDanDate	varchar(50)	是	付款时间
Num	int	是	房间号
WaiterName	varchar(50)	是	服务员姓名

表中示例数据如下：

ID	RoomName	RoomJC	RoomBJF	RoomWZ	RoomZT	RoomType	RoomBZ	RoomQT	GuestName	zhangdanDate	Num	WaiterName
1	大厅-01	01	0	大厅	待用	普通		暂时没有其他...	Guest	2008-1-9 11:39:48	0	小吕
2	大厅-02	02	0	大厅	待用	普通		暂时没有其他...	NULL	NULL	NULL	NULL
3	大厅-03	03	0	大厅	待用	普通		暂时没有其他...	NULL	NULL	NULL	NULL
4	大厅-04	04	0	大厅	待用	普通	NULL	暂时没有其他...	NULL	NULL	NULL	NULL
5	大厅-05	05	0	大厅	待用	普通	NULL	暂时没有其他...	NULL	NULL	NULL	NULL
6	大厅-06	06	0	大厅	待用	普通	NULL	暂时没有其他...	NULL	NULL	NULL	NULL
7	大厅-07	07	0	大厅	待用	普通	NULL	暂时没有其他...	NULL	NULL	NULL	NULL
8	大厅-08	08	0	大厅	待用	普通	NULL	暂时没有其他...	NULL	NULL	NULL	NULL
9	包房-01	B01	0	包房	待用	高级	NULL	暂时没有其他...	NULL	NULL	NULL	NULL

图 5.3 表 tb_Room 数据

当应用程序要使用数据库的时候，怎样能找到数据库呢？这就需要 Connection 对象（连接对象）。它就像是我们的车间到仓库的一条道路，有了 Connection 对象，应用程序就能连接数据库了。

5.4.1　认识 Connection 对象

不同的.NET Framework 数据提供程序都有自己的连接类，见表 5.5。根据数据库的类型选择使用哪个连接类。

表 5.5　.NET Framework 数据提供程序及相应的连接类

.NET Framework 数据提供程序	说　明
SQL Server .NET Framework 数据提供程序	SqlConnection
OLE DB .NET Framework 数据提供程序	OleDbConnection
ODBC .NET Framework 数据提供程序	OdbcConnection
Oracle .NET Framework 数据提供程序	OracleConnection

Connection 对象包含的属性和方法，见表 5.6。

表 5.6　Connection 对象的主要属性和方法

属　性	说　明
ConnectionString	用于连接数据库的连接字符串
方　法	说　明
Open()	使用 ConnectionString 属性所指定的设置打开数据库连接
Close()	关闭与数据库的连接

在 ADO.NET 中，如果使用.NET Framework 数据提供程序操作数据库，必须显式关闭数据库的连接，即操作完数据库后，必须调用 Connection 对象的 Close()方法关闭连接。

连接数据库主要分为 3 个步骤：

1. 定义连接字符串

不同的数据库连接字符串格式不同，SQL Server 数据库的连接字符串格式一般为：

```
Data Source = 服务器名;Initial Catalog = 数据库名; User ID = 用户名;Pwd = 密码
```

例如，要连接本机的 pubs 数据库，连接字符串写成：

```
string connString =  "Data Source = .;Initial Catalog = pubs;User ID = sa";
```

经验：

- 服务器如果是本机，可以输入“.”来代替计算机名称或者 IP 地址。
- 密码如果为空，可以省略 Pwd 一项。

2. 创建 Connection 对象

调用定义好的连接字符串创建 Connection 对象。

```
SqlConnection connection = new SqlConnection(connString);
```

3. 打开与数据库的连接

调用 Connection 对象的 Open()方法打开数据库连接。

```
connection.Open( );
```

在这三步中1、2两步可以调用,可以先创建一个Connection对象,再设置它的ConnectionString属性,如:

```
SqlConnection connection = new SqlConnection();
string connString =   "Data Source = .;Initial Catalog = pubs;User ID = sa";
connection. ConnectionString = connString;
```

你可能会说连接字符串这么长,怎么记得住呢?其实我们不必完全自己来手写连接字符串,可以使用VS的服务资源管理器获得连接字符串。方法如下:

(1)在VS中,选择菜单中的"视图"→"服务器资源管理器"选项,快捷键为Ctrl+Alt+S。

(2)在打开的服务器资源管理器中,用鼠标右键单击"数据连接",选择"添加连接"选项,如图5.4所示。

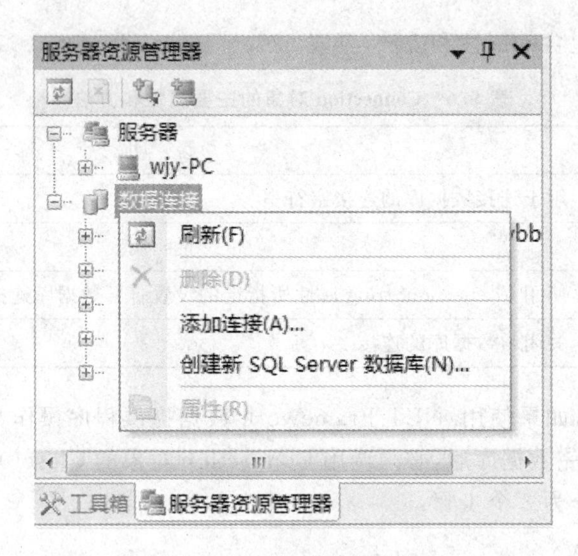

图5.4　添加数据库连接

(3)在弹出的"添加连接"对话框中,输入服务器名,选择身份验证,选择要连接的数据库,确定后,就在服务器资源管理器中添加了一个数据连接。

(4)选中新添加的连接,在"属性"窗口中就能够找到连接字符串了,可以将它选中赋值到我们的代码中。

5.4.2　连接数据库示例

下面我们通过一个简单的WinForms程序来连接到db_MrCy数据库,我们在窗体上放置一个按钮,当单击按钮时,打开数据库连接后弹出一个连接成功的消息框,紧接着关闭数据库连接,然后弹出一个关闭成功的消息框。如果这两个操作都能成功,那么就弹出两个消息框。

实现步骤如下:

第一步,新建一个Windows应用程序,项目名称为:OpenCloseDB。

第二步,从工具箱里拖出一个按钮到窗体上,设置按钮的Name属性为"btnTest",Text属性为"测试"。

第三步,编写按钮的Click事件处理程序,通过"属性"窗口生成"测试"按钮的Click事件处理方法，在其中编写打开和关闭数据库连接的操作，窗体的代码如示例 5.1 所示，运行结果如图 5.5、5.6 所示。

示例 5.1：

```
using System.Data;
using System.Drawing;
using System.Text;
using System.Windows.Forms;
using System.Data.SqlClient;
namespace MrCy
{
    // 本示例演示打开和关闭数据库
    public partial class FrmDBTest: Form
    {
        public FrmDBTest ()
        {
            InitializeComponent();
        }
        // 测试打开数据库的操作
        private void btnTest_Click(object sender, EventArgs e)
        {
            string connString = "Data Source = .;Initial Catalog = db_MrCy;User ID = sa;
                pwd = sa";
            SqlConnection connection = new SqlConnection(connString);
            // 打开数据库连接
            connection.Open();
            MessageBox.Show("打开数据库连接成功");
            // 关闭数据库连接
            connection.Close();
            MessageBox.Show("关闭数据库连接成功");
        }
    }
}
```

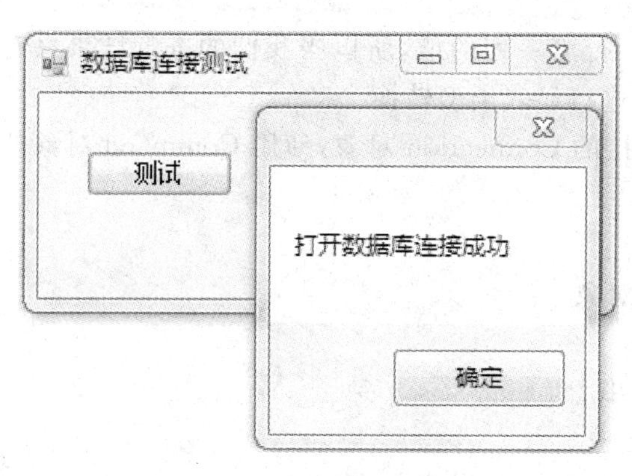

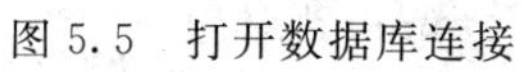
图 5.5　打开数据库连接

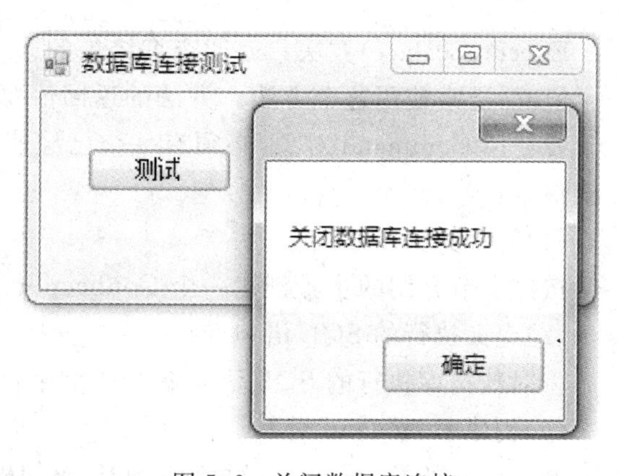

图 5.6　关闭数据库连接

5.5 使用 Command 对象

打开数据库连接后，怎样操作数据呢？这就需要 Command 对象（命令对象），Command 对象可以对数据库执行增删改查的命令。

5.5.1 认识 Command 对象

Command 对象属于.NET Framework 数据提供程序，不同的.NET Framework 数据提供程序都有自己的 Command 类，见表 5.7。

表 5.7 .NET Framework 数据提供程序及相应的命令类

.NET Framework 数据提供程序	说 明
SQL Server .NET Framework 数据提供程序	SqlCommand
OLE DB .NET Framework 数据提供程序	OleDbCommand
ODBC .NET Framework 数据提供程序	OdbcCommand
Oracle .NET Framework 数据提供程序	OracleCommand

建立了数据库连接后，就可以使用相应的 Command 对象了。Command 对象的主要属性和方法见表 5.8。

表 5.8 Command 对象的主要属性和方法

属 性	说 明
Connection	Command 对象使用的数据库连接
CommandText	执行的 SQL 语句
方 法	说 明
ExecuteNonQuery()	执行不返回行的语句，如 update、delete 等
ExecuteReader()	执行程序命令，返回 DataReader 对象
ExecuteScalar()	返回单个值，如执行 count(*)等

ExecuteScalar()方法只返回查询结果的第一行第一列的值，所以当我们的查询结果只有一个值时，通常使用这个方法。方法的返回值要进行显式类型转换。

要使用 Command 对象，必须有一个已经连接的 Connection 对象，使用 Command 对象的步骤包括：

(1)创建数据库连接

按照上节介绍的步骤创建一个 Connection 对象。

(2)定义执行的 SQL 语句

将对数据库执行的 SQL 语句赋给一个字符串。

(3)创建 Command 对象

使用已有的 Connection 对象和 SQL 语句串创建一个 Command 对象。

(4)执行 SQL 语句

使用 Command 对象的某个方法执行命令。

5.5.2　使用 Command 对象示例

比如,要查询 db_MrCy 数据库中 tb_Waiter 表中记录的数目,代码如示例 5.2 所示。运行结果如图 5.7 所示。

示例 5.2:

```
using System;
using System.Collections.Generic;
using System.ComponentModel;
using System.Data;
using System.Drawing;
using System.Text;
using System.Windows.Forms;
using System.Data.SqlClient;
namespace MrCy
{
    // 本示例演示使用 ExecuteScalar()方法查询员工表中员工的数量。
    public partial class FrmDBTest: Form
    {
        public FrmDBTest ()
        {
            InitializeComponent();
        }
        // 打开数据库连接,查询员工记录数量
        private void btnSelect_Click(object sender, EventArgs e)
        {
            // 创建 Connection 对象
            string connString = "Data Source = .;Initial Catalog = db_MrCy;User ID = sa;
                pwd = sa";
            SqlConnection connection = new SqlConnection(connString);
            int num = 0;            // 员工信息的数量
            string message = "";        // 弹出的结果消息
            // 查询用的 SQL 语句
            string sql = "SELECT COUNT( * ) FROM tb_Waiter";
            try
            {
                connection.Open();       // 打开数据库连接
                // 创建 Command 对象
                SqlCommand command = new SqlCommand(sql, connection);
                // 执行 SQL 查询
                num = (int)command.ExecuteScalar();
                message = string.Format("tb_Waiter 表中共有{0}条员工信息!",num);
```

```
            MessageBox.Show(message,"查询结果",
                MessageBoxButtons.OK,MessageBoxIcon.Information);
        }
        catch (Exception ex)
        {
            // 操作出错
            MessageBox.Show(ex.Message);
        }
        finally
        {
            // 关闭数据库连接
            connection.Close();
        }
    }
  }
}
```

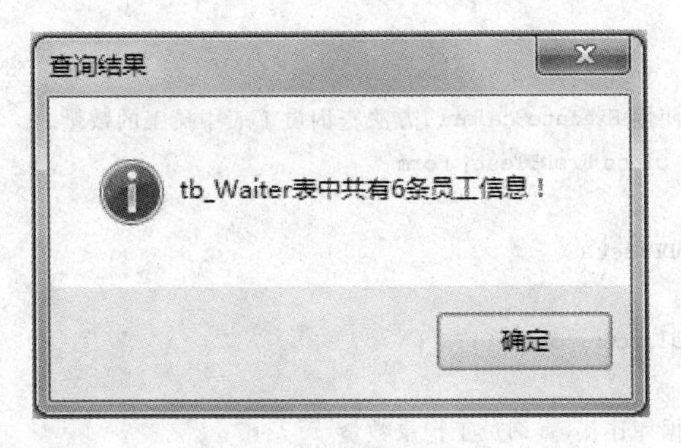

图 5.7 示例的运行结果

5.5.3 常见错误

1.没有打开数据库连接

在使用 Command 对象执行命令前，要打开数据库的连接，执行命令后要确保关闭数据库的连接。如果没有，则会产生错误。把上例中 try 块中的打开数据库连接的代码去掉，就会产生如图 5.8 所示的错误。

示例 5.3：

```
try
{
    // 创建 Command 对象
    SqlCommand command = new SqlCommand(sql, connection);
    // 执行 SQL 查询
    num = (int)command.ExecuteScalar();
    message = string.Format("tb_Waiter 表中共有{0}条员工信息！",num);
    MessageBox.Show(message,"查询结果",
```

```
        MessageBoxButtons.OK,MessageBoxIcon.Information);
    }
    catch (Exception ex)
    {
        // 操作出错
        MessageBox.Show(ex.Message);
    }
    finally
    {
        // 关闭数据库连接
        connection.Close();
    }
```

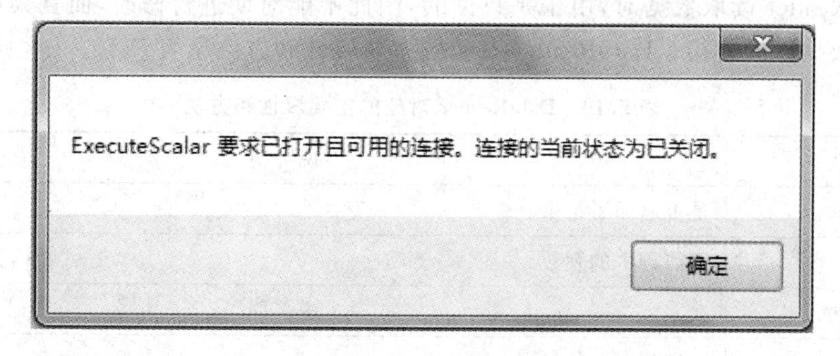

图 5.8　没有打开数据库连接

2. ExecuteScalar()方法的返回值没有进行类型转换

在执行 Command 对象的 ExecuteScalar()方法后，要对返回值进行显式转换，我们将上一节的示例中获取查询结果的类型转换去掉，就会产生如图 5.9 所示的错误。

错误列表

1 个错误　1 个警告　0 个消息

	说明	文件	行	列	项目
2	无法将类型"object"隐式转换为"int"，存在一个显式转换(是否缺少强制转换?)	FrmDBTest.cs	47	23	MrCy

错误列表　输出

图 5.9　执行 ExecuteScalar()方法后没对返回值进行类型转换

5.6　查询数据

上一节中我们使用 Command 对象的 ExecuteScalar()方法从数据库中检索单个值，那么要检索多条记录怎么办呢？我们可以使用 ExecuteReader()方法，返回一个 DataReader 对象，通过 DataReader 就可以从数据库读取多条数据了。

5.6.1　认识 DataReader 对象

使用 DataReader 对象可以从数据库中检索只读数据，它每次从查询结果中读取一行到内存中，所以使用 DataReader 对数据库进行操作非常快。DataReader 属于.NET Framework 数据提供程序，所以每种.NET Framework 数据提供程序都有自己的 DataReader 类，见表 5.9。

表 5.9 .NET Framework 数据提供程序及相应的 DataReader 类

.NET Framework 数据提供程序	说 明
SQL Server .NET Framework 数据提供程序	SqlDataReader
OLE DB .NET Framework 数据提供程序	OleDbDataReader
ODBC .NET Framework 数据提供程序	OdbcDataReader
Oracle .NET Framework 数据提供程序	OracleDataReader

在 DataReader 读取数据时，由于是只读的，因此不能对期进行修改，而且读取数据时，要始终保持与数据库的连接。DataReader 对象的主要属性和方法见表 5.10。

表 5.10 DataReader 对象的主要属性和方法

属 性	说 明
HasRows	是否返回了结果
FieldCount	当前行中的列数
方 法	说 明
Read()	前进到下一行记录
Close()	关闭 DataReader 对象

5.6.2 如何使用 DataReader 对象

如何创建 DataReader 对象呢？它比较特殊，需要调用 Command 对象的 ExecuteReader()方法，执行后的返回值就是一个 DataReader 对象，然后就可以调用 DataReader 对象 Read()方法来读取一行记录。

使用 DataReader 的步骤：

(1)创建 Command 对象

(2)调用 Command 对象的 ExecuteReader()方法创建 DataReader 对象

假设已经有一个 Command 对象名为 command，就可以创建 DataReader 对象：

```
SqlDataReader dataReader = command.ExecuteReader();
```

(3)使用 DataReader 的 Read() 方法逐行读取数据

这个方法返回一个布尔值，如果能读到一行记录，就返回 True，否则返回 False。

```
dataReader.Read();
```

(4)读取某列的数据，(type)dataReader[列名或序列号]

像读取数组一样，用方括号来读取某列的值，如(string)dataReader["WaiterName"]；方括号可以像数组一样使用列的索引，从 0 开始，也可以使用列名，取出的值要进行类型转换。

(5)关闭 DataReader 对象

使用 dataReader 对象读取数据的时候会占用数据库连接,必须用它的 Close()方法来关闭 dataReader 对象,才能用数据库连接进行其他操作。

```
dataReader.Close();
```

问题:

我们的后台数据库中有一个 tb_Waitertype(员工类别)表,怎样把员工类别表中的员工类别名称添加到窗口的"员工类别"组合框中?

分析:

需要使用 DataReader 从数据库中读取员工类别名称添加到"员工类别"组合框中。可以在窗体的加载事件中实现这个功能。

在 VS 中创建"创建员工信息"窗体,在"属性"窗口中找到它的 Load 事件,生成 Load 事件的处理方法,在方法中添加下列代码如示例 5.4。运行结果如图 5.10 所示。

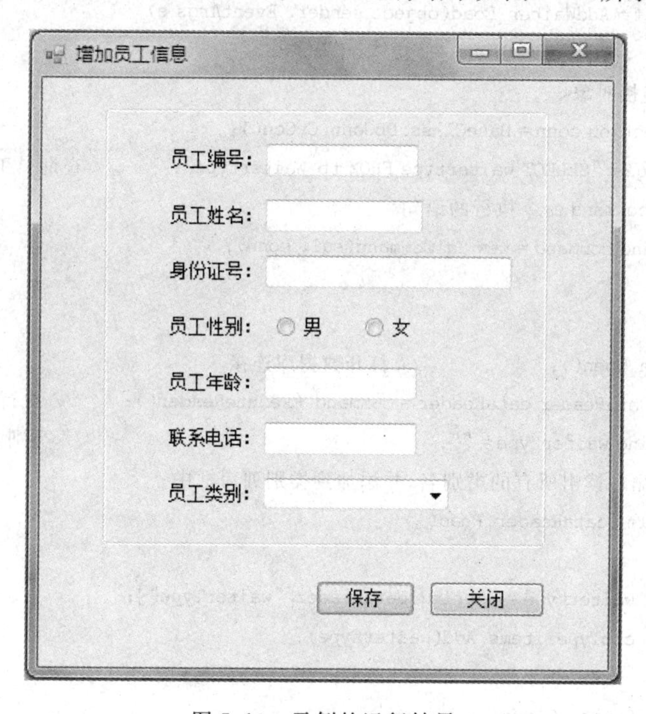

图 5.10 示例的运行结果

示例 5.4:

```
using System;
using System.Collections.Generic;
using System.Text;
using System.Data.SqlClient;
namespace MrCy.BaseClass
{
    class DBConn
    {
        public static SqlConnection CyCon()
        {
```

```
                return new
                SqlConnection("server = ZHYT - PC;database = db_MrCy;uid = sa;pwd = 12345678");
            }
        }
    }
// 当窗体加载时发生
public partial class frmAddWaiter : Form
{
    public frmAddWaiter()
    {
        InitializeComponent();
    }
    private void frmAddWaiter_Load(object sender, EventArgs e)
    {
        //创建连接对象
        SqlConnection conn = BaseClass.DBConn.CyCon();
        string sql = "SELECT waitertype FROM tb_Waitertype";      // 查询员工类别的 sql 语句
        // 设置 command 命令执行的语句
        SqlCommand command = new SqlCommand(sql, conn);
        try
        {
            conn.Open();              // 打开数据库连接
            SqlDataReader dataReader = command.ExecuteReader();      // 执行查询
            string waitertype = "";                                  // 类别名称
            // 循环读出所有的类别名,并添加到类别列表框中
            while (dataReader.Read())
            {
                waitertype = (string)dataReader["waiterType"];
                cboType.Items.Add(waitertype);
            }
            dataReader.Close();
        }
        catch (Exception ex)
        {
            MessageBox.Show("操作数据库出错");
            Console.WriteLine(ex.Message);
        }
        finally
        {
            conn.Close();
        }
    }
}
```

5.6.3　常见错误

(1)在读取数据前没有执行对象 Read()方法,如下面的程序所示。

```
SqlDataReader dataReader = command.ExecuteReader();
string waitertype = (string)dataReader["waiterType"];
```

这样的代码在编译时不会报错,但在运行中会发生异常。应改为:

```
SqlDataReader dataReader = command.ExecuteReader();
if (dataReader.Read())
{
    string waitertype = (string)dataReader["waiterType"];
}
```

(2)在读取数据后没有关闭 dataReader 对象,就利用数据库连接执行其他操作,如下面的程序。

示例 5.5:

```
SqlDataReader dataReader = command.ExecuteReader();
if (dataReader.Read())
{
    string waitertype = (string)dataReader["waiterType"];
}
command.CommandText = newSql;
SqlDataReader dataReader = command.ExecuteReader();
```

在运行时会产生异常,异常信息为:已有打开的与此命令相关联的 dataReader,必须首先将它关闭。

经验:

改正:在 if 语句后面添加 dataReader.Close();语句。

5.7　操作数据

上一节我们使用 dataReader 实现了从数据库查询记录的功能。那么怎样实现对数据库的增删改呢?这就需要使用 Command 对象的 ExecuteNonQuery()方法。

ExecuteNonQuery()方法用于执行指定的 SQL 语句,如 insert、delete、update,它返回的是受 SQL 语句影响的行数。

使用 Command 对象的 ExecuteNonQuery()方法的步骤为:

(1)创建一个 Connection 对象。

(2)定义要执行的 SQL 语句。

(3)创建 Command 对象。

(4)执行 ExecuteNonQuery()方法。

(5)根据返回结果进行后续处理。

根据返回结果可以知道执行的情况，返回值小于等于 0，没有记录受影响，即执行 SQL 语句不成功。下面我们来看一个示例。

问题：

在“增加员工信息”窗体中，怎样将填写的信息保存到数据库中？

分析：

利用 Command 对象的 ExecuteNonQuery()方法向数据库添加信息。当单击“保存”按钮时，将窗体中填写的信息保存到数据库，所以要处理“保存”按钮的 click 事件。

在 VS 中选中“增加员工信息”窗体中的“保存”按钮（Name：btnSave），在属性窗口中找到它的 click 事件，生成 click 事件的处理方法 btnSave_Click()，在方法中添加示例 5.6 的代码。

示例 5.6：

```
private void btnSave_Click(object sender, EventArgs e)
{
    // 获取要插入数据库的每个字段的值
    string Id = txtID.Text;                  // 员工编号
    string name = txtName.Text;              // 员工姓名
    string cardNum = txtCardNo.Text;         // 身份证
    string sex = rdoMale.Checked ? rdoMale.Text : rdoFemale.Text;// 性别
    string age = txtAge.Text;                // 年龄
    string phone = txtPhone.Text;            // 电话
    string type = cboType.Text;              // 员工类别
    //创建连接对象
    SqlConnection conn = BaseClass.DBConn.CyCon();
    // 构建插入的 sql 语句
    string sql = string.Format("INSERT INTO tb_Waiter(WaiterName,CardNum,WaiterNum,Sex,Age,
Tel,waitertype)VALUES('{0}','{1}','{2}',{3},'{4}','{5}','{6}')", name,cardNum,Id,sex,age,phone,
type);
    try
    {
        // 创建 command 对象
        SqlCommand command = new SqlCommand(sql, conn);
        conn.Open();                                    // 打开数据库连接
        int result = command.ExecuteNonQuery(); // 执行命令
        // 根据操作结果给出提示信息
        if (result < 1)
        {
            MessageBox.Show("添加失败!", "操作提示", MessageBoxButtons.OK,
                MessageBoxIcon.Warning);
        }
        else
        {
            MessageBox.Show("添加成功!", "操作提示", MessageBoxButtons.OK,
                MessageBoxIcon.Information);
```

```
                this.Close();
            }
        }
        catch (Exception ex)
        {
            MessageBox.Show("操作数据库出错!", "操作提示", MessageBoxButtons.OK,
                MessageBoxIcon.Error);
            Console.WriteLine(ex.Message);
        }
        finally
        {
            conn.Close();                          // 关闭数据库连接
        }
    }
```

在示例 5.6 中，我们首先定义一些变量来存储窗体中控件的值，然后利用 String 类的 Format()方法构建用于添加记录的 SQL 语句。之后按照使用 ExecuteNonQuery()方法的步骤进行增加数据的操作，根据方法的返回结果给出操作成功或失败的提示。

运行结果如图 5.11 所示。

图 5.11　增加用户基本信息

5.8　使用 Listview 控件绑定数据

在前面的章节我们学习了很多强大的 WinForm 控件，这一节我们再来学习一个常用的控件——列表视图控件(ListView)。

Listview(列表视图)控件是一个很常用、很重要的控件，Windows 资源管理器右边的窗口能以多种方式显式文件夹，如图 5.12 所示，这就是通过 Listview 控件实现的。

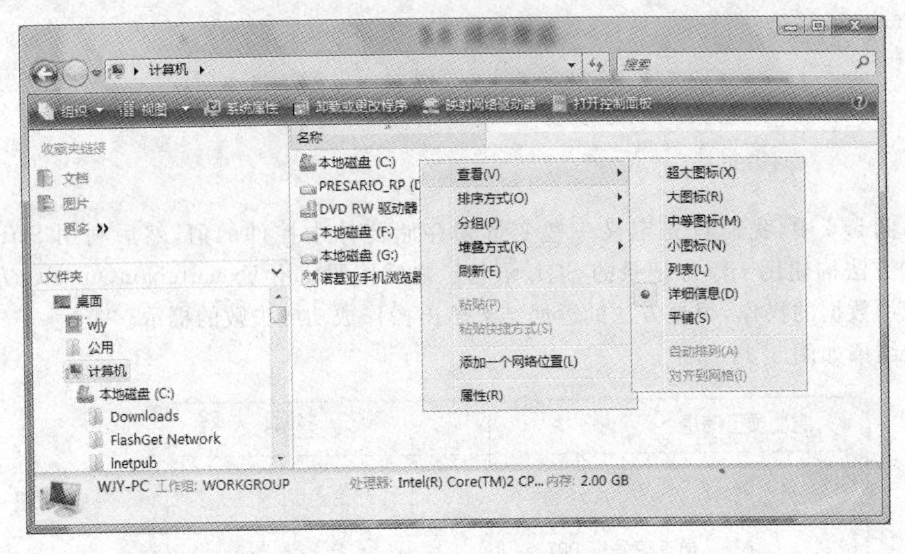

图 5.12　Windows 资源管理器

列表视图以特定样式或视图类型显示列表项，利用它可以创建像 Windows 资源管理器右窗格一样的界面。它有多种视图模式：大图标(LargeIcon)、小图标(SmallIcon)、列表(List)、详细信息(Detail)和平铺(Title)。列表视图控件的主要属性、事件和方法见表 5.11。

表 5.11　列表视图控件的主要属性、事件和方法

属　性	说　明
Columns	“详细信息”视图中显示的列
FullRowSelect	当选中一项时，它的子项是否同该项一起突出显示
Items	ListView 中所有项的集合
MultiSelect	是否允许选择多项
SelectedItems	选中的项的集合
View	指定以哪种视图显示
事　件	说　明
MouseDoubleClick	鼠标双击事件
方　法	说　明
Clear()	清除 ListView 中的所有项

列表视图 Items 属性表示包含在控件中的所有项的集合，它的每一项都是一个 ListViewItem(列表视图项)。我们可以使用 Items. Add()方法来向列表视图中添加一项。当我们选择“详细信息”视图时，每一项又包含很多详细信息的子项，如图 5.13 所示。

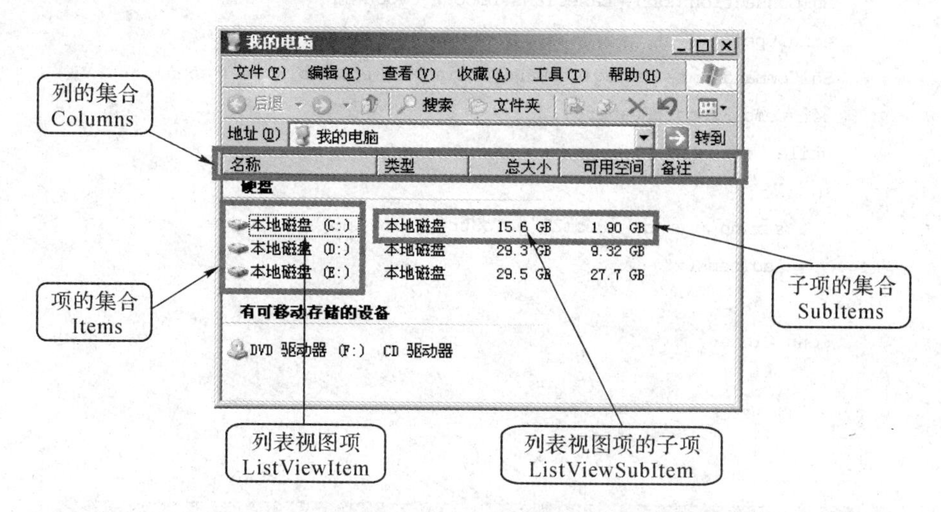

图 5.13　列表视图中列、项和子项的关系示意图

MrCy 餐饮管理系统中，餐桌显示我们使用了列表视图，使得就餐的桌台信息一目了然，实现的代码如示例 5.7，运行结果如图 5.14 所示。

示例 5.7：

```
namespace MrCy
{
    public partial class frmMain : Form
    {
        public frmMain()
        {
            InitializeComponent();
        }
        public SqlDataReader sdr;

        private void AddItems(string rzt)
        {
            if (rzt == "使用")
            {
                lvDesk.Items.Add(sdr["RoomName"].ToString(), 1);
            }
            else
            {
                lvDesk.Items.Add(sdr["RoomName"].ToString(), 0);
            }
        }
```

```
    private void frmMain_Activated(object sender, EventArgs e)
    {
        lvDesk.Items.Clear();
        SqlConnection conn = BaseClass.DBConn.CyCon();
        conn.Open();
        SqlCommand cmd = new SqlCommand("select * from tb_Room", conn);
        sdr = cmd.ExecuteReader();
        while (sdr.Read())
        {
            string zt = sdr["RoomZT"].ToString().Trim();
            AddItems(zt);
        }
        conn.Close();
    }
  }
}
```

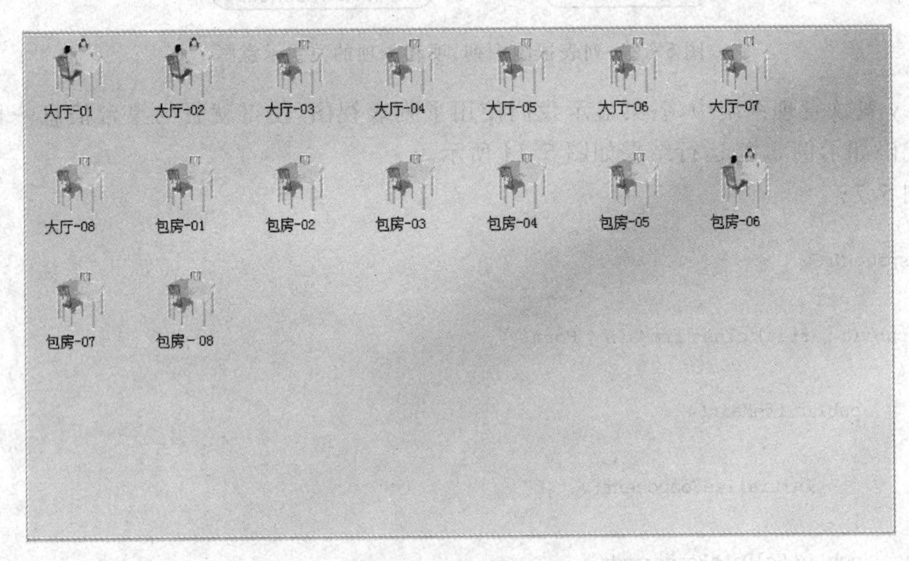

图 5.14　MyCy 餐饮管理系统桌台显示

5.9　操作数据库小结

到现在为止，我们已经知道怎样使用.NET 数据提供程序来对数据库进行增删改查了，我们学习了数据库连接对象（Connection）、命令对象（Command）、数据读取器对象（DataReader）。我们还知道，执行不同的操作要使用 Command 对象的不同方法。现在我们就来总结一下使用.NET Framework 数据提供程序操作数据库的步骤。

5.9.1　查询操作

在对数据进行查询操作时，有两种情况：一个是查询单个值；二是查询若干条记录。

1. 查询单个值

需要使用Command对象的ExecuteScalar()方法，步骤如下：

(1)创建一个Connection对象。

(2)创建查询用的SQL语句。

(3)利用SQL语句和Connection对象创建Command对象。

(4)打开数据库连接，调用Connection对象的Open()方法。

(5)调用Command对象的ExecuteScalar()方法，返回一个标量值。

(6)操作完成后关闭数据库连接，调用Connection对象的Close()方法。

2. 查询若干条记录

需要使用Command对象的ExecuteReader()方法，步骤如下：

(1)创建一个Connection对象。

(2)创建查询用的SQL语句。

(3)利用SQL语句和Connection对象创建Command对象。

(4)打开数据库连接，调用Connection对象的Open()方法。

(5)调用Command对象的ExecuteReader()方法，返回一个DataReader对象。

(6)调用DataReader的Read()方法逐行读取数据，如果能读到一行记录，就返回True，否则返回False。

(7)使用(type)dataReader[ ]读取某行某列的数据。

(8)调用Command对象的Close()方法关闭dataReader对象。

(9)操作完成后关闭数据库连接，调用Connection对象的Close()方法。

5.9.2 非查询操作

对数据库执行非查询操作时，包括insert、delete、update数据，都使用Command对象的ExecuteNonQuery()方法，步骤如下：

(1)创建一个Connection对象。

(2)创建增删改的SQL语句。

(3)利用SQL语句和Connection对象创建Command对象。

(4)打开数据库连接，调用Connection对象的Open()方法。

(5)调用Command对象的ExecuteNonQuery()方法，返回受影响的行数。

(6)操作完成后关闭数据库连接，调用Connection对象的Close()方法。

5.10 本章知识梳理

本章将学习怎样用ADO.NET在应用程序中操作数据库，能够用Connection对象连接数据库；使用Command对象从数据库中查询单个值；使用DataReader对象和Command对象来实现对数据库数据的增删改查；本章还重点介绍了ListView列表视图控件。

第 6 章　用 DataGridView 显示和操作数据

【本章工作任务】

完成 MrCy 餐饮管理系统的桌台管理

- 实现批量查看和修改桌台信息功能
- 实现批量查看、修改、筛选员工信息功能

【本章技能目标】

- 了解数据集(DataSet)的结构
- 会使用数据适配器填充数据集
- 会使用数据适配器将数据集的修改提交到数据库
- 掌握 DataGridView 控件的使用
- 理解值类型与引用类型作为参数时的区别

6.1　工作任务引入

餐饮管理系统(MrCy)的桌台信息是该系统的基础数据，桌台管理模块是用于查询、修改、增加、删除餐桌信息的基本模块。餐桌信息包括：桌台名称、桌台简称、桌台位置、桌台类型、包间费、桌台的状态等信息。

本章的主要任务是：

- 实现批量查看和修改桌台信息功能
- 实现批量查看、修改、筛选员工信息功能

6.2　DataSet 简介

在第 5 章中，我们已经知道了应用程序要查询数据时，可以使用 DataReader 对象来读取数据库的数据。DataReader 对象每次只读取一行数据到内存中，如果要查看 100 条数据，就要从数据库读取 100 次，并且在这个过程中要一直保持与数据库的连接，给数据库服务器增加了很大的负担。这问题如何解决呢？ADO. NET 提供了 DataSet(数据集)对象来解决这个问题。利用数据集，我们可以在断开数据库连接的状态下操作数据，还可以操作来自不同数据源的数据。

6.2.1　认识 DataSet 对象

什么是数据集呢？我们可以简单地把数据集理解为数据库在内存中的一个子数据库，它把应用程序需要的数据库数据临时保存在内存中，由于是缓存在本地机器上，就不需要一直保持和数据库的连接。应用程序需要数据时，就直接从内存中的数据集中读取，也可以对数据集内的数据进行修改，然后一起提交给数据库。

DataSet(数据集)对象只在获取或更新数据时保持和数据库连接，其他时间都是断开的，使数据库可以自由执行其他任务。尽管数据集是作为从数据库获取的数据的缓存，但数据集与数据库之间没有任何实际关系，它和数据库之间是通过.NET 数据提供程序来完成的，所以数据集是独立于任何数据库的。

数据集的结构和我们熟悉的 SQL Server 非常相似，如图 6.1 所示。SQL Server 数据库中有很多数据表，每个表包含多个列和行。数据集中也包含多个表，这些表构成了数据表集合(DataTableCollection)，其中的每个数据表都是一个 DataTable 对象。在每个数据表中又有列和行，所有的列一起构成了一个数据列集合(DataColumnCollection)，其中每个数据列叫做 DataColumn。所有的行一起构成了数据行集合(DataRowCollection)，每一行叫做 DataRow。

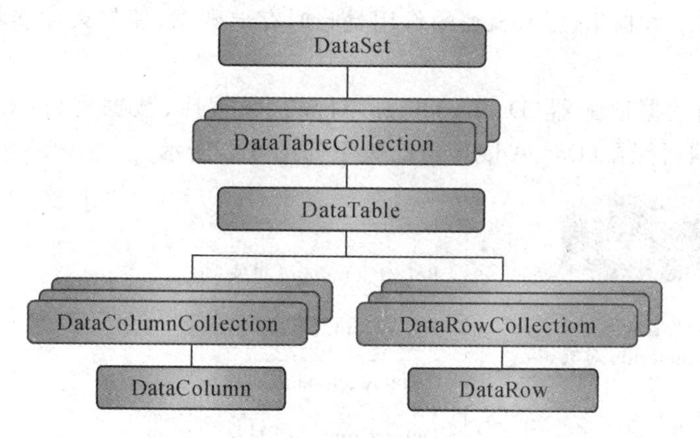

图 6.1　数据集结构

数据集是怎么工作的呢？它的工作原理如图 6.2 所示。当应用程序需要一些数据的时候，先向数据库服务器发出请求，要求获得数据。服务器将数据发送到数据集，然后再将数据集传递给客户端。客户端应用程序修改数据集中的数据后，统一将修改过的数据集发送到服务器，服务器接收数据集修改数据库中的数据。

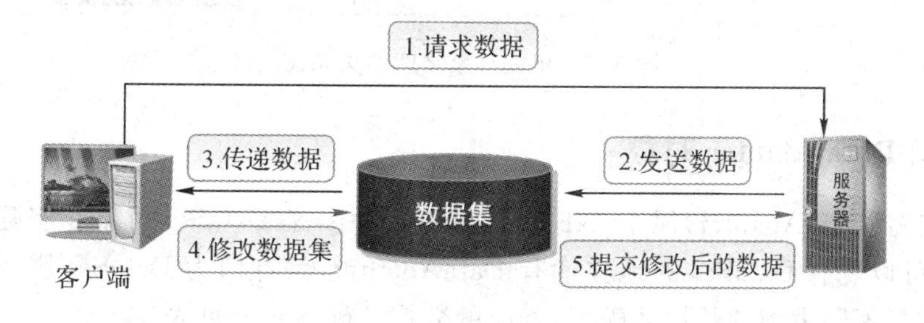

图 6.2　数据集的工作原理

6.2.2　如何创建 DataSet 对象

创建 DataSet 需要使用 new 关键字。

语法：

```
DataSet 数据集对象 = new DataSet("数据集的名称字符串");
```

方法中的参数“数据集的名称字符串”可以有，也可以没有，如果没有写参数，创建的数据集的名称就默认为 NewDataSet。例如：

```
DataSet dataSet = new DataSet();
DataSet dataSet = new DataSet("MrCy");
```

6.3　DataAdapter 对象

问题：

我们已经知道了数据集(DataSet)的作用是临时存储数据，那怎么才能将数据源的数据放到数据集中呢？

这就需要使用数据适配器(DataAdapter)对象。数据库、数据集(DataSet)、数据库连接(Connection)、数据适配器(DataAdapter)的关系如图 6.3 所示。

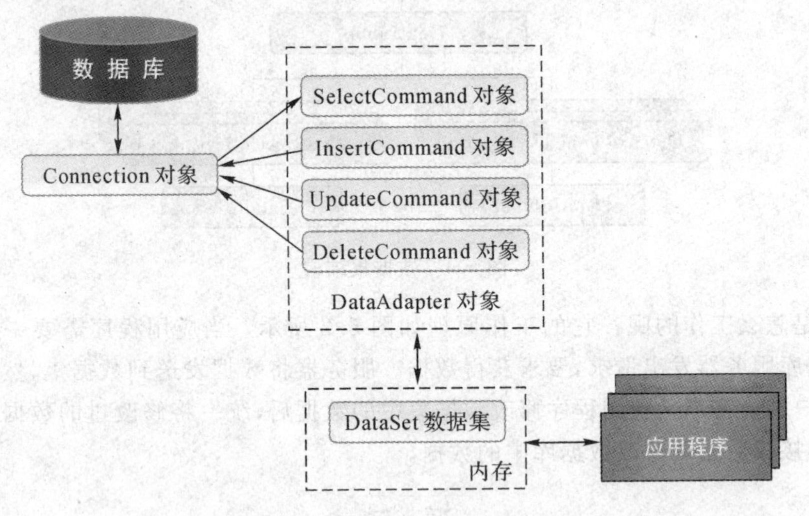

图 6.3　相关对象之间的关系图

6.3.1　认识 DataAdapter 对象

数据适配器(DataAdapter)属于.NET 数据提供程序，是 DataSet 对象和实际数据源之间的桥梁对象，可以说有 DataSet 的地方就有 DataAdapter，是专门为 DataSet 服务的。不同类型的数据库需要不同类型的数据适配器，相应的数据适配器对象见表 6.1。

表6.1　.NET数据提供程序与其对应的DataAdapter类

.NET数据提供程序	命名空间	数据适配器类
SQL数据提供程序	System.Data.SqlClient	SqlDataAdapter
OLE DB数据提供程序	System.Data.OleDb	OleDbDataAdapter
ODBC数据提供程序	System.Data.Odbc	OdbcDataAdapter
Oracle数据提供程序	System.Data.OracleClient	OracleDataAdapter

数据适配器从数据库读取数据，是通过SelectCommand命令来实现，它是数据适配器的一个属性。把数据放到数据集(DataSet)中，需要使用DataAdapter的Fill()方法来填充。反之，要把DataSet中修改后的数据更新到数据库，需要使用DataAdapter的Update()方法来提交。DataAdapter最常用的属性、方法见表6.2。

表6.2　DataAdapter对象的主要属性和方法

属性、方法	说　明
SelectCommand	从数据库检索数据的Command对象，对应SQL的Select语句
InsertCommand	将新记录插入数据库的Command对象，对应SQL的Insert语句
UpdateCommand	更新数据库的Command对象，对应SQL的Update语句
DeleteCommand	删除数据库的Command对象，对应SQL的Delete语句
Fill()	向DataSet中的表填充数据
Update()	将DataSet中的数据提交到数据库

6.3.2　如何填充数据集

使用DataAdapter填充数据集需要4个步骤：

(1)创建数据库连接对象(Connection对象)。

(2)创建从数据库查询数据用的SQL语句。

(3)利用上面创建的SQL语句和Connection对象创建DataAdapter对象。

语法：

```
SqlDataAdapter 对象名 = new SqlDataAdapter(查询用 sql 语句, 数据库连接);
```

(4)调用DataAdapter对象的Fill()方法填充数据集。

语法：

```
DataAdapter 对象. Fill(数据集对象, "数据表名称字符串");
```

在第4步，Fill()方法接收一个数据表名称的字符串参数，如果数据集中原来没有这个数据表，调用Fill()方法后会创建一个新表。如果数据集中原来有这个表，就会将查询的数据添加到该数据表中。

下面我们简单来做个例子，把db_MrCy中餐桌信息表tb_Room中的数据读出来放到数据集中，然后将数据集中tb_Room表的信息输出到控制台中。

第一步，我们在MrCy项目中新建餐桌信息列表窗体frmDesk，为窗体添加两个字段

dataSet(数据集)、dataAdapter(数据适配器),如示例 6.1 所示。

示例 6.1:

```
using System;
using System.Collections.Generic;
using System.ComponentModel;
using System.Data;
using System.Drawing;
using System.Text;
using System.Windows.Forms;
using System.Data.SqlClient;            //引入 SQL Server 数据提供程序命名空间
namespace MrCy
{
    public partial class frmDesk : Form
    {
        private DataSet dataSet = new DataSet();     //声明并初始化 DataSet
        private SqlDataAdapter dataAdapter;          //声明 DataAdapter
        public frmDesk()
        {
            InitializeComponent();
        }
    }
}
```

第二步,修改 MrCy 项目中的 Program.cs 文件,让项目首先运行 frmDesk 窗体。

第三步,我们让窗体加载时就从数据库中读取信息填充 dataSet,然后输出 dataSet 中的数据。因此要处理窗体的 Load 事件,在 Load 事件处理方法中添加以下代码:

示例 6.2:

```
// 窗体加载时填充数据
private void frmDesk_Load(object sender, EventArgs e)
{
    //数据库连接
    SqlConnection conn = BaseClass.DBConn.CyCon();
    // 查询用的 sql 语句
    string deskSql = "SELECT RoomName,RoomJC,RoomBJF,RoomWZ,RoomType from tb_Room order by ID
desc";
    // 初始化 DataAdapter
    dataAdapter = new SqlDataAdapter(deskSql, conn);
    // 填充 DataSet
    dataAdapter.Fill(dataSet, "tb_Room");
    // 输出数据集中 tb_Room 表
    foreach (DataRow row in dataSet.Tables[0].Rows)
    {
        Console.WriteLine("{0}\t{1}\t{2}\t{3}\t{4}", row["RoomName"],
```

```
        row["RoomJC"],row["RoomBJF"], row["RoomWZ"],row["RoomType"]);
    }
}
```

运行程序，就会看到图 6.4 所示的结果。

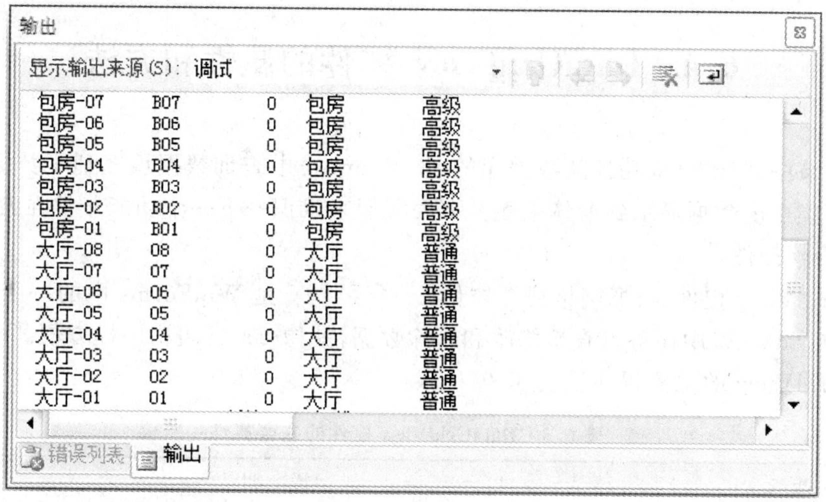

```
输出
显示输出来源(S): 调试
包房-07    B07    0    包房    高级
包房-06    B06    0    包房    高级
包房-05    B05    0    包房    高级
包房-04    B04    0    包房    高级
包房-03    B03    0    包房    高级
包房-02    B02    0    包房    高级
包房-01    B01    0    包房    高级
大厅-08    08     0    大厅    普通
大厅-07    07     0    大厅    普通
大厅-06    06     0    大厅    普通
大厅-05    05     0    大厅    普通
大厅-04    04     0    大厅    普通
大厅-03    03     0    大厅    普通
大厅-02    02     0    大厅    普通
大厅-01    01     0    大厅    普通
错误列表  输出
```

图 6.4　数据集输出结果

我们使用 foreach 语句循环取出数据表中的每一行(DataRow)，因数据集中我们只填充了一个表，所以它在数据表集合中的索引是 0，可以使用 dataSet.Tables[0]找到该表。在输出每一列数据时，我们使用数据行对象["列名"]来取出某行中每一列的数据，如桌名我们用 row["RoomName"]来获取。你看明白了吗?

6.3.3　如何保存修改后的数据

那么怎么把数据集中修改过的数据保存到数据库呢? 这就需要使用 DataAdapter 的 Update()方法。就像我们查询数据需要使用查询命令，更新数据时也需要相关的命令，.NET 为我们提供了一个 SqlCommandBuilder 对象(构造 SQL 命令)，它可以自动生成所需的 SQL 命令。这样，把数据集中修改过的数据保存到数据库，只需要两个步骤:

(1)使用 SqlCommandBuilder 对象生成更新用的相关命令。

语法:

```
SqlCommandBuilder builder = new SqlCommandBuilder(已创建的 DataAdapter 对象);
```

(2)调用 DataAdapter 的 Update()方法。

语法:

```
DataAdapter 对象. update(数据集对象,"数据表名称字符串");
```

比如我们要将刚才创建的 dataSet 中的 tb_Room 表的数据提交给数据库，就可以写成:

```
SqlCommandBuilder builder = new SqlCommandBuilder(dataAdapter);
dataAdapter. update(dataSet, "tb_Room");
```

只要两句话就可以完成任务了，非常方便。

经验：

SqlCommandBuilder 只操作单个表，也就是说，我们在创建 DataAdapter 对象时，使用 SQL 语句只能从一个表里查询数据，不能进行联合查询，不过对我们现在来说，这已经足够了！

6.4 DataGridView 控件的属性和方法

在上一节中，我们已成功地从数据库的 tb_Room 表中查询数据填充到了数据集中，那么怎么把数据集中的数据显示到窗体中呢？下面我们来认识一下一个功能非常强大的控件——DataGridView 控件。

DataGridView 控件（数据网格视图控件）DataGridView 是 WinForms 中的一个很强大的控件，在 DataGridView 中还可以直接修改和删除数据，就像 Excel 表格一样方便。

DataGridView 的主要属性见表 6.3。

表 6.3 DataGridView 控件的主要属性

属 性	说 明
AllowUserToAddRows	是否允许用户添加行
CurrentRow	获取包含当前单元格的行
Columns	DataGridView 包含的列的集合
DataSource	DataGridView 数据源
ReadOnly	是否可以编辑单元格
RowCount	获取或设置 DataGridView 中显示的行数
Rows	获取 DataGridView 中所有行的一个集合

通过 Columns 属性，我们还可以设置 DataGridView 中每一列的属性，包括列的宽度、列的标题文字，是否为只读、是否冻结、对应数据表中的哪一列等，列的主要属性见表 6.4。

表 6.4 列的主要属性

属 性	说 明
DataPropertyName	绑定的数据列的名称
HeaderText	列的标题文字
Visible	指定列是否可见
Frozen	指定列水平滚动 DataGridView 时，列是否移动
ReadOnly	指定单元格是否为只读

6.5　为 DataGridView 控件绑定数据

如何把数据集中的数据利用 DataGridView 控件显示在窗体上呢？其实很简单，只要三步就够了。

1. 添加窗体的控件

我们在 frmDesk 窗体中添加一个 DataGridView 控件和一个“关闭”按钮，如图 6.5 所示。

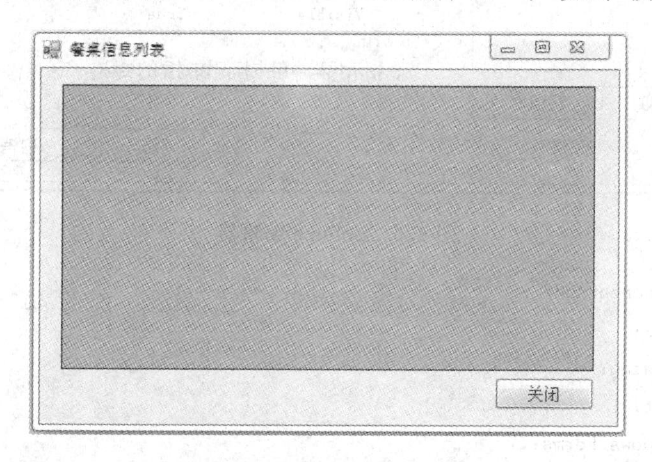

图 6.5　在窗体中添加控件

2. 设置 DataGridView 的属性和列属性

在 DataGridView 按右键，选择“编辑列”，在编辑列窗口添加所需显示的列，在绑定列属性设置 DataPropertyName 为数据库的字段名，如 RoomName，设置 HeaderText 为 DataGridView 表格中显示的列标题名称，如桌台名称。显示的列标题和数据库字段名可以一致，也可以不一致。

经验：

有关主键的处理：

DataGridView 中的 ID 对应数据表的主键 ID，这是每条记录的唯一标识，我们也把它查询出来，为了后面的更新。当后面我们把数据保存到数据库时，查询就会很聪明地通过这个 ID 来找到要修改的记录。但这个 ID 不需要显示在窗体中，所以我们只要把它的 Visible 属性设置为 False。数据库更新是根据主键来查找记录的。

3. 指定 DataGridView 的数据源

只要使用一行代码，设置 DataGridView 的 DataSource 属性就能达到目的。在 frmDesk 窗体的 Load 事件处理方法中，增加一行 dgvDesk. DataSource = dataSet. Tables[" tb_Room"];，指定数据源的代码，frmDesk. cs 的代码如示例 6. 3 所示。

示例 6.3：

```
using System;
using System.Collections.Generic;
```

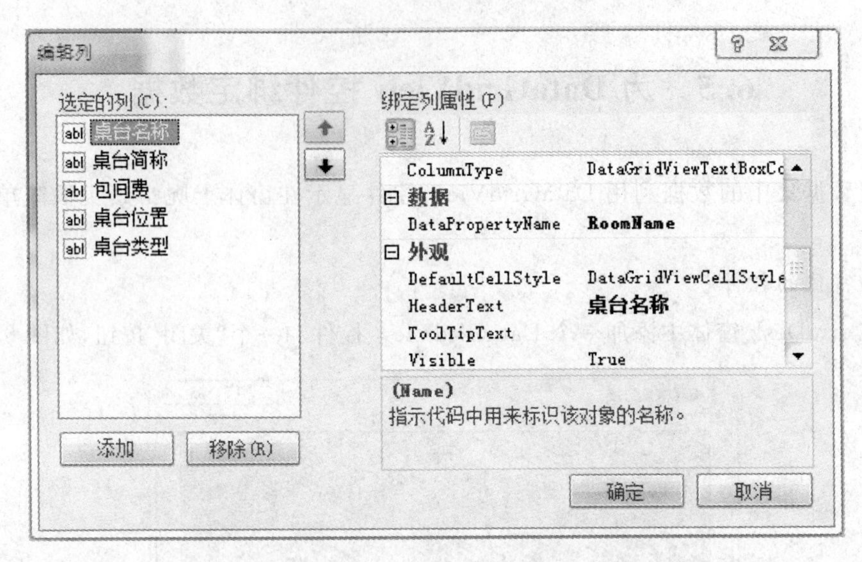

图 6.6 Column 编辑器

```
using System.ComponentModel;
using System.Data;
using System.Drawing;
using System.Text;
using System.Windows.Forms;
using System.Data.SqlClient;            //引入 SQL Server 数据提供程序命名空间
namespace MrCy
{
    public partial class frmDesk : Form
    {
        private DataSet dataSet = new DataSet();    //声明并初始化 DataSet
        private SqlDataAdapter dataAdapter;          //声明 DataAdapter
        public frmDesk()
        {
            InitializeComponent();
        }
        // 窗体加载时填充数据
        private void frmDesk_Load(object sender, EventArgs e)
        {
            //数据库连接
            SqlConnection conn = BaseClass.DBConn.CyCon();
            // 查询用的 sql 语句
            string deskSql = "SELECT RoomName,RoomJC,RoomBJF,RoomWZ,RoomType,ID from tb_Room
              order by ID desc";
            // 初始化 DataAdapter
            dataAdapter = new SqlDataAdapter(deskSql, conn);
            // 填充 DataSet
            dataAdapter.Fill(dataSet, "tb_Room");
```

```
            // 绑定 DataGridView 的数据源
            dgvDesk.DataSource = dataSet.Tables["tb_Room"];
        }
        private void btnClose_Click(object sender, EventArgs e)
        {
            this.Close();
        }
    }
}
```

示例 6.3 运行后的结果如图 6.7 所示。

桌台名称	桌台简称	包间费	桌台位置
包房-07	B07	100	包房
包房-06	B06	100	包房
包房-05	B05	100	包房
包房-04	B04	100	包房
包房-03	B03	100	包房
包房-02	B02	100	包房
包房-01	B01	100	包房

图 6.7　示例 6.3 的运行结果

让 DataGridView 显示数据集中的表的数据，我们只使用了一行代码，是不是很强大？DataGridView 还有很多属性让我们能够控制它的外观，如果感兴趣，就在属性窗口中找一找、改一改，然后看看效果吧。

6.6　在 DataGridView 中插入、更新和删除记录

问题：

上一节我们已经在 DataGridView 显示了数据，这些单元格都是直接可以编辑的，那么怎么把修改后的数据保存到数据库中呢？

这个任务当然还需要 DataAdapter 对象来完成。还记得 DataAdapter 对象 Update()方法吗？它就是用来把数据集中修改过的数据提交给数据库的。我们分两步来解决这个问题。

6.6.1 更新已修改的记录

1. 增加"更新"按钮

在"关闭"按钮前添加一个"更新"按钮。设置这个新按钮的 Name 属性为 btnUpdate，设置它的 Text 属性为"更新"。

2. 编写事件处理方法

双击"更新"按钮，生成 Click 事件处理方法，编写方法的代码如示例 6.4 所示。

示例 6.4：

```
// 单击"更新"按钮时，将数据集的更改提交到数据库
private void btnUpdate_Click(object sender, EventArgs e)
{
    DialogResult result = MessageBox.Show("确实要将修改保存到数据库吗?", "操作提示", MessageBoxButtons.OKCancel, MessageBoxIcon.Question);
    if (result == DialogResult.OK)
    {
        //自动生成用于 Command 命令
        SqlCommandBuilder builder = new SqlCommandBuilder(dataAdapter);
        //将数据集 tb_Room 表的数据提交给数据库更新
        dataAdapter.Update(dataSet, "tb_Room");
    }
}
```

为了防止误更新，在更新前弹出了一个对话框让用户确认，这也是一个好的编程习惯。

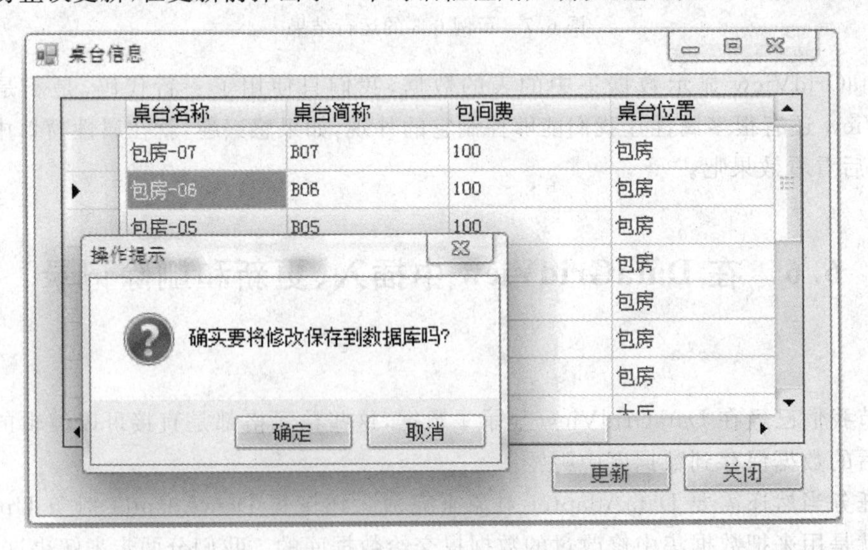

图 6.8　示例 6.4 的运行结果

把修改后的数据保存到数据库，我们只用了两行代码，自动生成更新用的命令，调用 DataAdapter 对象的 Update()方法。

6.6.2　插入记录

1. 追加记录

在最后一行追加记录，很简单，只要在表格的最后带 * 的行中，输入数据，直接按“更新”按钮即可完成。

2. 插入记录

那么如果要在记录中间插入一行，该怎么处理？因为前面我们已经将 DataGridView 和数据集中的 tb_Room 表绑定了，所以不能直接增加 DataGridView 的行，否则会产生错误的。那怎么才能增加一行记录呢，来看下面的代码。

示例 6.5：

```
DataRow row = dataSet.Tables["tb_Room"].NewRow();//新建一行
row["RoomName"] = "";
dataSet.Tables["tb_Room"].Rows.InsertAt(row, dgvDesk.CurrentRow.Index); //插入一行
object[] aValues = {""};
dataSet.Tables["tb_Room"].LoadDataRow(aValues, false); //接受要插入值的数组
```

是从数据集的数据表中增加一行，由于绑定的作用，DataGridView 自然就增加一行了！要保存到数据库，按一下“更新”按钮即可。

6.6.3　删除现有行

在窗体中添加一个按钮，设置这个新按钮的 Name 属性为 btnDelete，设置它的 Text 属性为“删除”。

在当前窗体的构造函数中添加如下代码。

```
this.dgvDesk.AllowUserToDeleteRows = true;
```

该属性表示 DataGridView 允许用户删除行。双击“删除”按钮，添加如下代码。

```
foreach (DataGridViewRow r in dgvDesk.SelectedRows)
{
    dgvDesk.Rows.Remove(r);
}
```

其中的参数 r 表示选中的行，通过 Remove()方法将该行删除。但该方法只是删除 DataGridView 控件中的记录，要删除数据库中的记录，还需要按一下“更新”按钮，将删除的记录更新到数据库，也就完成删除数据库记录的功能了。

6.6.4　直接用 SQL 语句插入、删除、更新

上面的例子是通过 DataGridView 控件与 dataSet 直接绑定来操作数据库，在实际编程中我们还可以使用 SQL 语句来实现插入、删除、更新功能，然后通过 dataSet 来刷新 DataGridView 控件的数据。详见示例 6.6。

示例 6.6：

```
//查询数据,显示在 DataGridView 控件中
private void BindData()
{
    SqlConnection conn = BaseClass.DBConn.CyCon();
    SqlDataAdapter sda = new SqlDataAdapter("select RoomName,RoomJC,RoomBJF,RoomWZ,RoomType,ID
from tb_Room order by ID desc", conn);
    DataSet ds = new DataSet();
    sda.Fill(ds);
    dgvDesk.DataSource = ds.Tables["tb_Room"];
}
// 单击"增加"按钮时,直接将 DataGridView 控件中的数据更改或增加到数据库,然后调用 BindData()
方法,刷新 DataGridView 控件内的数据
private void btnInsert_Click(object sender, EventArgs e)
{
    string rName = dgvDesk.SelectedCells[0].Value.ToString(); //桌台名称
    string rJC = dgvDesk.SelectedCells[1].Value.ToString();   //桌台简称
    string rBJF = dgvDesk.SelectedCells[2].Value.ToString(); //桌台包间费
    string rWZ = dgvDesk.SelectedCells[3].Value.ToString();   //桌台位置
    string rType = dgvDesk.SelectedCells[4].Value.ToString();//桌台类型
    string rID = dgvDesk.SelectedCells[5].Value.ToString();   //桌台 ID
    SqlConnection conn = BaseClass.DBConn.CyCon();
    conn.Open();
    SqlCommand cmd = new SqlCommand("select count( * ) from tb_Room where ID ='" + rID + "'",conn);
    int i = Convert.ToInt32(cmd.ExecuteScalar());
    if (i > 0)
    //该编号的桌台已经存在,则更新
    {
        cmd = new SqlCommand(" update tb_Room set RoomName ='" + rName + "', RoomJC ='" + rJC + "',
RoomBJF ='" + rBJF.Text + "', RoomWZ ='" + rWZ + "', RoomType ='" + rType +    "' where ID ='" + rID + "'",
conn);
        cmd.ExecuteNonQuery();
        conn.Close();
        BindData();//刷新窗口
    }
    else
    {       //该编号的桌台已经不存在,则增加
        cmd = new SqlCommand(" insert into tb_Room(RoomName, RoomJC, RoomBJF, RoomWZ, RoomType)
values('" + rName + "','" + rJC + "','" + rBJF + "','" + rWZ + "','" + rType + "')", conn);
        cmd.ExecuteNonQuery();
        conn.Close();
        BindData();
    }
```

```
}
//直接删除数据库中的数据,然后调用 BindData()方法,刷新 DataGridView 控件内的数据
private void btnDelete_Click(object sender, EventArgs e)
{
    SqlConnection conn = BaseClass.DBConn.CyCon();
    conn.Open();
    SqlCommand cmd = new SqlCommand("delete from tb_Room where ID ='" + rID + "'", conn);
    cmd.ExecuteNonQuery();
    conn.Close();
    BindData();
}
```

6.7　定制 DataGridView 的界面

在上面的桌台信息显示中,包间费是数值型的,我们希望自动添加小数点后两位,怎么来设置呢?打开编辑列,如图 6.9 所示。

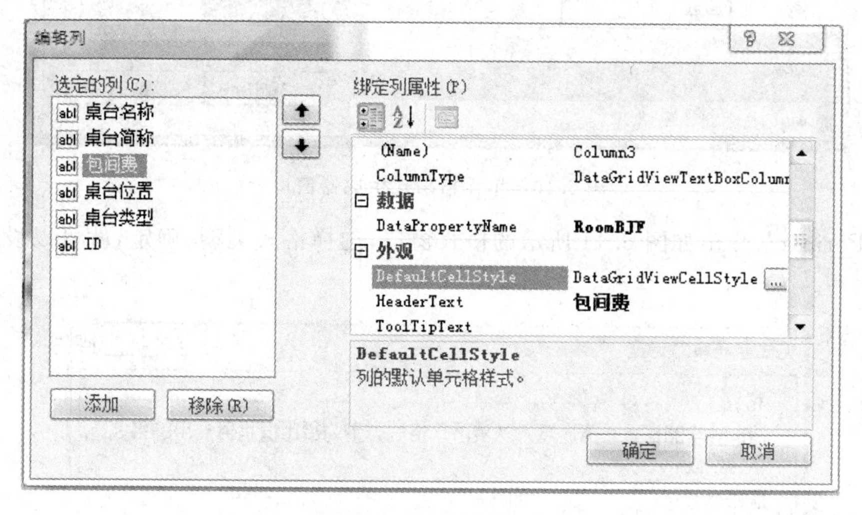

图 6.9　编辑列窗口

选中需要设置的列"包间费",在右边的绑定列属性窗口点击"DefaultCellStyle"属性,点击按钮,弹出如图 6.10 所示的单元格格式生成器窗口。

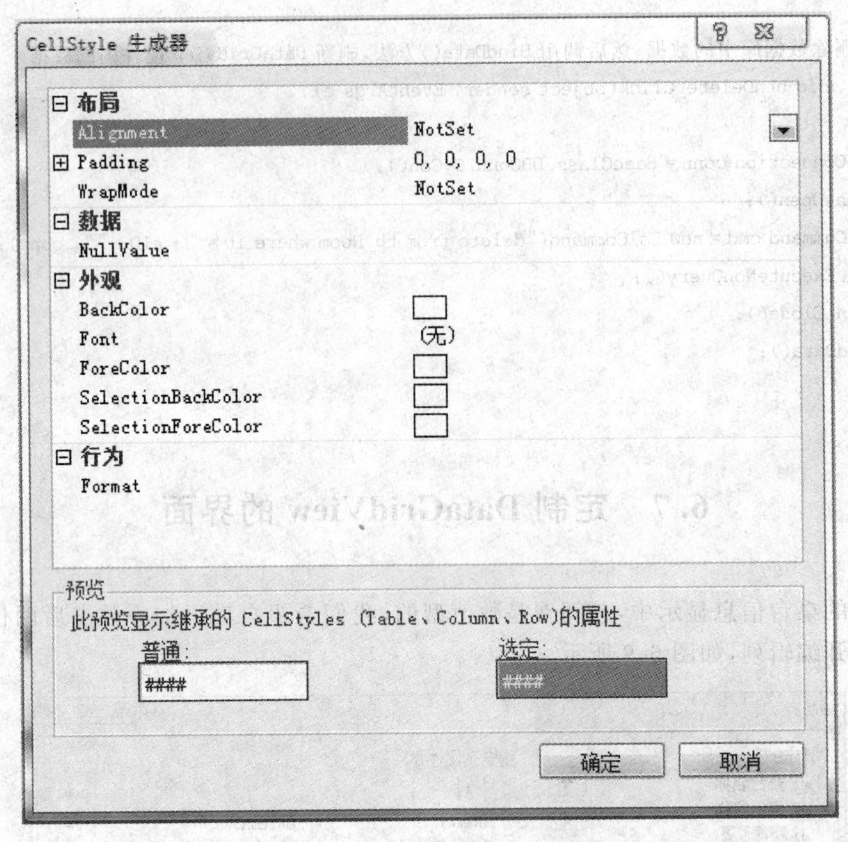

图 6.10　单元格格式生成器窗口

选择“Format”，弹出如图 6.11 所示的格式窗口，选择格式类型，确定，就可以设置列的显示格式了。

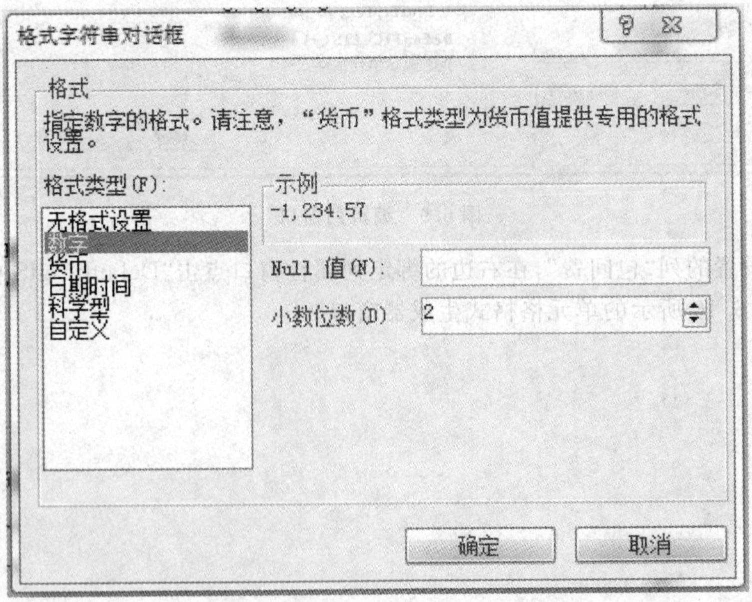

图 6.11　格式选择串口

当然我们也可以设置其他类型的格式，如日期类型。

6.8　本章知识梳理

ADO. NET 为我们提供了一个功能非常强大的操作数据库的方式。在这里我们学习了好几种对象和方法，现在我们来总结一下它们之间的关系，如图 6.12 所示。

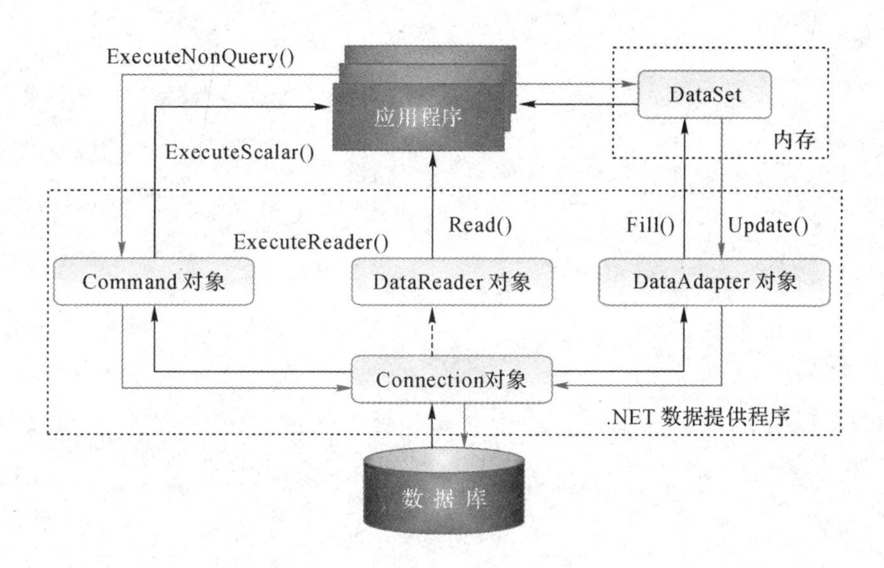

图 6.12　ADO. NET 小结

- ADO. NET 由两部分组成：. NET 数据提供程序和数据集(DataSet)。
- . NET 数据提供程序包括 4 个核心对象：
- Connection 对象，用来建立数据库的连接；
- Command 对象，用来对数据库执行 SQL 语句；
- DataReader 对象，用来从数据库中获取只读、只进数据；
- DataAdapter 对象，是数据集和数据库之间的桥梁，用来将数据填充到数据集，并将数据集修改后的数据保存到数据库。
- . NET 数据提供程序与数据库的类型有关，不同类型的数据库使用不同命名空间的数据提供程序。
- 数据集(DataSet)是一个临时存储数据的地方，位于客户端的内存中。它不和数据库直接打交道，而是通过 DataAdapter 对象和数据库联系。
- 应用程序操作数据库的数据有两种方式：
- 直接对数据库执行命令。要查询单个值，使用 Command 对象的 ExecuteScalar()方法；如果要查询多个值，使用 Command 对象的 ExecuteReader()方法，它返回一个 DataReader 对象，利用 DataReader 对象的 Read()方法可以每次读出一条记录；如果要对数据进行修改，使用 Command 对象的 ExecuteNonQuery()方法，它返回受影响的记录条数。
- 利用数据集(DataSet)间接操作数据库。通过 DataAdapter 对象的 Fill()方法把需要的数据一次性放在 DataSet 中。如果对数据集的数据进行了修改，要把修改后的数据保存到数据库,需要使用 DataAdapter 对象 Update()方法。

● DataGridView 控件的主要属性有:DataSource 属性,设置 DataGridView 数据源;其中的列属性 DataPropertyName 用于指定绑定的数据表的字段名;列属性 HeaderText 用于指定 DataGridView 显示列的标题文字。

第 7 章　调试、异常处理和测试

【本章工作任务】

- 使用 VS. NET2008 中提供的调试器对代码进行调试
- 在程序中加入异常处理代码，使程序更健壮
- 使用 VSTS 编写单元测试以发现程序的缺陷

【本章技能目标】

- 了解程序的调试过程
- 会使用异常处理捕获程序异常
- 会使用 VSTS 进行单元测试

7.1　调试简介

7.1.1　调试过程

开发出应用程序后，必须先确保其没有错误并且安全可靠，然后才能将其交付给用户。也就是说，在确定应用程序可以发布之前，必须先彻底检查该应用程序是否存在错误，并且应纠正遇到的任何错误。其实，任何实际的应用软件都不能保证完全没有错误，但是程序员要保证尽力发现软件存在的错误并修正这些错误。搜寻和消除错误的过程称为调试。调试过程是一个程序员最重要的工作之一。

程序开发过程中，一般有以下几种错误：

- 语法错误

语法错误是编码过程中遇到的最明显的一类错误。程序员在编写代码的过程中不遵循语言规则时，就会产生语法错误。例如，在 C# 代码中要求每行代码的末尾都以分号结束，漏掉分号在编译的时候就通不过，这就是语法错误。

- 运行时错误

当应用程序试图执行无法实施的操作时，就会产生运行时错误。此类错误发生在运行时。在程序运行过程中要拿一个变量作除数，然而这个时候变量的值是 0，这种情况就会产生运行时错误。

- 逻辑错误

逻辑错误指编译器不会直接指出的错误，语法可能是对的，程序也不会因为异常而终止，但代码或许不会显示所需的输出结果。例如编程人员错误地把加号写成了减号，程序不会报

告错误，但是得出的数字确实是错误的。此类错误仅出现在运行时，通常是由于编程人员的观念本身不正确造成的，也是最难发现的程序错误。检测此类错误的唯一方式是使用一些工具来测试应用程序，以确保其提供的输出结果为预期结果。

7.1.2 VS.NET2008 中的调试工具

在 VS.NET2008 中提供了调试器，以便程序员调试使用.NET 支持的任意一种语言编写的代码。它为程序员提供了计算变量的值和编辑变量、暂挂或暂停程序执行、查看寄存器的内容以及查看应用程序所耗内存空间的工具等。VS.NET2008 调试器有多个窗口，用以监控程序执行。其中可在调试过程中使用的部分对话框包括。

- “局部变量”窗口
- “监视”窗口
- “快速监视”窗口

在使用这些窗口以前，需要先设置断点，以便在特定执行处暂停执行。断点告知调试器，程序进入中断模式，处于暂停状态。VS.NET2008 中的许多调试器功能都只能在中断模式下调用。通过这些功能，程序员可以检查变量的值，如果需要还可以更改变量的值，也可以检查其他数据。

在 VS.NET2008 中设置断点的步骤如下：

(1) 右击所需代码行，以设置断点。此时会弹出其快捷菜单，如下图 7.1 所示：

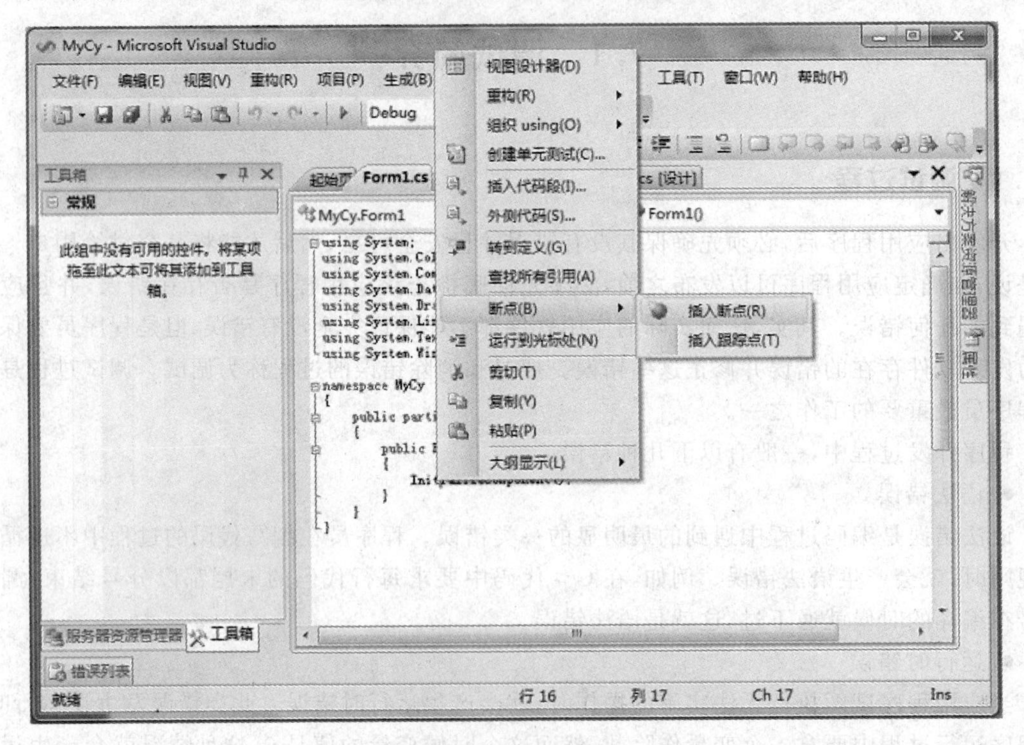

图 7.1 断点设置图

(2) 选择“插入断点”，设置断点所在的代码行由代码旁的彩色点指示，且整行均为高亮显示，如下图 7.2 所示：

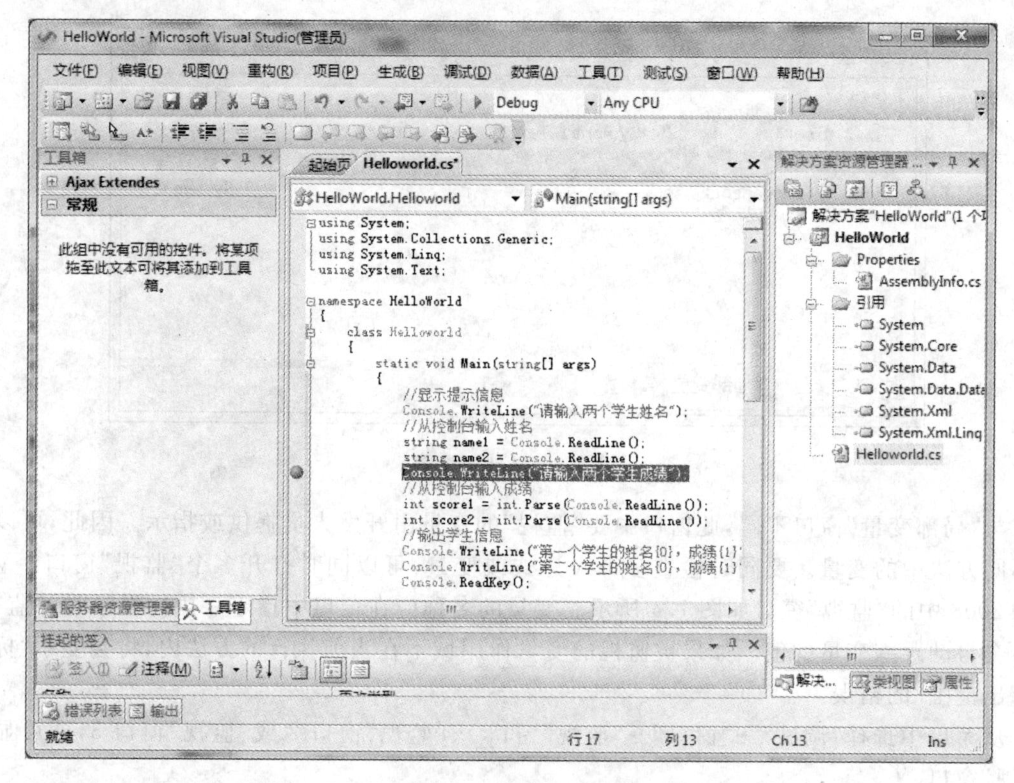

图 7.2　断点设置效果

图 7.2 所示为在不同的代码行设置有断点的程序示例的代码窗口，遇到断点时，程序会在设置断点所在的代码行停止。在图 7.2 中，控制权位于第一个断点，代码旁的黄色箭头和黄色高亮显示便可表明这一点。要继续执行程序，请从菜单中选择“调试”→“继续”(也可按快捷键 F5)。如果设置有更多断点，程序执行将在每个断点处再次停止，选择“调试”→“继续”后将会继续。

提示：

F9 键是插入断点的快捷键。

下面逐一介绍这些窗口及使用方法。

- “局部变量”窗口

“局部变量”对话框显示局部变量中的值。它只列出当前作用域(即正在执行的方法)内的变量并跟踪它们的值。控制权一旦转到类中的其他方法，系统就会从“局部变量”窗口中清除列出的变量，并显示当前方法的变量。

调试应用程序时，从菜单中选择“调试”→“窗口”→“局部变量”，即可显示“局部变量”窗口。如图 7.3 所示：

“局部变量”窗口包含 3 列信息：“名称”列显示变量的名称，“值”列显示变量的值，“类型”列显示变量的类型。当程序执行从一个方法转向另一个方法时，“局部变量”窗口中显示的变量也会改变，从而只显示局部变量。可以为“值”列下的字符串和数值变量键入新值，当值被更改后，新值将显示为红色。程序将使用这个变量的新值。

- “监视”窗口

“监视”窗口用于计算变量和表达式的值，并通过程序跟踪它们的值，也可以编辑变量的

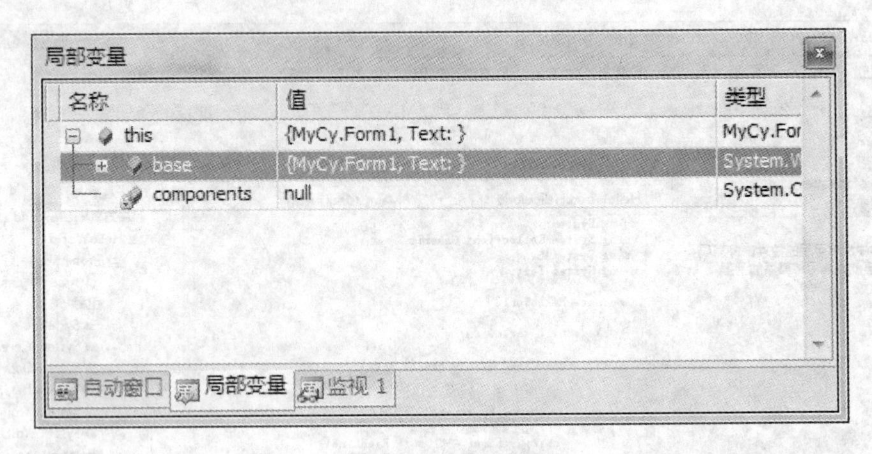

图 7.3　局部变量图

值。与“局部变量”窗口不同，此窗口中要“监视”的变量由开发人员提供或指示。因此，可以指定不同方法中的变量。要同时检查多个表达式或变量，可以同时打开多个“监视”窗口。VS.NET2008 中的“监视”窗口如图 7.4 所示。变量的名称应在窗口中指定。执行程序时，“监视”窗口会自动跟踪变量的值。如果被监视的变量作用域不在当前执行的方法内，将会显示“标识符超出范围”的错误。

从菜单中选择“调试”→“窗口”→“监视”窗口 1、“监视”窗口 2 或“监视”窗口 3，即可显示“监视”窗口。

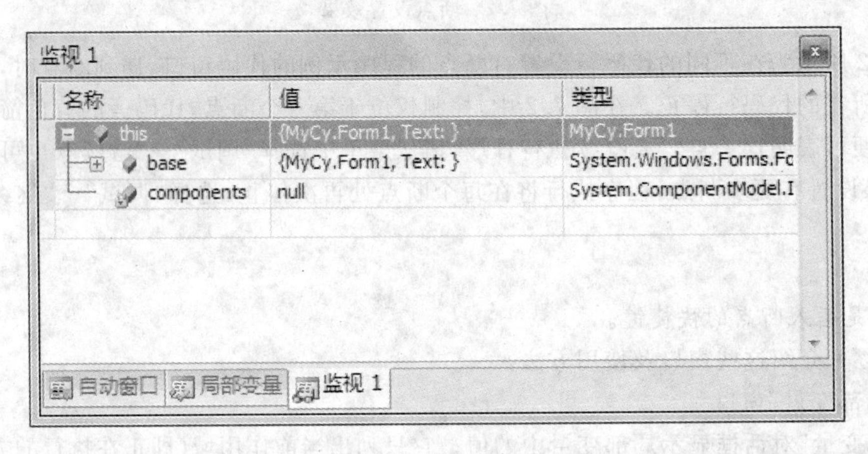

图 7.4　“监视”窗口

● “快速监视”窗口

“快速监视”窗口可用于快速计算变量或表达式的值。通过此窗口还可以修改变量的值。图 7.5 所示为“快速监视”窗口。此窗口每次只能用来显示一个变量的值。此外，此窗口实际为模式窗口。也就是说，它不能用来在执行过程中跟踪变量的值。要继续执行代码，必须关闭此窗口。要跟踪变量的值，可以单击“添加监视”按钮，将变量添加到“监视”对话框中。用右键单击变量并选择“快速监视”，即可显示“快速监视”窗口。

图 7.5　查看快速监视

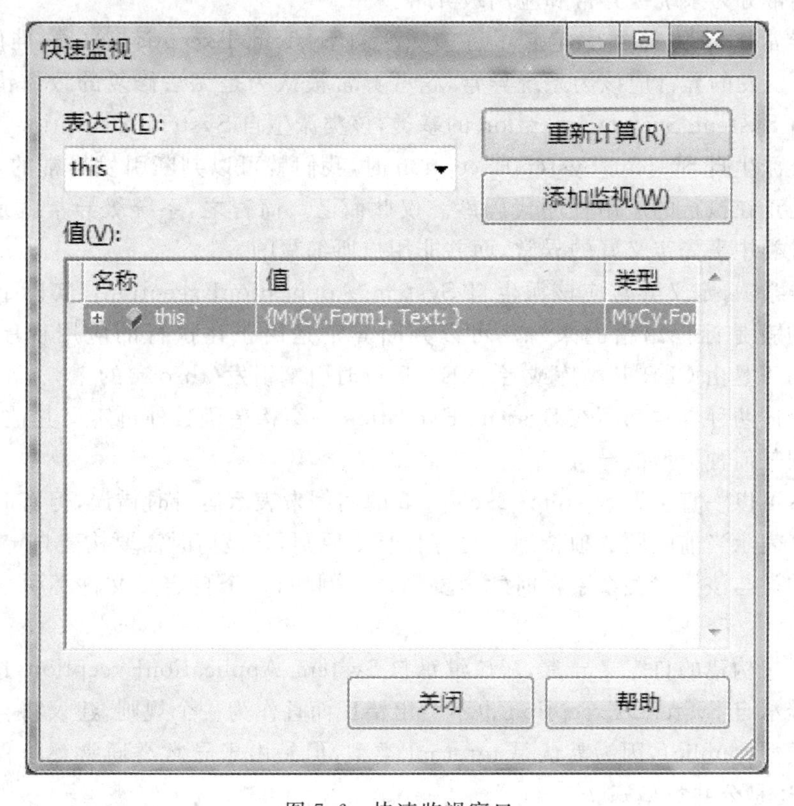

图 7.6　快速监视窗口

7.2 为什么需要异常处理

一个性能良好、运行稳健的应用系统允许异常发生，当异常发生时候能够自动处理、避免系统终止运行。那么怎样才能开发一个性能良好的应用系统呢？首先要预知可能发生的特殊情况，并在程序编码中处理这些特殊情况。

.NET 结构化异常处理是一项适合处理运行时异常的技术。它提供了一种标准的技术来发送和捕获运行时错误，这就是结构化异常处理(SEH)。

C#提供了大量捕捉和处理异常的方法，开发人员需要在C#应用程序的程序代码中编写异常处理代码。例如当程序遇到除以0或运行超出内存等异常情况时，就会引发异常，引发异常后，当前函数将停止执行，转而搜索异常处理程序，如果当前运行的函数不处理异常，则当前函数将终止，而调用函数将获得机会处理异常。如果没有任何函数处理异常，则 CLR 将调用自身默认异常处理程序来处理异常，同时程序也将被终止。

7.3 什么是异常处理

.NET 异常分为系统级异常和应用级异常。

系统级异常：.NET 基类库定义了许多派生自 System.Exception 的类，准确地说，这些由.NET 平台引发的异常应该为系统异常，这些异常被认为是无法修复的致命错误。系统异常直接派生自 System.SystemException 的基类，该类派生自 System.Exception。其作用就是当一个异常类派生自 System.SystemException 时，我们就可以判断引发异常的实体是.NET 运行库而不是正在执行的应用程序代码库。仅此而已。简言之，系统级异常就是.NET 平台(CLR)的各种类中事先定义好的异常，而并非用户所编写的。

应用级异常：自定义异常应该派生自 System.ApplicationException。实际上应用程序级异常唯一目的就是标识出错的来源。可以判断异常是由正在执行的应用程序代码库引发(throw)的，而不是由 CLR 基类库或者.NET 运行时引擎引发(throw)的。

实际上上述两种异常都不在 System.Exception 一组构造函数外再定义其他任何成员，仅仅是为了区别是何种类型的异常。

用户当然可以一直引发 System.Exception 的实例来表示运行时错误，但有时候构建一个强类型异常来表示当前问题的独特细节更好！有个原则，就是何时需要构建自定义异常：仅需在出现错误的类与该错误关系紧密时才需要创建。例如，一个自定义文件类引发许多文件相关错误。

对于用户想构建的自定义异常，建议继承自 System.ApplicationException，这是一个最佳实践，当然，继承自 System.Exception 也不会出错！而且作为一个规则，建议将自定义异常类声明为公共类型(public)，因为默认是 internal 类型，但是由于异常类通常都跨程序集边界进行传递，所以还是公共类型好。

之后，应该重写父类的属性和方法即可。

一个严格规范的自定义异常类，要确保类遵循.NET 异常处理的最佳实践，需要：

- 继承自 Exception/ApplicationException 类；
- 有[System. Seralizable]特性标记；
- 定义一个默认构造函数；
- 定义一个设定继承的 message 属性的构造函数；
- 定义一个处理“内部异常”的构造函数；
- 定义一个处理类型序列化的构造函数。

这样一个规范，还好 VS. NET 平台提供了代码片段模板，它能自动生成遵循上述最佳实践的异常类，在需要建立的地方单击右键→插入代码段→Visual C#→Exception，就可以啦。

. NET 异常处理有四个要素：

(1)一个表示异常详细信息的类类型：比如基类 System. Exception 类或者自定义的类。

(2)一个向调用者引发异常类实例的成员：也就是一个产生 throw 语句的地方，那么如何知道异常类中哪些成员有哪些可能的引发异常呢？可以通过 SDK 文档来查询一个方法，那里会列出这个方法可能引发的异常，另外，在 VS. NET 平台中，通过悬停鼠标于某个方法，也可以提示这个成员可能引发的异常，如下图 7.7 所示，它就表示，在执行 ReadLind 方法时，有可能抛出三种异常。

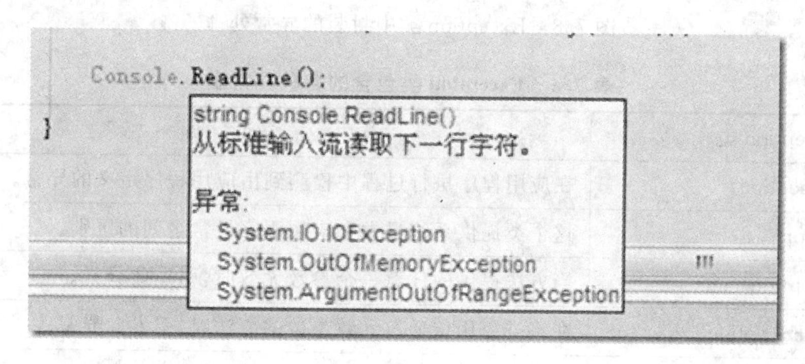

图 7.7 ReadLind 可能的三种异常

(3)调用者的一段调用异常成员的代码块：也就是有可能出错的普通代码，如 int a=int. parse(console. writeline())；

(4)调用者的一段处理(或捕获)将要发生异常的代码块：try/catch 块。

所有的用户定义和系统定义的异常最终都继承自 system. exception 基类(当然，它又继承自 object)。它具有多个构造函数，可重写的方法和属性。它的属性如 TatgetSite、StackTrace、HelpLink、Data 在获取异常详细信息时很有用！

7.3.1 Exception 类

Exception 类为我们提供了大量的捕获、处理异常的方法。Exception 类中封装的异常处理有两种，如下图 7.8 所示：

(1) 一种是由用户程序执行引发的异常，派生于 ApplicationException 类。

(2) 另一种是由公共语言运行库引发的异常，派生于 SystemException 类。

Exception 类是所有异常的基类。出现错误时，系统或当前执行的应用程序通过引发包含有关该错误信息的异常来报告错误。引发异常后，应用程序或默认异常处理程序将处理异常。Exception 类包含的各种异常见表 7.1：

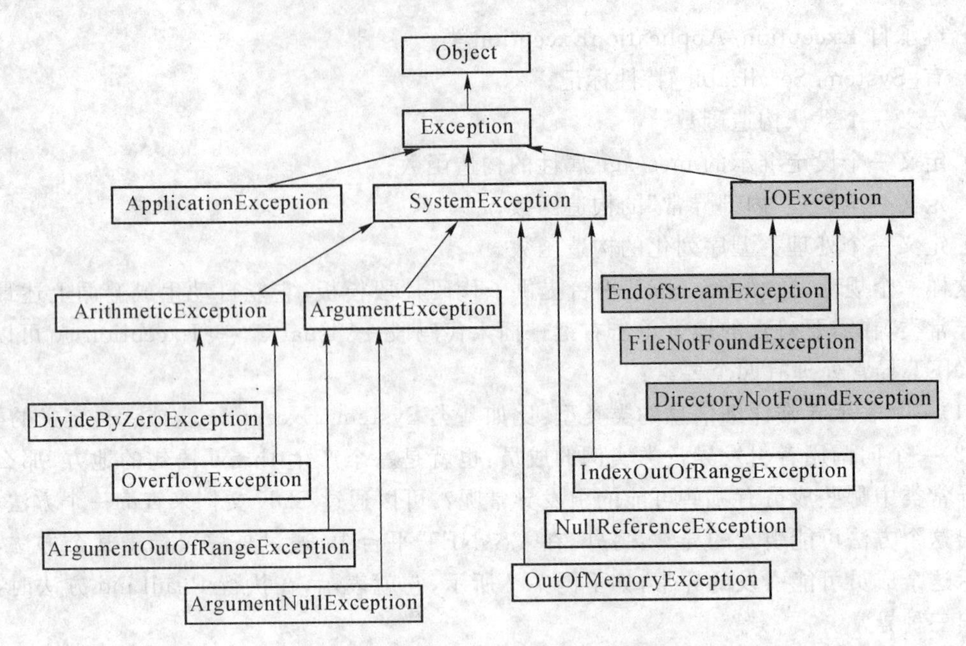

图 7.8 Exception 类中封装的异常处理

表 7.1 Exception 类包含的各种异常表

Exception 类	说　明
ApplicationException	在应用程序执行过程中检测到由应用程序定义的异常。
SystemException	这个类提供系统异常和应用程序异常之间的区别。
ArgumentException	当方法提供的任意一个参数无效时，引发此异常。
ArgumentNullException	在将空引用传递给无效参数的方法时，引发此异常。
ArithmeticException	由算术运算导致的错误，引发此异常。
DataException	如果在使用 ADO.NET 组件时生成错误，引发此异常。
DivideByZeroException	当试图用某个数除以零时，引发此异常。
FormatException	当参数的格式不符合被调用方法的参数规范时，引发此异常。
IOException	当出现 I/O 错误时，引发此异常。
IndexOutOfRangeException	当试图使用数组边界外的索引来访问数组元素时，引发此异常。
OverflowException	当算术运算的结果过大而无法由目标类型表示时，引发此异常。
TargetException	当试图调用无效目标时，引发此异常。

在引发异常后，获得异常的详细信息有助于我们查找异常的来源，并排除异常。我们如何才能获得异常的详细信息呢？我们需要掌握异常类的部分属性，如表 7.2 所示：

表 7.2　异常类的部分属性表

属　性	说　明
Message	提供引起异常的详细信息。
Source	此属性表示导致异常发生的应用程序或对象的名称
StackTrace	此属性提供在堆栈上所调用的方法的详细信息，并首先显示最近调用的方法。
InnerException	对内部异常的调用，如果此异常基于前一个异常，则内部异常指最初发生的异常。

7.3.2　Try 和 catch 块

如何处理或者捕获这个可能的异常呢，应该使用 try/catch 块，一旦捕获到异常对象，将能够调用捕获到的异常类的成员来释放问题的详细信息。

示例 7.1：

```
try()
{
    accelerate(10);
}
catch(exception e) //捕获 accelerate 方法有可能抛出的异常
{
    Console.writeline(e.message);
}
finally
{

}
```

其中 try 是执行过程中可能引发异常的声明的一部分。如这里应该调用 accelerate()方法写在这里。

如果没有在 try 中触发任何异常，相应 catch 块就被直接略过。如果 try 中的代码触发了异常，try 的剩余代码将不被执行，程序立刻流入相应的 catch 块，catch 块可以有多个，用于捕获不同类型的异常，是否能进入某个 catch 块，取决于捕获的异常是否与这个 catch 后面声明的异常类一致(或为它的父类)。记住，只能进入到第一个匹配的 catch 块，因此，应该将特定的异常放在前面，将通用的或者范围更广的放在后面哦！如果捕获到异常，但是没有相应 catch 块匹配，则运行时错误将中断程序，并弹出错误框哦，这将非常妨碍最终用户使用我们的程序。如下图 7.9 所示：

当然，在调试时，弹出框可以让我们判断错误的详细信息，点击查看详细信息，可以查看这个异常对象的所有信息，如下图 7.10 所示：

另外，也支持通用的 catch 语句，它不显示接收由指定成员引发的异常对象，也就是无需后面的(exception e)，但这不是推荐方式，因为无法输出异常的信息，仅仅是在 try 捕获异常后，执行一些异常处理的普通代码。

7.3.3　使用 throw 引发异常

可以在 catch 中向之前的调用者再次引发一个异常，仅仅需要在这个块中使用 throw 关

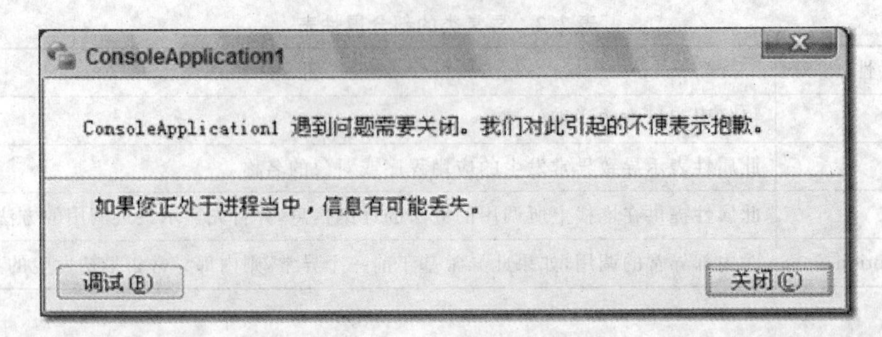

图 7.9　程序弹出错误框

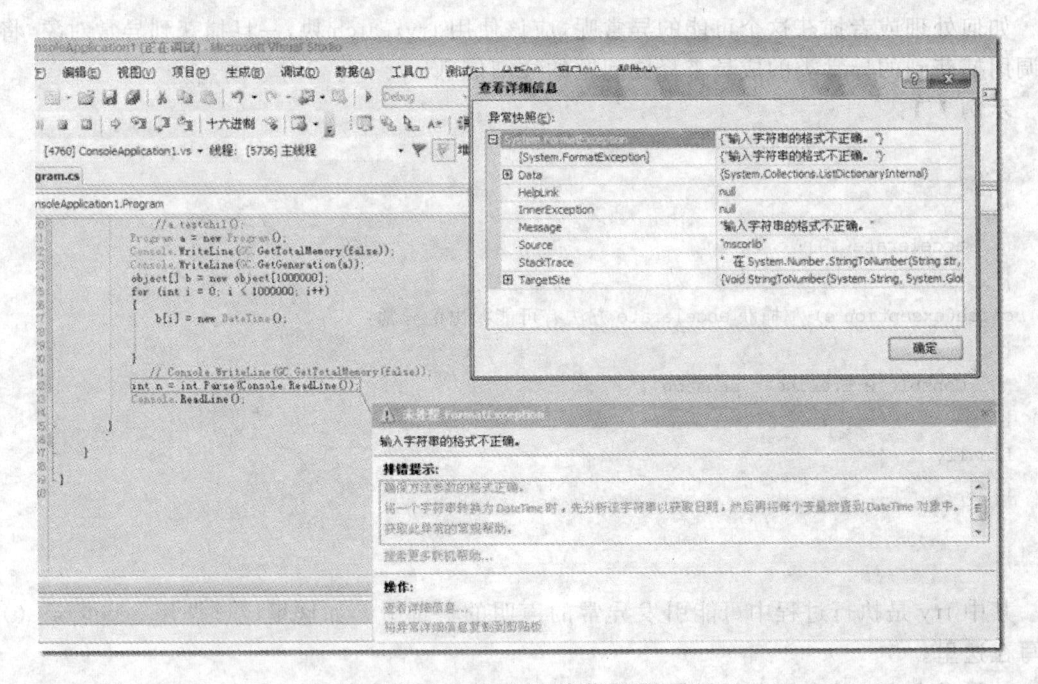

图 7.10　查看异常信息图

键字就行了，它通过调用逻辑链传递异常，这在 catch 块只能处理即将发生的部分错误的时候很有用：

```
try
{

}
catch(CarIsDeadexception e)
{
    //执行一些处理此错误的操作并传递异常
    throw;
}
```

当然，这里没有显示重新抛出 CarIsDeadexception 对象，而是使用了不带参数的 throw 关键字，这样可以保留原始对象的上下文。

注：无参的 throw 只能在 catch 中，它将把当前 catch 块所捕获的异常进行抛出，应该在这个 try/catch 外，再用 try/catch 来捕获此异常，否则将会交给 CLR 来捕获，这并不是一个推荐的方式。

7.3.4 使用 finally

除 try…catch 块外，C# 还提供了一个可选用的 finally 块。不管控制流如何，都会执行此块中的语句。也就是说，无论是否引发异常，都会执行 finally 块中的代码。如果已经引发异常，则 finally 块中的代码将在 catch 块中的代码后执行。如果尚未引发异常，则将直接执行 finally 块中的代码。try…catch…finally 块的代码如下片段所示：

语法：

```
try
{

}
catch()
{
    //执行一些处理此错误的操作并传递异常
}
finally
{

}
```

提示：

在 finally 块中，不允许使用 return 或 goto 关键字。

7.3.5 多重 catch 块

catch 块捕获 try 块引发的异常，有时候一个 try 可能需要多个 catch 块，因为每个 catch 块只能有一个异常类。如果需要在 try 块中捕获多个异常，则程序必须具有多个 catch 块，这在 C# 中是允许的。多重 catch 块的语法如以下代码片段所示：

示例 7.2：

```
try
{

}
catch(IOException e)
{
    //执行一些处理此错误的操作并传递异常
}
catch(OutOfMemeoryExceptionce)
{
    //执行一些处理此错误的操作并传递异常
```

}

异常处理的编码标准：

- 请勿将 try/catch 块用于流程控制
- 用户只能处理 catch 异常
- 不得声明空 catch 块
- 避免在 catch 内嵌套 try/catch
- 只有使用 finally 块才能从 try 语句中释放资源

7.4　为什么需要单元测试

我们在编写代码时使用异常处理是为了处理程序运行时发生的错误。这时我们一定会反复调试保证它们能够通过编译。但代码通过编译只是说明了它的语法正确；却无法保证它的语义也一定正确，没任何人可以轻易承诺这段代码的行为一定是正确的。

如何才能保证我们编写的代码语法和语义同时都正确呢？我们可以进行单元测试。单元测试时确保软件质量的具体操作方法。

7.5　什么是单元测试

单元测试（模块测试）是开发者编写的一小段代码，用于检验被测代码的一个很小的、很明确的功能是否正确。通常而言，一个单元测试是用于判断某个特定条件（或者场景）下某个特定函数的行为。

单元测试是由程序员自己来完成，最终受益的也是程序员自己。可以这么说，程序员有责任编写功能代码，同时也就有责任为自己的代码编写单元测试。执行单元测试，就是为了证明这段代码的行为和我们期望的一致。

工厂在组装一台电视机之前，会对每个元件都进行测试，这就是单元测试。

其实我们每天都在做单元测试。你写了一个函数，除了极简单的外，总是要执行一下，看看功能是否正常，有时还要想办法输出些数据，如弹出信息窗口什么的，这也是单元测试，把这种单元测试称为临时单元测试。只进行了临时单元测试的软件，针对代码的测试很不完整，代码覆盖率要超过 70%都很困难，未覆盖的代码可能遗留大量的细小的错误，这些错误还会互相影响，当 BUG 暴露出来的时候难于调试，大幅度提高后期测试和维护成本，也降低了开发商的竞争力。可以说，进行充分的单元测试，是提高软件质量，降低开发成本的必由之路。

对于程序员来说，如果养成了对自己写的代码进行单元测试的习惯，不但可以写出高质量的代码，而且还能提高编程水平。

要进行充分的单元测试，应专门编写测试代码，并与产品代码隔离。比较简单的办法是为产品工程建立对应的测试工程，为每个类建立对应的测试类，为每个函数（很简单的除外）建立测试函数。

7.6　什么是 VSTS 单元测试

Team 版的 VS2008 里面包含了完整的 Test 功能，具体有：UnitTest、WebTest 和 LoadTest 这一整套的测试基本涵盖了软件开发会使用到的测试功能。

Microsoft 的开发平台 VSTS(Visual Studio Team System) 集成了单元测试框架(Team Test)，即：

VSTS 单元测试。它支持：

(1)生成测试代码框架；

(2)在 IDE 中运行测试；

(3)支持从数据库中加载数据的测试；

(4)测试运行完成后，进行代码分析覆盖。

7.7　如何使用 VSTS 写单元测试

我们从一个简单的示例开始学习 VSTS 的单元测试。如何使用 VSTS 写单元测试呢？我们先将使用 VSTS 写单元测试的基本步骤归纳如下：

- 创建测试。
- 编写测试。
- 运行测试。

7.7.1　创建测试

(1)实例：创建 VC＃模式下的 Windows 应用程序，工程名为 CUnitTest。

(2)在解决方案中添加一个 Operation 类，并在该类中输入简单的加、减、乘、除函数代码，代码如下所示：

示例 7.3：

```
using System;
using System.Collections.Generic;
using System.Linq;
using System.Text;

namespace CUnitTest
{
    class Operation
    {
        public int Add(int a, int b)
        {
            return a + b;
```

```
        }
        public int Dec(int a, int b)
        {
            return a - b;
        }
        public int Mul(int a, int b)
        {
            return a * b;
        }
        public int Div(int a, int b)
        {
            return a / b;
        }
    }
}
```

(3)按如下步骤建立单元测试

①在 Add 方法体内,单击鼠标右键,在菜单中选择“创建单元测试”。

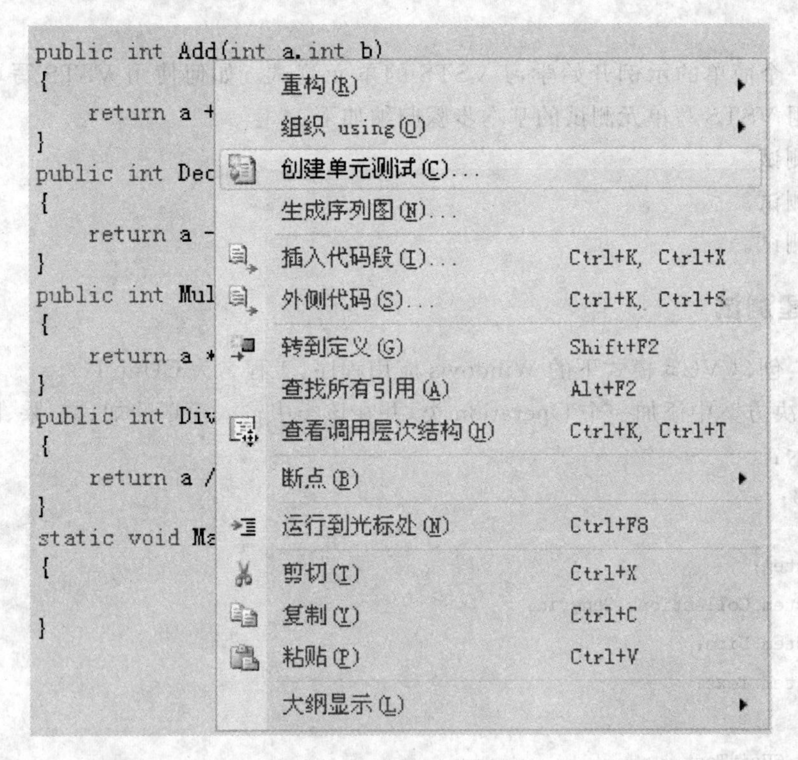

图 7.11 创建单元测试一

②在出现的“创建单元测试”界面中,Add 方法被自动勾上,表示要为这个方法创建单元测试代码的基本框架,单击确定按钮。

图 7.12　创建单元测试二

③点击确定后，在新建测试项目中，输入需要创建的单元测试的新项目的名称，然后单击“创建”按钮，则自动创建一个新的单元测试代码项目。

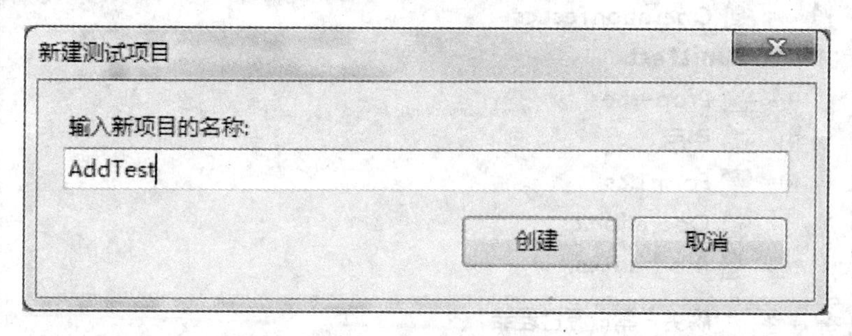

图 7.13　创建单元测试三

④在“解决档案资源管理器”中可以看到多了一个“AddTest”项目，可以看出“AddTest”项目引用了被测项目的程序集，和单元测试框架 Microsoft. VisualStudio. QualityTools. UnitTestFrame，并且自动产生两个 C#代码文件 AssemblyInfo. cs 和 OperationTest. cs

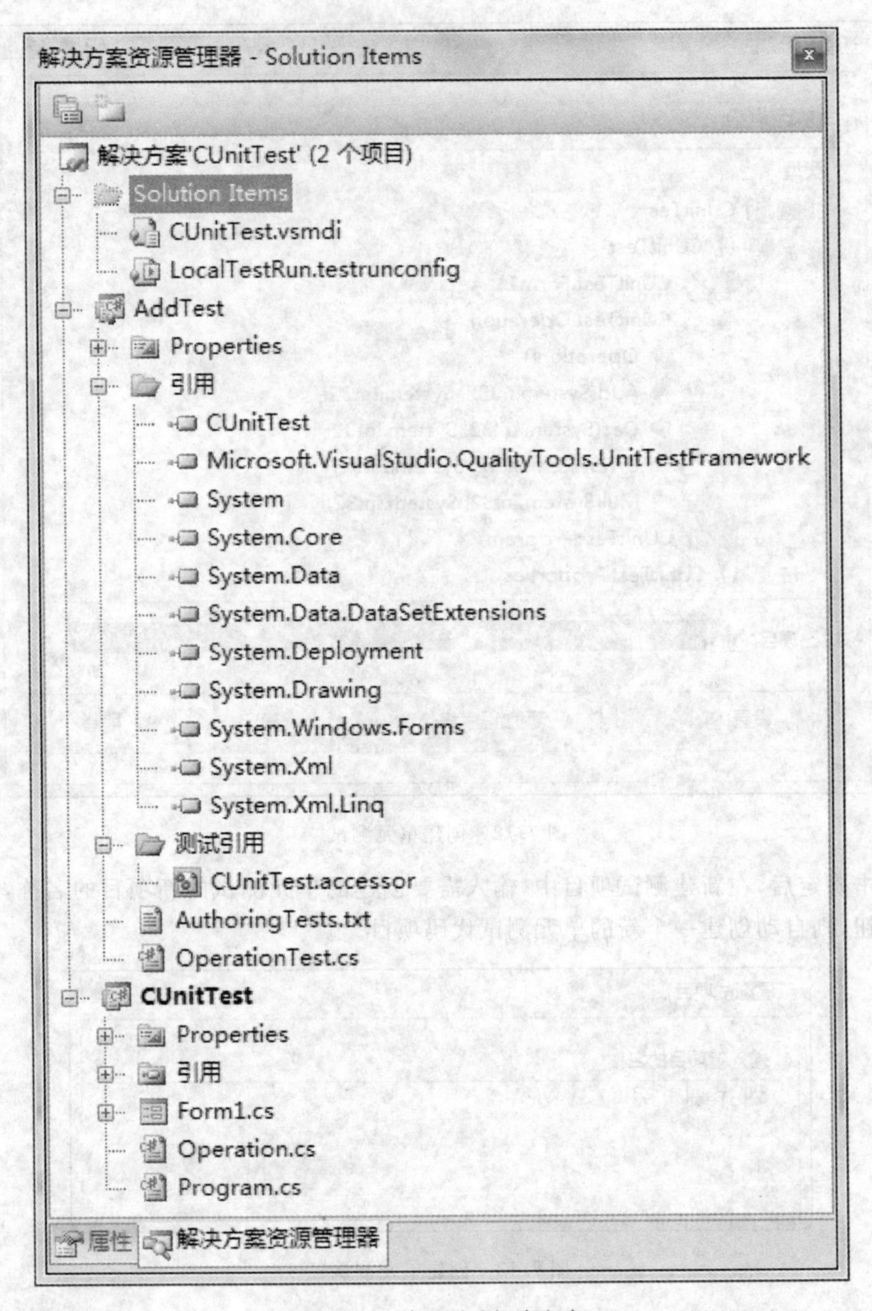

图 7.14 单元测试解决方案

测试项目创建成功后，会同时生成 4 个与测试相关的文件：

- AuthoringTest.txt：提供创建测试的说明，包括向项目增加其他测试的说明；
- OperationTest.cs：包含 Add()的测试，以及测试初始化和测试清除的方法；
- CUnitTest.vsmdi：测试管理文件；
- LocalTestRun.testrunconfig：本地测试运行配置文件。

⑤OperationTest.cs 的代码如示例 7.4 所示，从下面的代码中可以看到，自动产生了一个"OperationTest"类，并使用[TestClass()]标识为一个单元测试类，以及一个"AddTest"测试方法，并用[TestMethod()]标识。

示例 7.4：

```
using CUnitTest;
using Microsoft.VisualStudio.TestTools.UnitTesting;
namespace AddTest
{
    /// <summary>
    ///这是 OperationTest 的测试类,旨在
    ///包含所有 OperationTest 单元测试
    ///</summary>
    [TestClass()]
    public class OperationTest
    {
        private TestContext testContextInstance;
        /// <summary>
        ///获取或设置测试上下文,上下文提供
        ///有关当前测试运行及其功能的信息
        ///</summary>
        public TestContext TestContext
        {
            get
            {
                return testContextInstance;
            }
            set
            {
                testContextInstance = value;
            }
        }
        #region 附加测试属性
        //
        //编写测试时,还可使用以下属性:
        //
        //使用 ClassInitialize 在运行类中的第一个测试前先运行代码
        //[ClassInitialize()]
        //public static void MyClassInitialize(TestContext testContext)
        //{
        //}
        //
        //使用 ClassCleanup 在运行完类中的所有测试后再运行代码
        //[ClassCleanup()]
        //public static void MyClassCleanup()
        //{
        //}
```

```
        //
        //使用 TestInitialize 在运行每个测试前先运行代码
        //[TestInitialize()]
        //public void MyTestInitialize()
        //{
        //}
        //
        //使用 TestCleanup 在运行完每个测试后运行代码
        //[TestCleanup()]
        //public void MyTestCleanup()
        //{
        //}
        //
        #endregion
        /// <summary>
        ///Add 的测试
        ///</summary>
        [TestMethod()]
        [DeploymentItem("CUnitTest.exe")]
        public void AddTest()
        {
            Operation_Accessor target = new Operation_Accessor(); // TODO：初始化为适当的值
            int a = 0; // TODO：初始化为适当的值
            int b = 0; // TODO：初始化为适当的值
            int expected = 0; // TODO：初始化为适当的值
            int actual;
            actual = target.Add(a, b);
            Assert.AreEqual(expected, actual);
            Assert.Inconclusive("验证此测试方法的正确性。");
        }
    }
}
```

⑥OperationTest.cs 代码文件详解

```
[TestMethod()]:说明了以下代码是一个测试用例
Int a = 0; // TODO：初始化为适当的值
int b = 0; // TODO：初始化为适当的值
```

这两句是被测函数的输入参数，需要我们去修改它的值，也就是我们输入测试用例的地方。

```
double expected = 0; // TODO：初始化为适当的值
double actual;
```

这两句话浅显易懂，前一句话是定义了期望值和对它进行初始化，后一句话是定义了实际值。默认

```
Assert.AreEqual(expected, actual);
```

Assert 在这里可以理解成断言：在 VSTS 里做单元测试是基于断言的测试。

默认代码中 Assert. Inconclusive 表明这是一个未经验证的单元测试。在实际的程序中可以注释掉。

7.7.2 编写测试

创建测试完毕后，VSTS 为我们自动生成的只是一个测试框架，默认代码中 Assert. Inconclusive 表明这是一个未经验证的单元测试。

单元测试的基本方法是调用被测代码的函数，输入函数的参数值，获取返回结果，然后与预期测试结果进行比较，如果相等则认为测试通过，否则认为测试不通过。

1. Assert 类的使用

```
Assert.Inconclusive()      表示一个未验证的测试；
Assert.AreEqual()          测试指定的值是否相等，如果相等，则测试通过；
AreSame()                  用于验证指定的两个对象变量是指向相同的对象，否则认为是错误
AreNotSame()               用于验证指定的两个对象变量是指向不同的对象，否则认为是错误
Assert.IsTrue()            测试指定的条件是否为 True，如果为 True，则测试通过；
Assert.IsFalse()           测试指定的条件是否为 False，如果为 False，则测试通过；
Assert.IsNull()            测试指定的对象是否为空引用，如果为空，则测试通过；
Assert.IsNotNull()         测试指定的对象是否为非空，如果不为空，则测试通过；
```

2. CollectionAssert 类的使用

CollectionAssert 类中提供的方法用于验证对象集合是否满足条件。

3. StringAssert 类的使用

StringAssert 类中提供的方法用于比较字符串，例如：

```
StringAssert.Contains
StringAssert.Matches
StringAssert.tartWith
```

下面我们开始编写测试方法。

打开生成的测试文件“OperationTest.cs”，可以看到已经自动生成了一个 AddTest()方法，如示例 7.5：

示例 7.5：

```
/// <summary>
///Add 的测试
///</summary>
[TestMethod()]
[DeploymentItem("CUnitTest.exe")]
public void AddTest()
{
    Operation_Accessor target = new Operation_Accessor(); // TODO：初始化为适当的值
```

```
    int a = 0; // TODO: 初始化为适当的值
    int b = 0; // TODO: 初始化为适当的值
    int expected = 0; // TODO: 初始化为适当的值
    int actual;
    actual = target.Add(a, b);
    Assert.AreEqual(expected, actual);
    Assert.Inconclusive("验证此测试方法的正确性。");
}
```

单元测试中,几个变量的简单介绍:

- target:表示测试目标对象,通过这个目标对象可以测试该类中的各个方法;
- expected:表示期望得到的值;
- actual:表示实际得到的值;

"附加测试属性",默认都是被注释掉的,只要我们取消注释就可以使用了。这个功能的加入,很大程度上是为了增加测试的灵活性。具体的属性有:

```
[ClassInitialize()]在运行类的第一个测试前先运行代码
[ClassCleanup()]在运行完类中的所有测试后再运行代码
[TestInitialize()]在运行每个测试前先运行代码
[TestCleanup()]在运行完每个测试后运行代码
```

如在执行测试时,将测试执行时间输入到日志中,代码如下:

示例 7.6:

```
//使用 ClassInitialize 在运行类中的第一个测试前先运行代码
[ClassInitialize()]
public static void MyClassInitialize(TestContext testContext)
{
    //在 D:\TestLog.txt 的文件中写入测试时间为当前系统显示时间
    StreamWriter sw = new StreamWriter(@"D:\TestLog.txt");
    sw.Write("测试时间:");
    sw.WriteLine(DateTime.Now());
    sw.Flush();
    sw.Close();
}
```

注意:要用到 StreamWriter 类,需要在代码的最前面引入命名空间 System.IO。

我们通过对示例 7.5 添加测试所需的初始值,并对断言进行简单的修改后,便得到一个正式的单元测试。如示例 7.7:

示例 7.7:

```
// <summary>
///Add 的测试
///</summary>
[TestMethod()]
[DeploymentItem("CUnitTest.exe")]
```

```
public void AddTest()
{
    Operation_Accessor target = new Operation_Accessor(); // TODO：初始化为适当的值
    int a = 3; // TODO：初始化为适当的值
    int b = 4; // TODO：初始化为适当的值
    int expected = 7; // TODO：初始化为适当的值
    int actual;
    actual = target.Add(a, b);
    Assert.AreEqual(expected, actual);
    Assert.Inconclusive("验证此测试方法的正确性。");
}
```

这样，便得到了一个正式的单元测试。用断言 Assert.AreEqual()比较 expected、actual 是否相等。如果相等，测试通过。

注意：在实际测试用例中，我们通常选定一些边界值进行测试，更容易发现程序的缺陷。

7.7.3 运行测试

打开包含有测试项目的解决方案，在工具栏就会出现与测试项目相关的操作按钮栏。

我们要运行项目中的测试，只需要运行测试项目。

测试项目的运行方式有两种：

- 运行，并启动调试功能；
- 运行，但不启动调试功能；

(1)当我们运行测试后，在“测试结果”窗口中，将列出项目中所有的测试。

(2)开始的时候，测试会处于“挂起”的状态，测试运行的结果是“通过”或者“失败”。

(3)如果我们要查看测试结果的额外细节时，选定测试项并双击，便打开了详细信息窗口。

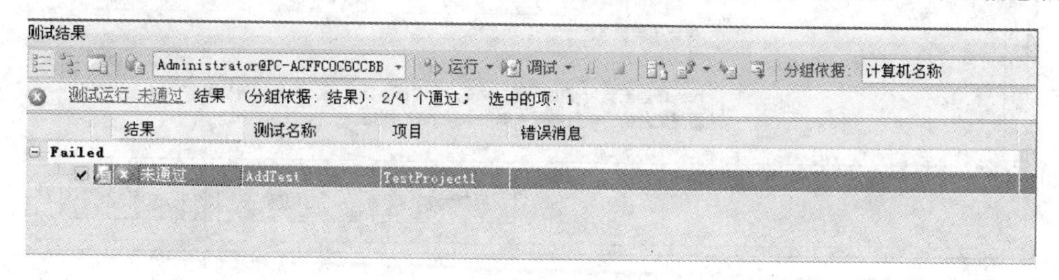

图 7.15 单元测试不通过

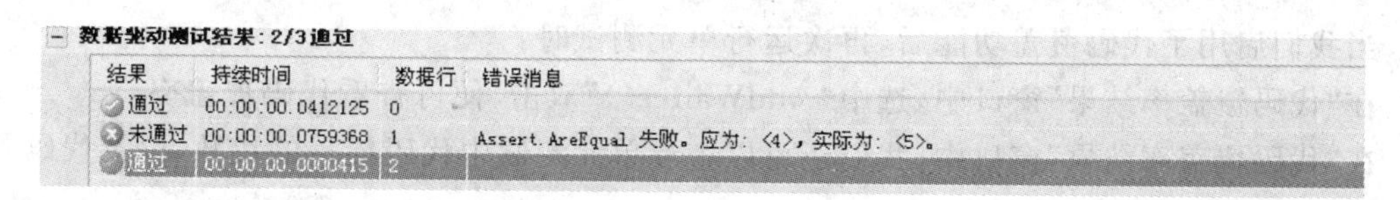

图 7.16 单元测试通过

7.7.4 代码覆盖

代码覆盖是单元测试的一个关键指标。

代码覆盖：是指单元测试运行时，覆盖了多少代码。

Team Test 包含了一个代码覆盖工具，可以详细解释被执行代码的覆盖率，并突出显示哪些代码被执行，哪些代码没有被执行。

注意：

VSTS 在生成单元测试框架时，默认没有启用“代码覆盖”功能。

启用此功能的办法：

(1)首先在解决方案中打开“本地测试运行配置文件” localtestrun. testrunconfig。

(2)双击“localtestrun. testrunconfig”文件，弹出该对话框窗口。

(3)在其对话框窗口的左侧选择“代码覆盖率”，然后在右侧的“要检测的项目”中选择要检测的项目。

(4)单击“应用”按钮。

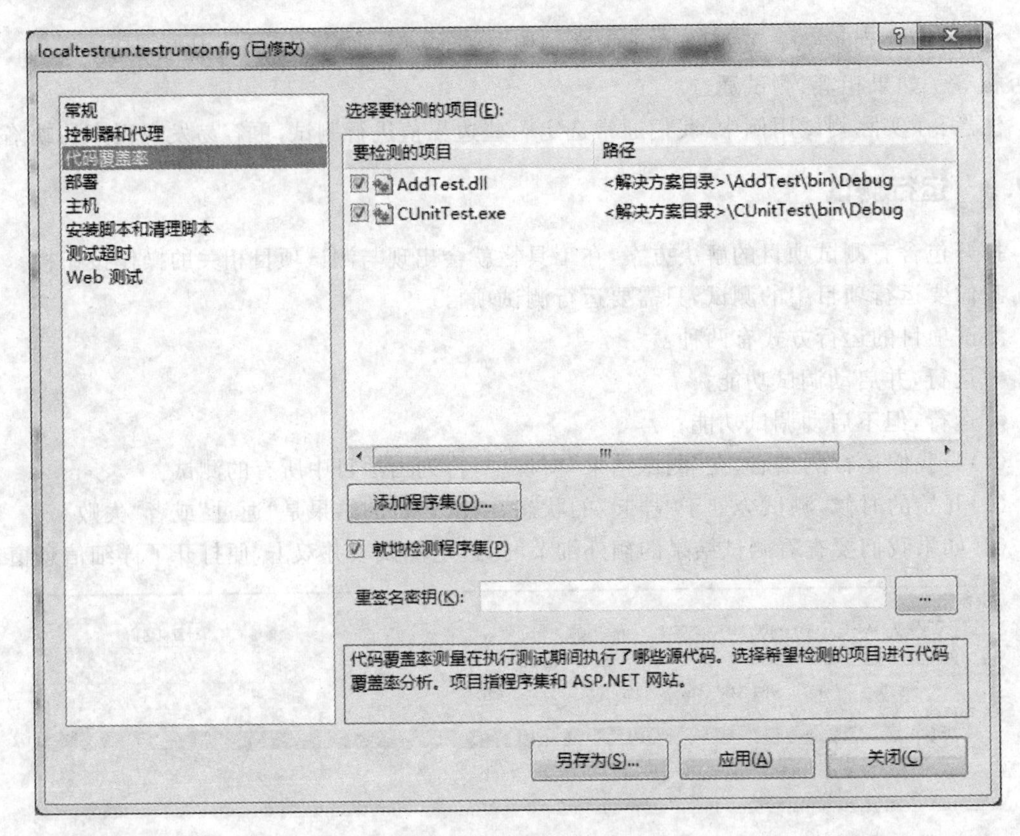

图 7.17　代码覆盖率设置窗口

当我们启用了代码覆盖功能后，再次运行单元测试时：

在“代码覆盖率结果”窗口中，选中“AddWaiter()”双击，便可查看代码覆盖率。

在“代码覆盖率结果”窗口中，我们还可以查看单元测试中代码覆盖的块数，以及代码覆盖的百分比信息，如图 7.17 所示。

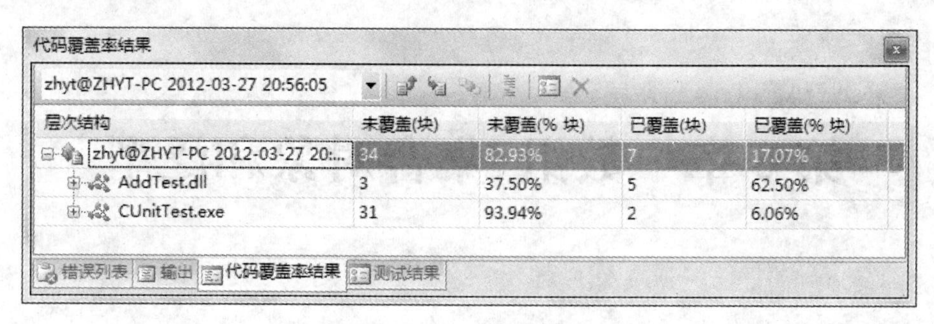

图 7.18　代码覆盖率结果窗口

7.8　本章知识梳理

开发出应用程序后，必须先确保其没有错误并且安全可靠，然后才能将其交付给用户。也就是说，在确定应用程序可以发布之前，必须先彻底检查该应用程序是否存在错误，并且应纠正遇到的任何错误。搜寻和消除错误的过程称为调试。调试过程是一个程序员最重要的工作之一。

.NET 基类库定义了许多派生自 System. Exception 的类，可以准确地捕获系统出现的各种异常。

Team 版的 VS2008 里面包含了完整的测试功能，可以在此环境下创建测试、编写测试、运行测试。

第 8 章　数组、集合对象和泛型

【本章工作任务】

- 使用集合实现餐饮管理系统中公司的服务员列表
- List<T>实现公司的服务员列表
- Dictionay<K,V>维护公司的服务员列表

【本章技能目标】

- 理解数组的概念
- 理解集合的概念
- 熟练使用集合访问数据
- 理解泛型的概念
- 熟练使用各种泛型集合

8.1　工作任务引入

在餐饮管理系统中，我们常常需要存储一组类型相同的数据，比如公司服务员数据等等。我们前面所涉及的变量，无论是基本类型变量，还是对象引用类型变量，都属于单一变量，即一次只能存储一个基本类型数据或对象类型数据。但是，在实际应用中，往往需要处理一批数据。用单一变量来处理这些数据虽然能够做到，但代码设计很麻烦。这里引入数组的概念，通过数组能方便解决这类问题。

数组的使用从一定程度上解决了我们存储一组相同数据类型数据的问题。但是数组的长度一经初始化就不能被改变，如果公司的人数不固定，或者公司中来了一个新的服务员，这个时候就只能重新定义一个新的数组来存储服务员信息。因此我们引入一个新的类 ArrayList 来解决这一类型问题。

利用 ArrayList 来封装服务员信息，在存取过程中我们都需要进行类型判断，然后还需要做装箱和拆箱操作来进行类型的转换，这样容易出错，而且运行的效率不高。因此，我们使用一种新的技术：泛型，来对 ArrayList 封装服务员信息的方法进行改进，使程序更安全，运行效率也更高。下面我们将逐一对以上任务进行讲解。

8.2　数组概述

数组是一些具有相同类型的数据按一定顺序组成的序列，数组中的每一个数据都可以通过数组名及唯一一个索引号(下标)来存取。所以，数组用于存储和表示既与取值有关，又与位置(顺序)有关的数据。

8.2.1　数组与数组元素

在C#中，把一组具有同一名字、不同下标的下标变量称为数组。一个数组可以含有若干个下标变量(或称数组元素)，下标也叫索引(Index)，用来指出某个数组元素在数组中的位置。数组中第一个元素的下标默认为0，第二个元素的下标为1，依次类推。所以数组元素的最大下标比数组元素个数少1，即如果某一数组有n个元素，则其最大下标为n－1。数组的下标必须是非负值的整型数据。

如果只用一个下标就能确定一个数组元素在数组中的位置，则称该数组为一维数组。也可以说，由具有一个下标的下标变量所组成的数组称为一维数组，如上述中的数组A就是一维数组。而由具有两个或多个下标的下标变量所组成的数组称为二维数组或多维数组，多维数组元素的下标之间用逗号分隔，如A[0,1]表示是一个二维数组中的元素。

1.数组的类型

在C#中，数组属于引用类型。数组元素在内存中是连续存放的，这是数组元素用下标表示其在数组中位置的根据。

C#中的数组类型可以对应任何数据类型，即数组可以是基本数据类型，也可以是类类型，例如，可以声明一个文本框(TextBox)类型的数组。

C#通过.NET框架中的System.Array类来支持数组，因此，可以使用该类的属性与方法操作数组。

2.声明与访问数组

数组必须先声明后使用。声明数组后，就可以对数组进行访问了，访问数组一般都转化为对数组中的某个元素或全部元素进行访问，即对数组中的元素进行写入(赋值)和读取(引用)操作。

因为数组是引用类型的变量，所以声明数组的过程与声明类对象相同，包含两个环节，即声明数组变量与数组变量的实例化。

(1)声明一维数组

声明一维数组的格式为：

```
访问修饰符 类型名称 [ ]数组名；
```

例如：int [ ]A；

数组在声明后必须实例化才可以使用。

实例化数组的格式为：

```
数组名称 = new 类型名称[无符号整型表达式]；
```

例如：A＝new int[5]；

使数组包含5个元素。声明数组过程中，声明变量与实例化变量这两个环节可以用一条语句完成。

例如：int [ ]A＝new int[5]；

数组一旦实例化，其元素即被初始化为相应的默认值。数组在实例化时，可以为元素指定初始化值，其格式为：

数组名称＝new 类型名称[无符号整型表达式]{值1，值2…}；

例如：int [ ]A＝new int[5]{1，2，3，4，5}；

如果为数组指定初始化值，可以省略对元素个数的说明：

```
int [ ]A = new int[ ]{1,2,3,4,5};
```

可以将声明数组的语句"int [ ]A＝new int[5]{1，2，3，4，5}；"简化为：int [ ]A＝{1，2，3，4，5}；

为数组指定初始化的值可以是变量表达式，例如：

```
int x = 1,y = 2;
int [ ]A = new int[5]{x,y,x + y,y + y,y * y + 1};
```

一旦要为数组指定初始化值，就必须为数组的所有元素指定初始化值，指定值的个数既不能多于数组的元素个数，也不能少于数组的元素个数。

(2)访问数组

访问数组就是访问数组中的元素。对数组中元素的访问与对单一变量的访问方式相同。

例如：

```
int [] myArray = new int[10];
myArray[6] = 7;                //为数组的第7个元素赋值(写入)
int a = myArray[6];            //将数组的第7个元素值读取出来赋值给变量a
```

使用数组最大的方便是对有相同类型的一组数据进行读取和写入操作。

3.数组的长度

数组一旦创建，其长度就是固定不变的。数组没有弹性设计，它不会在需要的时候扩展以存储更多的信息。设计新程序时，必须考虑数组的大小，可以使用Length属性获得数组长度值。

示例8.1：

```
int[] array = new int[5] { 0,1,2, 3, 4};// 声明并初始化一维数组
for (int i = 0; i < array.Length;i + + )     // 输出数组中的所有元素
{
    Console.WriteLine(array[i]);
}
Console.ReadLine();
```

8.2.2 多维数组

在多维数组中，比较常用的是二维数组，声明二维数组与声明一维数组格式类似，例如：

```
// 声明并实例化一个两行两列的二维数组
int [,]A = new int[2,2]{{1,2},{3,4}};
```

声明多维数组时，用逗号表示维数，一个逗号表示二维数组，两个逗号表示三维数组，依次类推。

访问多维数组需要用多个下标唯一确定数组中某个元素，例如：

```
// 声明一个 4 行 4 列的二维数组
int [,]Ar = new int[4,4];
Ar[1,2] = 15;      // 为第 2 行第 3 列的元素赋值
// 用第 2 行第 3 列的元素为其他变量赋值
int a = Ar[1,2];
```

要访问二维数组中的所有元素可以使用双重循环来实现，通常外循环控制行，内循环控制列。

声明数组字段，代码如下：

示例 8.2：

```
int [,]A = {{32,61,28},{39,58,23},{29,10,69}};
```

求矩阵元素的平均值代码为：

```
int sum = int A[0, 0];
for(int i = 0;i < 3;i + + )
    for(int j = 0;j < 3;j + + )
        sum + = intA[i,j];
string avg = "矩阵元素的平均值为：" + sum/intA.Length;
```

8.2.3　数组参数

1. 数组元素为参数

数组元素作为参数只能在调用方法时作为实参进行传递，这时数组元素实参与简单变量实参功能相同。

2. 整个数组为参数

整个数组作为参数时，实参与形参是相对应的。由于数组是引用类型，所以数组参数总是按引用传递的。

声明方法时，数组作为形参的格式为：

```
public 返回类型 方法名称(类型名称 [ ]数组名称){ }
```

调用方法时，数组作为实参进行传递的格式为：

```
方法名称(数组名称)
```

有一个包含 10 个元素的数组，各元素的值为：34，91，83，56，29，93，56，12，88，72。要求编程为数组排序，排序方法要求以自定义方法完成。代码如下：

示例 8.3：

```
int[] intArray = {34,91,83,56,29,93,56,12,88,72};    //声明并初始化数组字段
// 升序排序方法,形参为整型数组
public void Ascending(int[] array)
{
    int temp;
    for (int i = 0; i < array.Length; i + +)
        for (int j = i; j < array.Length; j + +)
            if (array[i] > array[j])
            {
                temp = array[i]; array[i] = array[j];
                array[j] = temp;
            }
}

Ascending(intArray);          //以整形数组为实参,调用升序方法
```

3. params 关键字

在使用数组作为形参时,C#提供了 params 关键字,使调用数组为形参的方法时,既可以传递数组实参,也可以只传递一组数据。params 的使用格式为：

```
public 返回类型 方法名称(params 类型名称 [ ]数组名称){ }
```

使用 params 关键字声明一个数组元素求和的方法：

示例 8.4：

```
public int ArraySum( params int[]A)
{
    int total = 0;
    foreach( int i in A)
        tatal + = i;
    return total;
}
```

可以用数组或一组非数组元素性质的数据为实参调用该方法：

```
int []array = {1,2,3,4,5};
int total = ArraySum(array);          //以数组为实参调用求和方法,结果 total 的值为 15
total = ArraySum(6,7,8,9,10);         //以一组数据为实参,调用求和方法,结果 total 的值为 40
```

8.3　集合概述

问题：

我们先看下面这个例子,假设我们现在用一个 waiters 数组来存储餐饮公司的服务员,初

始化代码如下：

```
string[] waiters = new string[3] {"张三","李四","王五"};
```

这时你会发现一个问题，由于公司的人数是不固定的，随时有可能有新的员工加入，这样一来，我们就只能重新定义这个数组。特别是碰到我们直到程序运行时才能确定员工人数的情况，那就更麻烦了。那么我们是否能创建一个"动态"数组，使得数组元素的增加方便而灵活呢？

8.3.1 ArrayList

ArrayList非常类似于数组，也有人称它为数组列表，ArrayList是可以非常直观地动态维护的，数组的容量是固定的，ArrayList的容量可以根据需要自动扩充，它的索引会根据你的扩展而重新进行分配和调整。ArrayList可以根据类提供的方法，进行访问、新增、删除元素的操作，实现我们对集合的动态访问。

ArrayList类来自于System.Collections命名空间，因此在使用ArrayList之前一定要引入这个命名空间。下面的代码可以定义一个ArrayList，需要注意的是ArrayList是动态可维护的，因此定义时可以不指定容量，也可以指定容量。

```
using System.Collections;
//…
ArrayList waiters = new ArrayList ();
ArrayList waiters = new ArrayList (5);
```

1. 给ArrayList添加元素

C#中为ArrayList添加元素的方法是Add(Object value)，参数是我们要添加的元素。

语法：

```
public int Add(Object value)
```

这些元素如果是值类型，都会被转换为object引用类型然后保存。所以ArrayList中的所有元素都是对象的引用。Add()方法的返回值是一个int整形，用于返回所添加的元素的索引，该方法将对象插入到ArrayList集合的末尾处。ArrayList可以存储我们想存储的任何对象。如示例8.5所示，在MyCompany中添加一个窗体和一个"确定"按钮，用ArrayList存储服务员对象，在单击事件中添加代码。

示例8.5：

```
private void btnMyCyTest_Click(object sender, EventArgs e)
{
    //建立公司服务员的集合
    ArrayList waiters = new ArrayList();

    waiter scofield = new Waiter("Scofield", Genders.Male, 28, "绘画");
    waiter zhang = new Waiter("张三", Genders.Female, 20, "唱歌");
    waiter lee = new Waiter("李四", Genders.Male, 21, "跳舞");
```

```
    waiters.Add(scofield);
    waiters.Add(zhang);
    waiters.Add(lee);

    //打印集合数目
    MessageBox.Show(string.Format("公司共包括{0} 个服务员。",waiters.Count.ToString()));
}
```

添加后验证一下是否添加成功,显示一下集合中元素的数目,这里用到了 ArrayList 的属性 Count,该属性用于获取集合元素的数目。最终显示的结果如图 8.1 所示,证明我们插入数据成功。

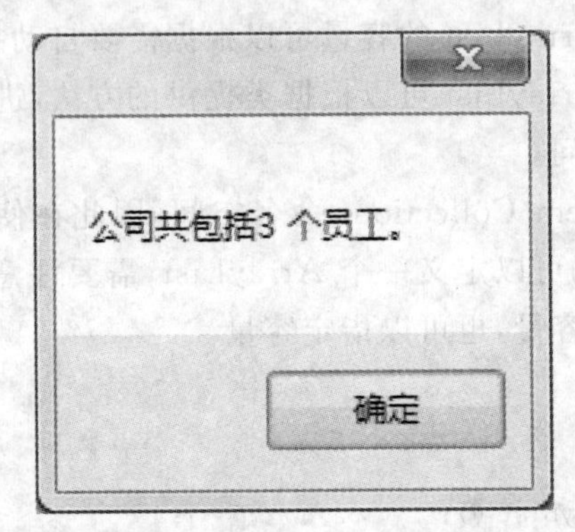

图 8.1 添加的元素数量

2. 存取 ArrayList 中的单个元素

我们前面说 ArrayList 和数组很像,获取一个元素的方法和数组是一样的,通过索引 index 来访问,ArrayList 中第一个元素的索引是"0"。需要注意的是,ArrayList 添加元素时,可以添加任何我们想存储的对象,当添加到 ArrayList 中时会转换为 Object 型,所以在访问这些元素的时候必须把它们转换回本身的数据类型。在测试程序中添加代码,如示例 8.6 所示,在 ArrayList 中存储的是服务员对象。

示例 8.6:

Waiter waiter1=(Waiter)waiters[1];

waiter1.SayHello();

当我们获取它的第一个元素时,需要做类型的转换,这里转换为 Waiter 类。调用它的 SayHello()方法,输出的对象信息和添加的是一致的,如图 8.2 所示。

3. 删除 ArrayList 中的元素

删除 ArrayList 的元素有以下 3 种方式。

- 通过 RemoveAt(int index)方法删除制定 index 的元素。
- 通过 Remove(object value)方法删除一个制定对象名的元素。
- 通过 Clear()方法移除集合中的所有元素。

添加如示例 8.7 所示的代码,先通过 index 删除第一个元素,然后再删除一个指定的对象。

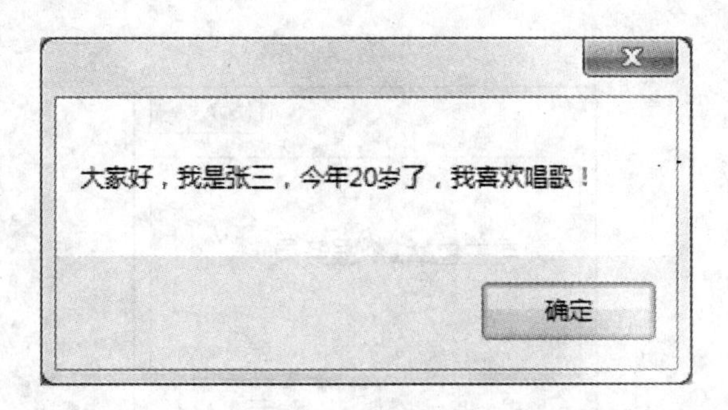

图 8.2　从 ArrayList 中获取的服务员对象

示例 8.7：

```
ArrayList waiters = new ArrayList();

Waiter scofield = new Waiter("Scofield", Genders.Male, 28, "绘画");
Waiter zhang = new Waiter("张三", Genders.Female, 20, "唱歌");
Waiter lee = new Waiter("李四", Genders.Male, 21, "跳舞");

waiters.Add(scofield);
waiters.Add(zhang);
waiters.Add(lee);

//打印集合数目
MessageBox.Show(string.Format("公司共包括{0} 个服务员。",waiters.Count.ToString()));

//存取单个元素
Waiter waiter1 = (Waiter)Waiters[0];
waiter1.SayHello();

//删除元素演示
//打印集合数目
messagebox.show(string.format("公司共包括{0} 个服务员。",waiters.count.tostring()));

//使用索引删除元素
waiters.removeat(0);
//通过对象名删除元素
waiters.remove(zhang);

//打印集合数目
messagebox.show(string.format("公司共包括{0} 个服务员。",waiters.count.tostring()));

Waiter leave = (Waiter)waiters[0];
leave.SayHello();
```

我们刚才给 ArrayList 添加了 3 个对象，通过两种方法删除了两个元素，然后再显示元素的数量，如图 8.3 所示。

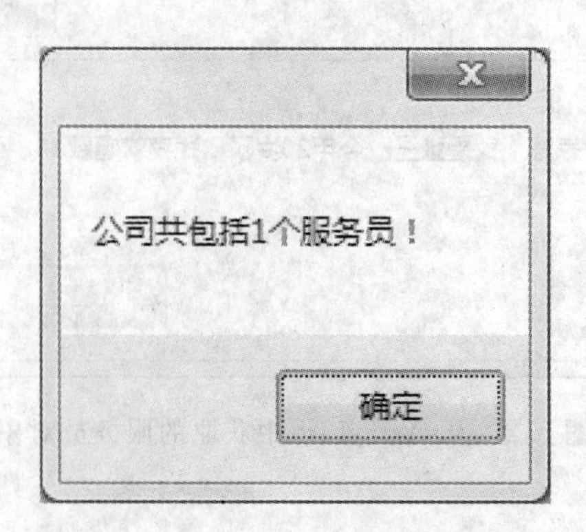

图 8.3　删除后的服务员数量

ArrayList 添加和删除元素都会使剩余的索引自动改变，当我们删除两个元素后，再获取第一个元素时，取得的就是调整索引后的元素，如图 8.4 所示。

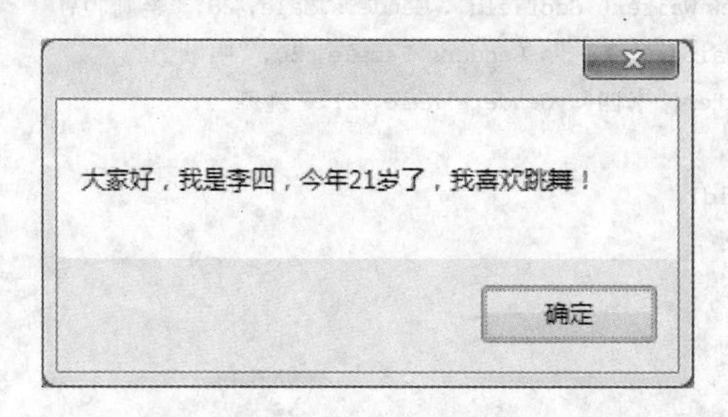

图 8.4　ArrayList 删除元素后的第一个对象

Remove()方法和 RemoveAt()方法只能删除一个元素，在程序中，我们经常会遇到要删除集合中所有元素的需求，使用 Remove()方法和 RemoveAt()方法显然太麻烦了。Clear()方法可以删除集合中的所有元素，当执行 Clear 操作时，Count 属性被置为"0"，如示例 8.8 所示。

示例 8.8：

```
//清除所有元素
waiters.Clear();

//打印集合数目
messagebox.show(string.format("共包括{0} 个服务员。",waiters.count.tostring()));
```

运行结果如图 8.5 所示。

4. 遍历 ArrayList 中的元素

回忆一下我们学习的数组，可以通过循环的方式将元素逐个取出。这种操作方法我们通常称为遍历元素，数组的长度作为循环次数，将循环变量作为数组的索引，逐个取出元素，例如：

```
static void Main(string[] args)
{
```

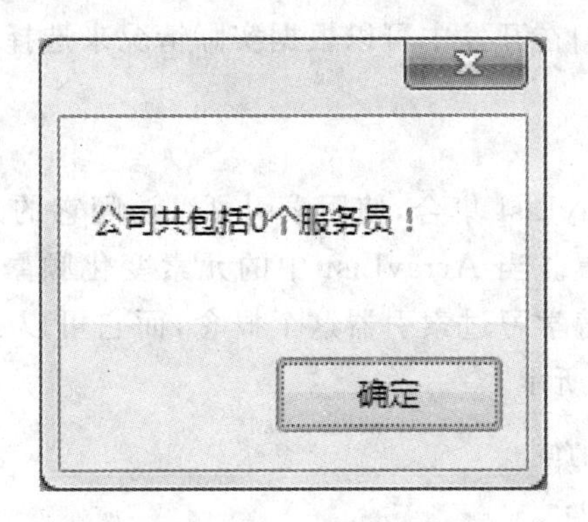

图 8.5　执行 Clear()方法后集合清空

```
    int[] array = new int[] {0,1,2,3,4};
    for(int i = 0; i < array.Length; i++)
    {
        Console.WriteLine(array[i]);
    }
}
```

你肯定能够想到 ArrayList 也可以用这样的方式遍历，因为它也是通过索引访问的。另外，还可以用 foreach 方式来遍历。我们继续用前面示例中的服务员 ArrayList，将它的所有元素遍历，如示例 8.9 所示。

示例 8.9：

```
//for 循环遍历
for (int i = 0; i < waiters.Count; i++)
{
    Waiter waiterFor = (Waiter)waiters[i];
    Console.WriteLine(waiterFor.Name);
}
//foreach 循环遍历
foreach (Object waiter in waiters)
{
    Waiter waiterForeach = (Waiter)waiter;
    Console.WriteLine(waiterForeach.Name);
}
```

输出结果如下：

```
Scofield
张三
李四
Scofield
张三
李四
```

这两种循环方式输出的结果是一样的，只是方式不同，for 循环通过索引来访问元素，foreach 是通过对象访问的，我们在开发中可以根据实际情况来选择使用哪种循环方式。

8.3.2　HashTable

在前面，我们学习了 ArrayList 集合，使用索引可以访问它的元素。但是这种方式我们必须了解集合中某个数据的位置。当 ArrayList 中的元素变化频繁时，要跟踪某个元素的小标就比较困难了。我们在前面曾学习过索引器这个概念，而它可以通过一个有意义的名称来访问某个特定元素，如下面代码所示。

```
//采用索引器方式取得数组的值
waiters["李四"].SayHello();
```

问题：

● 是否有一种集合能够以同样方式通过关键字来访问某个元素对象呢？

● 当使用索引删除元素时，如果不了解集合中元素的索引变化，就会发生异常，除了可以指定一个元素对象删除之外，是否也可以通过关键字来删除元素呢？

答案是肯定的，C# 提供了另外一种集合类型 HashTable，通常我们称它为哈希表，也有人称它为"字典"。使用字典这个名称，是因为其数据构成非常类似于现实生活中的字典。在一本字典中，我们常常通过一个单词名称，来查找关于这个单词更多的信息。哈希表的数据是通过键(Key)和值(Value)来组织的，如图 8.6 所示。

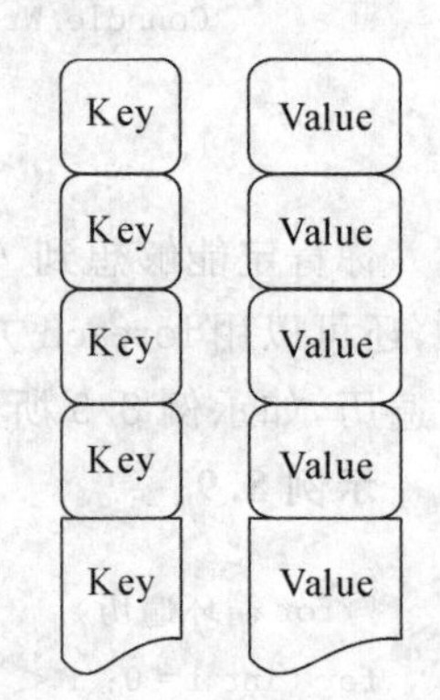

图 8.6　哈希表数据结构

在哈希表中，每个元素都是一个键/值对，而且是一一对应的，通过键(Key)便可以查找到相应的值。

1. 给哈希表添加元素

哈希表也属于 System.Collections 命名空间，它的每个元素都是一个键/值对，给 HashTable 添加一个对象，也要使用 Add()方法。但哈希表的 Add()方法有两个参数，一个表示键，一个表示键所对应的值。

语法：

```
public void Add (object key, object value)
```

如示例 8.10 所示，我们将服务员的姓名定为 Key，服务员对象作为 Value。

示例 8.10：

```
Hashtable waiters = new Hashtable();

Waiter scofield = new Waiter("Scofield", Genders.Male, 28, "绘画");
Waiter zhang = new Waiter("张三", Genders.Female, 20, "唱歌");
Waiter lee = new Waiter("李四", Genders.Male, 21, "跳舞");

//使用 Add()方法添加元素
waiters.Add(scofield.Name, scofield);
waiters.Add(zhang.Name, zhang);
waiters.Add(lee.Name, lee);
```

```
//打印集合数目
MessageBox.Show(string.Format("共包括{0} 个元素。",waiters.Count.ToString()));
```

2.获取哈希表的元素

访问哈希表时，和 ArrayList 不同，我们可以直接通过键名来获取具体值。同样，由于值的类型是 Object 类，所以当得到一个值时也需要通过类型转换得到正确的类，如示例 8.11 所示，指定一个服务员的名字来获取它的对象，然后转换为 Waiter 类型。

示例 8.11：

```
//使用 Add()方法添加元素
waiters.Add(scofield.Name, scofield);
waiters.Add(zhang.Name, zhang);
waiters.Add(lee.Name, lee);

//获取指定的元素
Waiter waiter2 = (Waiter)waiters["李四"];
waiter2.SayHello();
```

3.遍历哈希表

由于哈希表不能够用索引访问，所以遍历一个哈希表只能用 foreach()方法，如示例 8.12 所示。

示例 8.12：

```
//使用 Add()方法添加元素
waiters.Add(scofield.Name, scofield);
waiters.Add(zhang.Name, zhang);
waiters.Add(lee.Name, lee);

//获取指定的元素
Waiter waiter2 = (Waiter)waiters["李四"];
waiter2.SayHello();

//元素遍历
foreach (Object waiter in waiters.Values)
{
    Waiter waiter1 = (Waiter)waiter;
    Console.WriteLine(waiter1.Name);
}
```

注意这里是 waiters.Values，而不是 waiters 对象本身。通常情况下，我们采用这种方式遍历 Values 的值。注意：遍历出来的 waiter 是 Object 类型，需要类型转换。

waiters.Values 属性用来获取哈希表中所有的值，还可以通过 Keys 属性遍历出所有的键值，见表 8.1。

表 8.1 哈希表的属性

属 性	功能说明
Values	获取哈希表中所有的键
Keys	获取哈希表中所有的值

4.删除哈希表的元素

语法:public void Remove(object key)

通过 key,使用 Remove()方法删除哈希表的元素,如示例 8.13 所示。

示例 8.13:

```
//使用 Add()方法添加元素
waiters.Add(scofield.Name, scofield);
waiters.Add(zhang.Name, zhang);
waiters.Add(lee.Name, lee);

//获取指定的元素
Waiter waiter2 = (Waiter)waiters["李四"];
waiter2.SayHello();

//元素遍历
foreach (Object waiter in waiters.Values)
{
    Waiter waiter1 = (Waiter) waiter;
    Console.WriteLine(waiter1.Name);
}

//打印集合数目
MessageBox.Show(string.Format("共包括{0} 个元素。",waiters.Count.ToString()));

waiters.Remove("李四");

//打印集合数目
MessageBox.Show(string.Format("共包括{0} 个元素。",waiters.Count.ToString()));
```

我们看到,哈希表删除一个元素时使用的是它的 Key 值(姓名),这样就比较直观,也不会出现 ArrayList 使用索引删除时的问题。哈希表也可以使用 Clear()方法清除所有元素,用法和 ArrayList 相同,即 waiters.Clear()。

前面我们学习了 ArrayList 和 HashTable,看到它们两个存储对象时都会转换为 Object 型,这就意味着同一个集合中可以存储不同的类型,那么这样做对程序有什么影响呢?

8.4 泛型与泛型集合

我们先来看一段程序,在 MyCy 中添加一个管理人员 Admin 类,类图如图 8.7 所示。

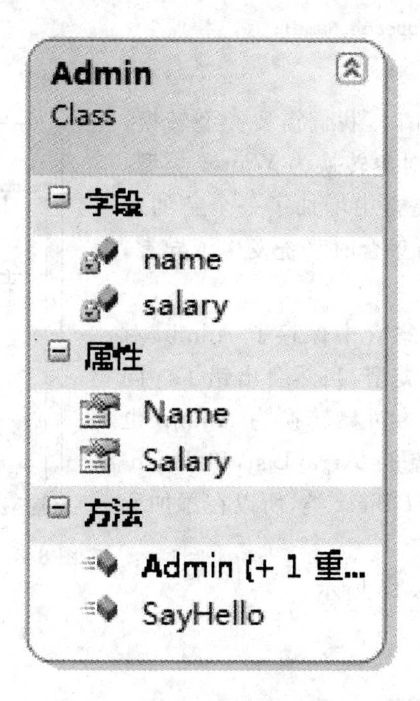

图 8.7　Admin 类图

建好这个类后，实例化一个管理人员对象，如果将这个对象添加到服务员 waiters 的集合中，会成功吗？如示例 8.14 所示，编译时，是允许我们将管理人员对象添加到服务员集合的，这时，如果遍历整个集合，会发生什么呢？

示例 8.14：

```
ArrayList Waiters = new ArrayList();

Waiter scofield = new Waiter("Scofield", Genders.Male, 28, "绘画");
Waiter zhang = new Waiter("张三", Genders.Female, 20, "唱歌");
Waiter lee = new Waiter("李四", Genders.Male, 21, "跳舞");

//创建一个管理人员对象
Admin jacky = new Admin("杰克", 4000);

Waiters.Add(scofield);
Waiters.Add(zhang);
Waiters.Add(lee);
//将管理人员对象添加到 ArrayList
Waiters.Add(jacky);

MessageBox.Show(string.Format("共包括{0} 个服务员。",Waiters.Count.ToString()));

foreach (Object waiter in Waiters)
{
    Waiter waiForeach = (Waiter)waiter;
```

```
    Console.WriteLine(waiForeach.Name);
}
```

分析：遍历一个 ArrayList 时，我们需要类型转换，因为是服务员集合，所以要将对象转换为 Waiter 类型。这就有问题了，运行后发现，集合中增加了一个新的对象，如图 8.8 所示，但是在遍历集合时系统发生了异常，如图 8.9 所示。

图 8.8 添加 Admin 对象后的集合总数

其实很容易理解，因为在集合中保存了 Admin 对象，你将它强行转换为服务员类型，当然会出错了。同样道理，如果将 ArrayList 中的对象转换为 Admin 也会出错。根本原因在于传统的 ArrayList 和 HashTable 集合认为每个元素都是 Object 类，所以在添加元素时，并不会做严格的类型检查。

我们的修改代码如示例 8.15 所示

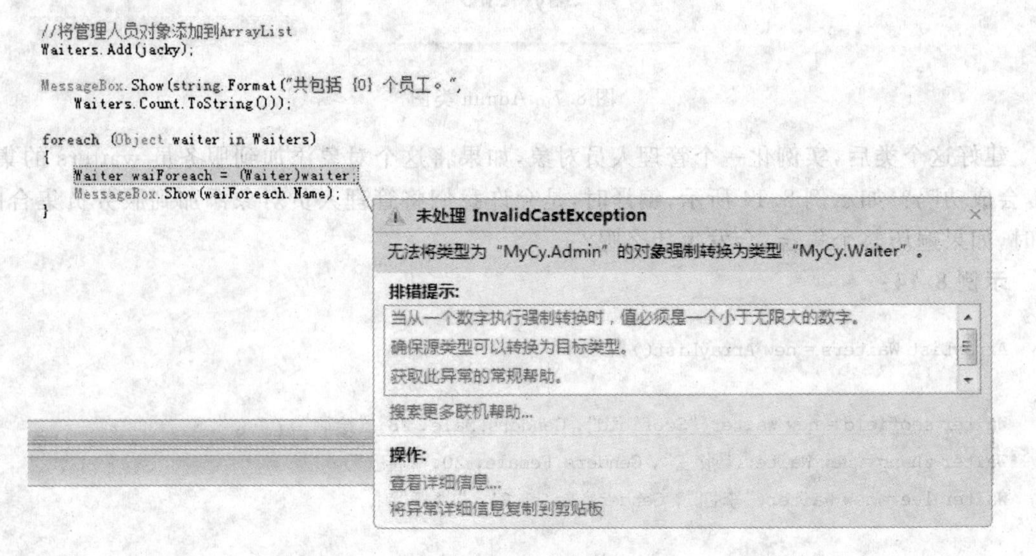

图 8.9 类型转换异常

示例 8.15：

```
List<Waiter> waiters = new List<Waiter>();

Waiter scofield = new Waiter("Scofield", Genders.Male, 28, "绘画");
Waiter zhang = new Waiter("张三", Genders.Female, 20, "唱歌");
Waiter lee = new Waiter("李四", Genders.Male, 21, "跳舞");
Admin jacky = new Admin("杰克", 4000);

Waiters.Add(scofield);
Waiters.Add(zhang);
Waiters.Add(lee);
```

```
Waiters.Add(jacky);      //编译时立即报错

//打印集合数目
MessageBox.Show(string.Format("公司共包括{0}个成员。",Waiters.Count.ToString()));

foreach (Waiter waiter in Waiters)
{
    Console.WriteLine(waiter.Name);
}
```

在上面的代码中，我们定义了一个特殊的集合类型“List＜Waiter＞”，它表示这个集合里只接受 Waiter 类型的元素。当试图把 Admin 对象添加到这个集合中时，编译无法通过，如图 8.10 所示。

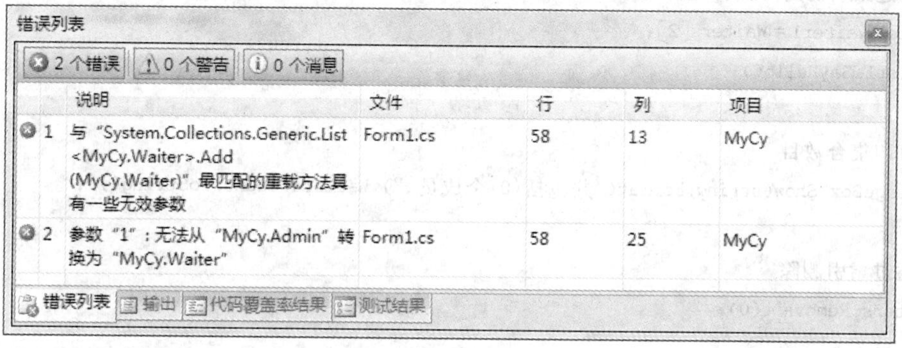

错误列表

2 个错误　0 个警告　0 个消息

	说明	文件	行	列	项目
1	与 “System.Collections.Generic.List <MyCy.Waiter>.Add (MyCy.Waiter)” 最匹配的重载方法具有一些无效参数	Form1.cs	58	13	MyCy
2	参数 “1”：无法从 “MyCy.Admin” 转换为 “MyCy.Waiter”	Form1.cs	58	25	MyCy

错误列表　输出　代码覆盖率结果　测试结果

图 8.10　类型不匹配的错误

此外，使用这个集合存储 Waiter 对象，再将它遍历出来，此时无须类型转换，保证了类型的安全性。这种集合类型叫做泛型集合。

8.4.1　泛　型

泛型是 C＃2.0 中的一个新特性。通过泛型可以定义类型安全的数据类型，它的最显著应用就是创建集合类，可以约束集合类内的元素类型。比较典型的泛型集合是 List＜T＞和 Dictionary＜K,V＞。下面我们对这两种泛型集合进行详细的学习。

泛型有以下两大优点。

(1)泛型的性能高，我们知道 ArrayList 添加元素时都是 object 类型，如果添加一个值类型，就需要把它转换为引用类型，而取出这个元素时又需要转换为它对应的值类型，这就需要装箱和拆箱的操作。而泛型无须类型的转换操作。

(2)泛型的另一个优点是类型安全，泛型集合对它所存储的对象做了类型的约束，不是它所允许存储的类型是无法添加到泛型集合中的。

8.4.2　泛型集合 List＜T＞

在 System.Collections.Generic 命名空间中定义了许多泛型集合类，这些类可以用于代替我们前面学习的 ArrayList 和 HashTable。List＜T＞类的用法非常类似于 ArrayList，从示例 8.15 中我们可以看出，除了使用方法类似，List＜T＞有更大程度的类型安全性。

定义一个 List<T>泛型集合的方法如下。

```
List<Waiter> Waiters = new List<Waiter> ();
```

“<T>”中的 T 可以对集合中的元素类型进行约束，T 表明集合中管理的元素类型。示例 8.15 的泛型集合保存的 Waiter 类型。泛型集合必须实例化，要特别注意的是实例化时后面要加上“()”，这在我们刚刚学习泛型时会经常忘记。

在示例 8.15 中，我们看到 List<T>添加一个元素的方法和 ArrayList 是一样的。其实，获取元素、删除元素，以及遍历一个 List<T>和 ArrayList 的用法都是类似的，如示例 8.16 所示。

示例 8.16：

```
//访问单个元素
//通过索引访问，无须类型转换
Waiter waiter1 = Waiters[2];
waiter1.SayHello();

//打印集合数目
MessageBox.Show(string.Format("共包括{0}个成员。"),Waiters.Count.ToString());

//通过索引删除
Waiters.RemoveAt(0);

//打印集合数目
MessageBox.Show(string.Format("共包括{0}各成员。"),Waiters.Count.ToString());
//List<Waiter> 方式
foreach (Waiter waiter in Waiters)
{
    //遍历时无须类型转换
    Console.WriteLine(waiter.Name);
}
```

很明显，你能看到它的使用方法和 ArrayList 类似，只是 List<T>无须类型转换。我们在这里对 List<T>和 ArrayList 做一个对比，见表 8.2。

表 8.2　List<T>与 ArrayList 的区别

异同点	List<T>	ArrayList
不同点	增加元素时类型严格检查	可以增加任何类型
	无需装箱拆箱	需要装箱拆箱
相同点	通过索引访问集合的元素	
	添加对象方法相同	
	通过索引删除元素	

8.4.3　泛型集合 Dictionary＜K,V＞

通过例子已经学习了 List＜T＞的用法，刚才我们说过 System. Colletions. Generic 命名空间中有许多集合可以替代前面所讲的 ArrayList 和 HashTable，是否有一种泛型集合，它的使用方法和 HashTable 类似呢？

在 C＃中还有一种泛型集合 Dictionary＜K,V＞，它具有泛型的全部特性，编译时检查类型约束，获取元素时无须类型转换，它存储数据的方式和哈希表类似，也是通过 Key/Value 键/值保存元素的。

语法：

定义一个 Dictionary＜K,V＞泛型集合的方法如下所示。

```
Dictionary＜string,Waiter＞ Waiters =   new Dictionary＜string,Waiter＞();
```

＜K,V＞中的 K 表示集合中 Key 的类型，V 表示 Value 的类型。它们的含义和 List＜T＞是相同的。上面这个集合的 Key 类型是字符串型，Value 是 Waiter 类型。

我们已经学习了哈希表的使用方法，所以对于 Dictionary＜K,V＞的使用，也会很容易，如示例 8.17 所示。

示例 8.17：

```
Dictionary＜String, Waiter＞ Waiters = new Dictionary＜string, Waiter＞();

Waiter scofield = new Waiter("Scofield", Genders.Male, 28, "绘画");
Waiter zhang = new Waiter("张三", Genders.Female, 20, "唱歌");
Waiter lee = new Waiter("李四", Genders.Male, 21, "跳舞");

// 添加元素
Waiters.Add(scofield.Name, scofield);
Waiters.Add(zhang.Name, zhang);
Waiters.Add(lee.Name, lee);

//打印集合数目
MessageBox.Show(string.Format("共包括{0} 个服务员。",Waiters.Count.ToString()));

//通过关键字 key 访问
Waiter waiter2 = Waiters["李四"];
waiter2.SayHello();

//元素遍历
foreach (Waiter waiter in Waiters.Values)
{
    Console.WriteLine(waiter.Name);
}

//通过关键字 key 删除元素
```

```
//打印集合数目
MessageBox.Show(string.Format("共包括{0} 个服务员。",Waiters.Count.ToString()));
Waiters.Remove("李四");
//打印集合数目
MessageBox.Show(string.Format("共包括{0} 个服务员。",Waiters.Count.ToString()));
```

Dictionary＜K,V＞的 Key 是 string 类型，这里保存的是服务员对象的 Name 属性，Value 是 Waiter 类型，保存服务员对象。我们同样能够看到，添加一个元素，获取一个元素，删除一个元素，遍历整个集合时的方法和哈希表是一样的，只是泛型集合的特性无须类型转换。你可以很快上手对这个泛型集合进行操作使用。同样，对 Dictionary＜K,V＞和哈希表做一个对比，见表 8.3。

表 8.3　Dictionary＜K,V＞和哈希表的对比

异同点	List＜T＞	ArrayList
不同点	增加元素时类型严格检查	可以增加任何类型
	无需装箱拆箱	需要装箱拆箱
相同点	通过 Key 获取 Value	
	添加对象方法相同	
	遍历方法相同	

8.4.4 泛型总结

泛型的主要应用之一是泛型集合，它有很多传统集合没有的特性，与传统集合相比，它的类型更为安全，无须装箱与拆箱的操作。泛型集合的操作方式直观，容易上手，只要我们掌握了集合的操作方法，操作泛型集合就不成问题。

泛型对于整个 C# 有很重要的意义，微软对于泛型技术非常重视，在.NET 开发中，未来数年内，泛型都将是主流的一种技术。它的重要性主要体现在以下几点。

(1)解决了很多繁琐的操作问题，例如传统集合中获取元素需要大量的类型转换，不易控制程序的异常，而泛型集合无须这些类型的转换，使我们编程更加便捷。

(2)提供了更好的类型安全性，在实际练习中，我们能够体会到，泛型对于类型的约束十分严格，它可以控制我们在集合中对于不同类型的对象的胡乱使用，从而保证程序类型的安全。

(3)CLR 可以支持泛型，这样使得整个.NET 平台都能够使用泛型。

8.5　本章知识梳理

数组是一组具有相同类型和名称的变量的集合，我们可以通过索引来访问数组元素。但是，数组有一个先天不足，就是数组元素一旦完成初始化工作，要在程序中动态添加和删除某个元素是非常困难的。为了解决这个问题，.NET 引入了各种各样的集合对象，例如：ArrayList，HashTable，它们在处理动态元素添加、删除时非常方便。此外，我们还在本章学习了 C# 2.0 中提出的一个概念：泛型。

第9章 C♯高级编程

【本章工作任务】

- 使用继承优化餐饮管理系统中服务员类的代码
- 实现结账买单的接口
- 用序列化方式记录餐饮管理系统的配置信息

【本章技能目标】

- 理解集成的概念
- 理解多态的概念
- 熟练使用各种形式实现多态
- 理解接口的概念
- 理解程序集和反射概念
- 掌握序列化与反序列化方法

9.1 工作任务引入

在我们的餐饮管理系统程序中，有管理员 Admin 和普通员工 Waiter 类，通过对比一下这两个类的结构，如图 9.1 所示。

从图 9.1 中可以看出，在 Admin 和 Waiter 类中，年龄(Age)、性别(Gender)、姓名(Name)属性是相同的。也就是说这两个类的这部分代码是相同的。如果要扩展这个程序，加入诸如会员类。年龄、性别、姓名这种属性是人人都有的。你将会在编写代码时大量重复这些属性的代码，造成冗余，这样的代码是不可接受的。

我们如何避免这种代码冗余，这些冗余的代码能不能集中在一个地方重复利用呢？

下面我们来逐步解决这个问题。

(1)创建一个新的类 Person，将 Admin 和 Waiter 类中的公共属性都提取出来放在这个类中，如图 9.2 所示。

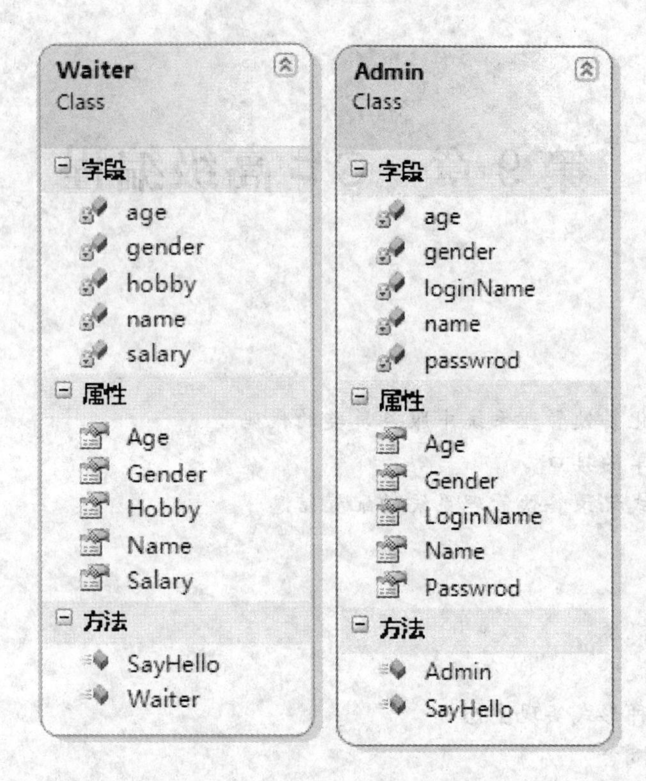

图 9.1 Admin 和 Waiter 类图

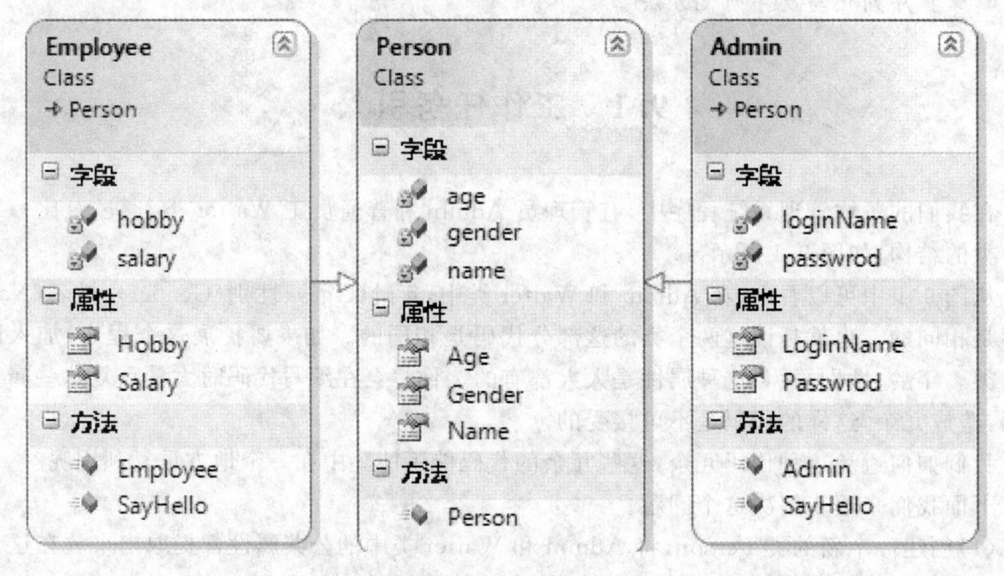

图 9.2 提取冗余代码后的图

代码如示例 9.1 所示：

示例 9.1：

```
namespace Models
{
    public enum Genders
```

```
    {
        Male, Female
    }

    public class Person
    {
        public Person() { }

        private string name;
        public string Name
        {
            get { return name; }
            set { name = value; }
        }
        private int age;
        public int Age
        {
            get { return age; }
            set { age = value; }
        }
        private Genders gender;
        public Genders Gender
        {
            get { return gender; }
            set { gender = value; }
        }
    }
}
```

(2)删除 Admin 和 Waiter 类中公共部分,保留他们各自独有的成员,如示例 9.2 所示。

示例 9.2:

```
namespace Models
{
    public class Waiter : Person
    {
        public Waiter () { }

        private string hobby;
        public string Hobby
        {
            get { return hobby; }
            set { hobby = value; }
        }
        private int salary;
```

```
        public int Salary
        {
            get { return salary; }
            set { salary = value; }
        }

        public void SayHello()
        {
        }
    }
}

namespace Models
{
    public class Admin : Person
    {
        public Admin () { }

        private string loginName;
        public string LoginName
        {
            get { return loginName; }
            set { loginName = value; }
        }
        private string passwrod;
        public string Passwrod
        {
            get { return passwrod; }
            set { passwrod = value; }
        }

        public void SayHello()
        {
        }
    }
}
```

(3)编写代码验证是否成功复用了代码，Admin 和 Waiter 类还能否使用提取出去的属性。如示例 9.3：

示例 9.3：

```
Waiter zhang = new Waiter();
zhang.Name = "zhyt";
zhang.Age = "21";
zhang.Gender = Gender.Male;
```

```
zhang.Hobby = "跳舞";
zhang.Salary = 2000;
```

我们可以看到在Person类中将公共的属性加入，而在Admin和Waiter类则没有了这部分，但是在验证程序中，仍然可以给服务员对象的属性赋值。

在定义Admin和Waiter类时候我们都使用了":Person"，这种方式叫做继承。

9.2　继　承

9.2.1　什么是继承

继承(加上封装和多态性)是面向对象的编程的三个主要特性之一。继承用于创建可重用、扩展和修改在其他类中定义的行为的新类。其成员被继承的类称为"基类"，继承这些成员的类称为"派生类"。如果一个类A继承自另一个类B，就把这个A称为"B的派生类"，而把B称为"A的基类"。继承可以使得派生类具有基类的除构造函数和析构函数以外的各种属性和方法，而不需要再次编写相同的代码。在令派生类继承基类的同时，可以重新定义某些属性，并重写某些方法，即覆盖基类的原有属性和方法，使其获得与基类不同的功能。另外，为派生类追加新的属性和方法也是常见的做法。

在C#中类从其他类中继承是通过以下方式实现的：在声明类时，在类名称后放置一个冒号，然后在冒号后指定要从中继承的类(即基类)。例如：

示例9.4：

```
public class A
{
    public A() { }
}

public class B : A
{
    public B() { }
}
```

新类(即派生类)将获取基类的所有非私有数据和行为以及新类为自己定义的所有其他数据或行为。因此，新类具有两个有效类型：新类的类型和它继承的类的类型。

在上面的示例中，类B既是有效的B，又是有效的A。访问B对象时，可以使用强制转换操作将其转换为A对象。强制转换不会更改B对象，但是B对象视图将限制为A的数据和行为。将B强制转换为A后，可以将该A重新强制转换为B。并非A的所有实例都可强制转换为B，只有实际上是B的实例的那些实例才可以强制转换为B。如果将类B作为B类型访问，则可以同时获得类A和类B的数据和行为。对象可以表示多个类型的能力称为多态性。

通过上面的示例，我们可以看出继承有以下几个特点：

- 有助于代码的重用。

- 代码维护和书写都简单很多。
- 基类的可继承数据成员和方法可用于派生类。
- 派生类可轻易地获得数据成员和方法。

注意:结构不能从其他结构或类中继承。类和结构都可以从一个或多个接口中继承。继承要符合 is—a 的关系,即“子类 is a 父类”—子类是父类。例如:Admin 是 Person,Admin is a Person。

9.2.2 继承的实际应用

继承的实际例子很多,我们先来看一个简单的例子。假设餐饮公司的服务员和管理员使用 SayHello 方法来介绍自己。服务员要说:“大家好,我是某某某,今年多少岁,喜欢什么!”而管理员要说:“大家好,我是某某某,今年多少岁,欢迎大家!”

下面来分析一下实现思路。首先,我们要有服务员类和管理员类,在介绍自己的时候,姓名、年龄等公共属性值从基类继承,并给每个类添加有参数的构造函数。然后,服务员和管理员的 SayHello 方法是不一样的,并实现各自的 SayHello 方法,最后,创建几个对象调用 SayHello 方法来进行测试。

示例 9.5:

Person 类代码如下:

```
public class Person
{
    public Person() { }
    public Person(string name, int age, Genders gender)
    {
        this.name = name;
        this.age = age;
        this.gender = gender;
    }
    private string name;
    public string Name
    {
        get { return name; }
        set { name = value; }
    }
    private int age;
    public int Age
    {
        get { return age; }
        set
        {

            if (value > 0 && value < 100)
            {
```

```
                age = value;
            }
            else
            {
                age = 18;
            }
        }
    }
    private Genders gender;
    public Genders Gender
    {
        get { return gender; }
        set { gender = value; }
    }
}
```

Admin管理员类代码如下：

```
public class Admin : Person
{
    public Admin() { }
    public Admin(string name, int age, Genders gender, int salary)
    {
        //继承自父类的属性
        this.Name = name;
        this.Age = age;
        this.Gender = gender;
        //管理员类扩展的属性
        this.salary = salary;
    }
    private int salary;
    public int Salary
    {
        get { return salary; }
        set { salary = value; }
    }
    public string SayHello()
    {
        string message;
        message = string.Format(
            "大家好,我是{0}。我今年{1}岁了。欢迎大家!",
            this.Name, this.Age
        );
        return message;
    }
```

```
}
```

服务员类代码如下：

```
public class Waiter : Person
{
    public Waiter() { }
    public Waiter(string name, Genders gender, int age, string hobby)
    {
        //继承自父类的属性
        this.Name = name;
        this.Age = age;
        this.Gender = gender;
        //服务员类扩展的属性
        this.hobby = hobby;
    }
    /// <summary>
    /// 爱好
    /// </summary>
    private string hobby;
    public string Hobby
    {
        get { return hobby; }
        set { hobby = value; }
    }
    public string SayHello()
    {
        string message;
        message = string.Format(
            "大家好,我是{0},今年{1}岁了,我喜欢{2}!",
            this.Name, this.Age, this.hobby
        );
        return message;
    }
}
```

在测试窗体的测试按钮 Click 事件中编写如下代码：

```
Waiter zhang = new Waiter("张三",Genders.Male,25,"滑冰");
Admin wang = new Admin("王五",40,Genders.Male,5000);
MessageBox.Show(zhang.SayHello());
MessageBox.Show(wang.SayHello());
```

程序执行结果如图 9.3 和图 9.4 所示。

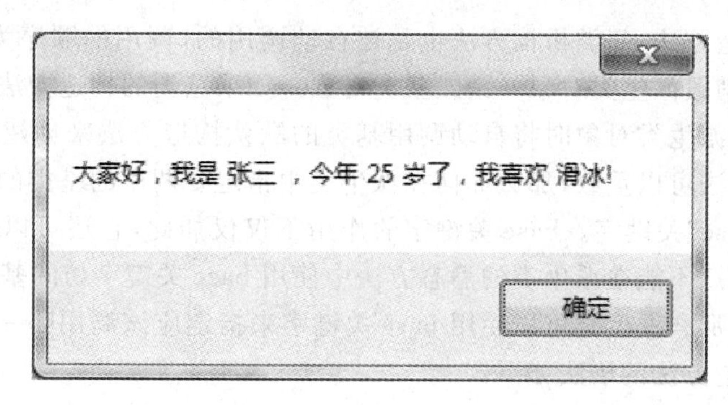

图 9.3 Waiter 对象的 SayHello()方法

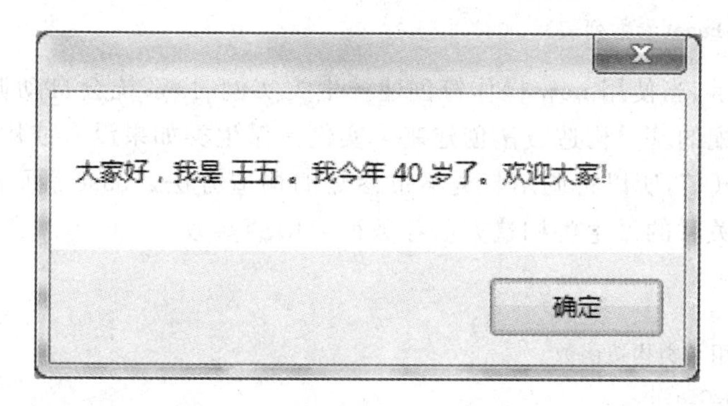

图 9.4 Admin 对象的 SayHello()方法

在上面的实例中，我们可以通过 this 关键字访问类本身的成员，也可以访问由父类继承过来的属性，然而在子类中，我们是无法访问父类中的私有的字段的。

9.2.3 Protected 访问修饰符与 base 关键字

在使用继承时我们要特别注意一点是，并不是所有的基类成员都会被继承，基类中只有被“public”、“private”、“protected”访问修饰符修饰的成员才可以被继承，这些成员包括任何基类的成员，如字段、属性、方法、索引器等，但不包括构造方法和析构方法，构造方法和析构方法不能被派生类继承。

“public”、“private”、“protected”这三种访问修饰符的区别见表 9.1。

表 9.1 “public”、“private”、“protected”的区别

修饰符	类内部访问	子类访问	其他类访问
public	可以	可以	可以
private	可以	不可以	不可以
protected	可以	可以	不可以

通过前面的介绍我们知道，派生类只能继承基类非 private 访问修饰符修饰的数据和方法成员，派生类不能继承基类的构造方法和析构方法。根据编译器的内部机制，我们知道在创建派生类实例对象时会先自动创建其相关的基类对象，而系统在创建对象时必须调用基类的构造方法，那么在创建派生类对象时基类的构造方法是怎么被调用的呢？很简单，是自动被调用的！

不仅是基类构造方法，基类析构方法也是被自动调用的，调用的顺序为：创建基类对象→创建派生类对象→销毁派生类对象→销毁基类对象。如果基类的构造方法没有重载或没有定义，那么系统在创建派生类对象时将自动调用基类的默认构造方法来创建基类对象。前面我们讲过，类的构造方法可以重载，那么如何在派生类中指定要调用的基类的构造方法是哪一个呢？这就需要用“base”关键字。base 关键字的作用不仅仅如此，它还可以访问从基类继承过来的成员，但是要注意不能在派生类的静态方法中使用 base 关键字访问基类成员。如果基类的构造方法有多个，那么派生类可以使用 base 关键字来指定应该调用哪一个，使用 base 关键字指定调用基类构造方法的语法如下：

语法：

```
派生类构造方法:base(参数列表)
```

如示例 9.6 所示，当使用 new 操作符创建派生类实例时，系统会自动调用和 base 关键字后面参数列表相匹配的基类构造方法创建基类实例。派生类如果没有使用 base 关键字，那么就相当于使用“base()”，所以将调用基类不带参数的构造方法。base 后面的参数列表可以包含常数或者跟它相关联的派生类构造方法参数列表中的参数。

示例 9.6：

```
//在派生类中调用基类构造函数。
public class BaseClass
{
    intnum;
    publicBaseClass()
    {
        Console.WriteLine("in BaseClass()");
    }
    publicBaseClass(inti)
    {
        num = i;
        Console.WriteLine("in BaseClass(int {0})", num);
    }
}
public class DerivedClass : BaseClass
{
    // 该构造方法调用 BaseClass.BaseClass()
    publicDerivedClass() : base()
    {
    }
    // 该构造方法调用 BaseClass.BaseClass(inti)
    publicDerivedClass(inti) : base(i)
    {
    }
    static void Main()
    {
```

```
            DerivedClass dc = new DerivedClass();
            DerivedClass dc1 = new DerivedClass(1);
        }
    }
    /*
```

控制台输出：

```
    inBaseClass()
    inBaseClass(1)
    */
```

我们再来看一个使用 base 关键字调用基类其他成员的情况，用 base 关键字调用的基类成员必须是派生类继承过来的非私有成员，包括字段、属性、方法等，调用方式如示例 9.7 所示：

示例 9.7：

```
// base 关键字
// 访问基类成员
public class BaseClass
{
    protected string _className = "BaseClass";
    public virtual void PrintName()
    {
        Console.WriteLine("Class Name：{0}", _className);
    }
}
classDerivedClass : BaseClass
{
    public string _className = "DerivedClass";
    public override void PrintName()
    {
        Console.Write("The BaseClass Name is {0}");
        //调用基类方法
        base.PrintName();
        Console.WriteLine("This DerivedClass is {0}", _className);
    }
}
```

测试程序代码如下：

```
classTestApp
{
    public static void Main()
    {
        DerivedClass dc = new DerivedClass();
        dc.PrintName();
```

```
        }
    }
    /*
```

控制台输出：

```
The BaseClass Name is BaseClass
This DerivedClass is DerivedClass
*/
```

由上可以看出，一个子类继承父类，在编写子类的构造函数时需要注意以下两点。

1. 隐式调用父类构造函数

如果子类的构造函数没有使用 base 关键字指明调用父类的哪个构造函数，则父类必须提供一个默认的无参构造函数。因为子类构造函数在这种情况下会隐式调用父类的默认无参构造函数 base()。

2. 显示调用父类构造函数

如果父类中没有提供默认的无参构造函数，那么子类的构造函数必须明确指明调用的是哪个父类的有参构造函数。

9.2.4 窗体继承

C#窗体继承的实现就是通过从基窗体继承来创建新 Windows 窗体，是重复最佳工作成果的快捷方法，而不必每次需要窗体时都从头开始重新创建一个。那么具体的操作是怎么样的呢？让我们来看看。

注意：为了从一个窗体继承，包含该窗体的文件或命名空间必须已编译成可执行文件或 DLL。若要编译项目，请从“编译”菜单中选择“编译”。对该命名空间的引用也必须添加到继承该窗体的类中。显示的对话框和菜单命令可能会与“帮助”中的描述不同，具体取决于现用设置或版本。

在程序中创建继承窗体的方法有两种，一是通过窗体设计器实现，二是通过编程方式实现，下面具体介绍这两种方法。

1. 通过窗体设计器实现

通过窗体设计器创建继承窗体的步骤如下：

(1)在“解决方案资源管理器”中选中项目，单击鼠标右键，在弹出的快捷菜单中选择“添加”/“新建项”选项，在该对话框中，选择“继承的窗体”，并在“名称”文本框中给要添加的继承窗体命名。如图 9.5 所示。

(2)单击【添加】按钮，弹出如图 9.6 所示的“继承选择器”对话框，在该对话框中，选择要继承的窗体名称，或者单击【浏览】按钮，选择要继承的组件，然后单击【确定】按钮，即可在现有项目中添加一个 Windows 继承窗体。

2. 通过编程方式实现

通过编程方式创建继承窗体的步骤如下。

(1)在 Visual Studio 2005 已有的 Windows 应用程序中添加一个普通窗体，命名为 Form1。

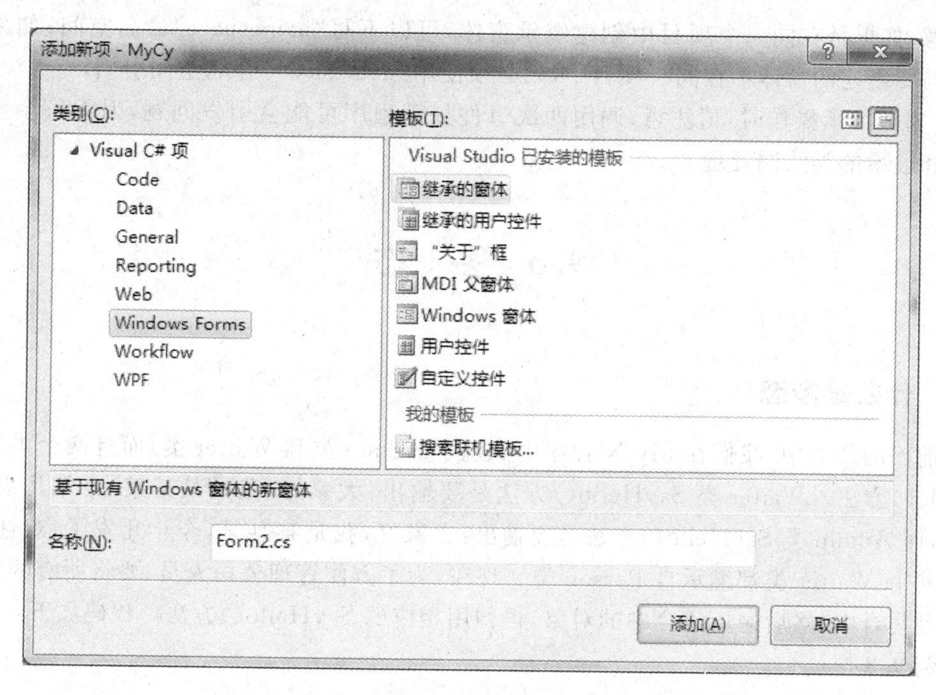

图 9.5　选择“添加”/“新建项”选项

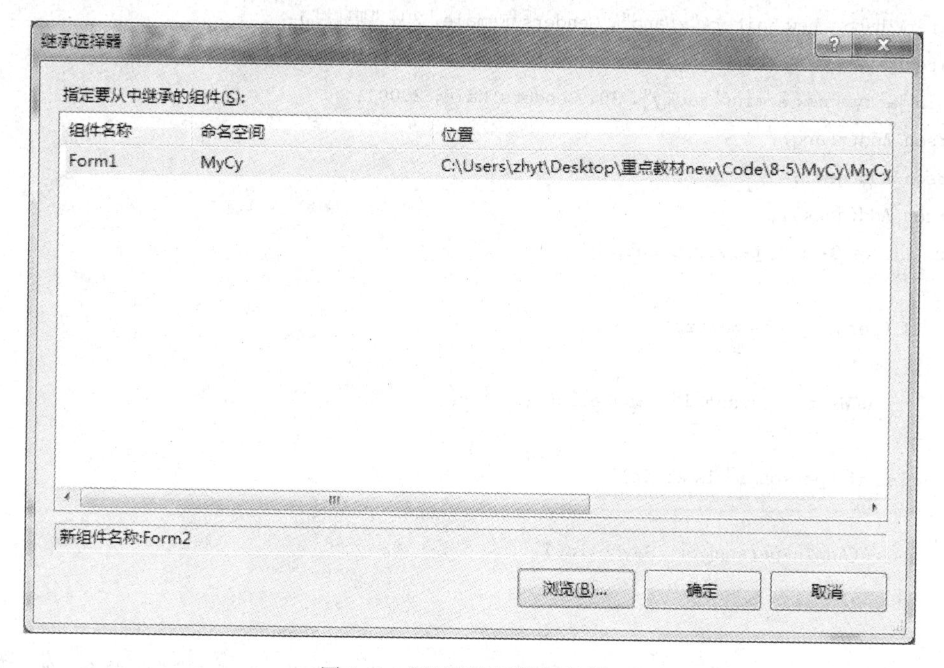

图 9.6　“继承选择器”对话框

(2)再在该 Windows 应用程序中添加一个窗体，命名为 Form2。

(3)双击 Form2 窗体，进入该窗体的代码视图中，在其类定义中，添加对所继承窗体 Form1 的引用，该引用的写法包含 Form1 窗体的命名空间，后面跟一个句点及 Form1 窗体的名称。具体代码如下：

```
public partial class Form2: namespace. Form1
```

注意:如果是在同一个项目中创建继承窗体,可以不写“namespace”命名空间;如果继承的窗体与要创建的窗体不在同一项目中,则必须使用“namespace”命名空间引用。

C#窗体继承操作时,请注意,调用两次事件处理程序可能会引发问题,因为每个事件都由基类和继承的类共同处理。

9.3 多 态

9.3.1 什么是多态

在前面的章节中,我们在MyCy程序中实现了Admin类和Waiter类,而且两个类中均有SayHello()方法。Waiter类SayHello()方法是要输出:大家好,我是某某某,今年几岁了,喜欢什么,而Admin类SayHello()方法是要输出:大家好,我是某某某,今年几岁了,欢迎大家。Admin类和Waiter类都继承自Person类。现在,为了方便管理公司人员,要将所有的对象保存到泛型集合中,然后遍历集合中的对象,再调用相应的SayHello()方法。代码如下:

示例9.8:

```
List<Person> person = new List<Person>();
Waiter zhang = new Waiter("zhang", Genders.Female, 20, "唱歌");
Waiter jay = new Waiter("jay", Genders.Male, 21, "跳舞");
Admin jacky = new Admin("jacky", 30, Genders.Male, 2000);
person.Add(zhang);
person.Add(jay);
person.Add(jacky);
for (int i = 0; i < person.Count; i++)
{
    if (person[i] is Waiter)
    {
        ((Waiter)person[i]).SayHello();
    }
    else if (person[i] is Admin)
    {
        ((Admin)person[i]).SayHello();
    }
}
```

通过代码可以看到,遍历集合时,取出来的元素必须要判断是哪个子类对象,然后转换子类对象并调用相应的SayHello()方法。

如果给公司增加几个类,比如:厨师、收银员等,每个类的SayHello()方法都不同,在调用SayHello()方法时候就需要大量的判断,这样不但增加代码复杂度,也不方便后期维护。

我们可以对示例9.8进行一下修改,以省略这些判断。修改后的代码如下:

示例9.9：

```
//修改 Person 类，添加 abstract 关键字修饰
abstract public class Person
{
    //省略 Person 类中其他属性

    //添加一个未实现的抽象方法
    public abstract void SayHello();
}

//在 Admin 类中重写 SayHello()方法
override public string SayHello()
{
    string message;
    message = string.Format("大家好，我是 {0}。我今年 {1} 岁了。欢迎大家!",
        this.Name, this.Age);
    return message;
}

//在 Waiter 类中重写 SayHello()方法
override public string SayHello()
{
    string message = string.Format(
    "大家好，我是 {0} 同学，今年 {1} 岁了，我喜欢 {2}!",
    base.Name, base.Age, this.hobby);
    return message;
}
```

这样在遍历的时候就无须考虑集合中的对象具体是哪种类型，直接调用 SayHello()方法。不同的对象对于同一个方法调用，却有着不同的执行结果，我们称这种特性为多态。

多态性常被视为自封装和继承之后，面向对象的编程的第三个支柱。Polymorphism(多态性)是一个希腊词，指“多种形态”，多态性具有两个截然不同的方面：

(1)在运行时，在方法参数和集合或数组等位置，派生类的对象可以作为基类的对象处理。发生此情况时，该对象的声明类型不再与运行时类型相同。

(2)基类可以定义并实现虚方法，派生类可以重写这些方法，即派生类提供自己的定义和实现。在运行时，客户端代码调用该方法，CLR 查找对象的运行时类型，并调用虚方法的重写方法。因此，可以在源代码中调用基类的方法，但执行该方法的派生类版本。

9.3.2 抽象类和抽象方法

在理解抽象类和抽象方法之前，我们先来理解一下“抽象”一词的概念。汉语词典对抽象的解释如下：

- 将复杂物体的一个或几个特性抽出去而只注意其他特性的行动或过程。

● 将几个有区别的物体的共同性质或特性形象地抽取出来或孤立地进行考虑的行动或过程。

● 抽象对于将东西分成属及种是必需的。

● 摘要，提炼，抽象化。

在面向对象的程序设计中，抽象是一种描述一种摘要，它规定一些方法和数据，这些方法和数据是从派生类里提炼出来的。抽象的方法需要派生类的实现，只有这样才有意义。由此我们引出抽象类最重要的三个特征：

● 抽象类是派生类的一个描述。

● 抽象类不能自己实例化，但可以代表派生类实例(也就是引用派生类对象)。

● 抽象类是用来实现抽象的。

在 C# 中我们定义抽象类及抽象方法的语法如下：

语法：

```
访问修饰符 abstract class 抽象类名
{
    //抽象类体
    访问修饰符 abstract 返回值类型抽象方法名();
}
```

示例：

```
public abstract class Person
{
    protected string nid;
    public abstract int Name {get;set;}
    public abstract int this[int n] {get;set;}
    public abstract string SayHello();
}
```

抽象类的定义和普通类的定义方式非常相似，只是在 class 和类访问修饰符中间加了一个 abstract 关键字。抽象类里可以定义抽象方法、抽象属性以及抽象所引起。抽象方法的定义也是在普通方法定义的基础上加一个 abstract 关键字。由于抽象类只是用来描述功能，所以这些抽象的方法、抽象的属性等都不能实现。

抽象类的使用需要注意以下几点：

● 抽象类中的方法并不一定都是抽象方法；

● 抽象类不能被实例化；

● 抽象类不能是密封或者静态类，即不能用 sealed 或者 static 修饰符来修饰。

当从一个抽象基类派生一个子类时，子类将继承基类的所有特征，包括它的未实现的抽象方法。抽象方法必须在其子类中实现，除非它的子类也是抽象类。在子类中实现一个抽象方法的方式是使用 override 关键字来重写抽象方法。

语法：

```
访问修饰符 override 返回值类型方法();
```

通过 override 关键字可以自由地重写方法，这样就可以让每个类型成员的自我介绍 Say-

Hello()方法内容都不同了。

9.3.3　里氏替换原则

里氏替换原则(LSP)的严格表述是：

假如对每一个类型为T1的对象O1,都有类型为T2的对象O2,使得以T1定义的所有程序P在所有的对象O1都代换成O2时,程序P的行为没有变化,那么类型T2是类型T1的派生类型。

换言之,一个软件实体假如使用的是一个基类的话,那么一定适用于其派生类,而且它根本不能察觉出基类对象和派生类对象的区别。

比如,假设有两个类,一个是Base类,另一个是Derived类,并且Derived类是Base类的派生类。那么一个方法假如可以接受一个基类对象b的话:method(Base b),那么它必然可以接受一个派生类对象d,也即可以有method(d)。

LSP是继续复用的基石。只有当衍生类可以替换基类,软件单位的功能不会受到影响时,基类才能真正被复用,而衍生类也才能够在基类的基础上增加新的行为。

注意:反过来的代换不成立。即假如一个软件实体使用的是一个派生类的话,那么它不一定适用于基类。假如一个方法method2接受派生类对象为参数的话:method2(Derived d),那么一般而言不可以有method2(b)。

里氏替换原则有以下两个关键的技术：

1. is操作符的使用

"is"操作符用于检查对象是否与给定的类型相同。主要的使用方法,例如,判断一个Object是否是字符串类型。

```
if (obj is string){

}
```

在前面的示例代码中我们可以这样来写：

```
if(person[i] is Admin){

}
if(person[i] is Waiter){

}
```

使用"is"操作符号在进行类型判断时,如果所提供的对象可以强制转换为所提供的类型而不会导致引发异常,则is表达式的结果为true。

2. as操作符

里氏替换原则的另一个操作符是as操作符,它用于两个对象之间的类型转换。在前面的示例中,我们在学习ArrayList时,获取一个元素时需要类型转换,当时我们使用的是强制类型转换,现在我们使用as来进行类型转换。

示例 9.10：

```
ArrayList Waiters = new ArrayList();
Waiter scofield = new Waiter("王五", Genders.Male, 28, "跳舞");
Waiter zhang = new Waiter("张三", Genders.Female, 20, "唱歌");
Waiter jay = new Waiter("周六", Genders.Male, 21, "滑冰");
Waiters.Add(scofield);
Waiters.Add(zhang);
Waiters.Add(jay);
foreach (Object waiter in Waiters)
{
    Waiter waiter = (Waiter)waiter;
    Console.WriteLine(waiter.Name);
}
for (int i = 0; i < Waiters.Count; i++)
{
    Waiter waiter = Waiters[i] as Waiter;
    Console.WriteLine(waiter.Name);
}
```

as 运算符类似于强制转换，所不同的是，当转换失败时，运算符将产生空，而不是引发异常。

9.3.4 什么是虚方法

virtual 关键字用于修饰方法、属性、索引器或事件声明，并使它们可以在派生类中被重写。例如，此方法可被任何继承它的类重写。

```
publicvirtual double Area()
{
    return x * y;
}
```

虚拟成员的实现可由派生类中的重写成员更改。

备注：

- 调用虚方法时，将为重写成员检查该对象的运行时类型。将调用大部分派生类中的该重写成员，如果没有派生类重写该成员，则它可能是原始成员。
- 默认情况下，方法是非虚拟的。不能重写非虚方法。
- virtual 修饰符不能与 static、abstract、private 或 override 修饰符一起使用。
- 除了声明和调用语法不同外，虚拟属性的行为与抽象方法一样。
- 在静态属性上使用 virtual 修饰符是错误的。
- 通过包括使用 override 修饰符的属性声明，可在派生类中重写虚拟继承属性。

虚方法除了提供默认的实现之外，还可以重写自定义的实现方式，大大增加了程序的灵活性。虚方法和抽象方法都可以重写，都可以实现多态性，那么它们的区别是什么呢？

表 9.2　虚方法与抽象方法的区别

虚方法	抽象方法
用 Vitrual 修饰	用 abstract 修饰
要有方法体，哪怕是一个分号	不允许有方法体
可以被子类 override	必须被子类 override
除了密封类外都可以写	只能在抽象类中

9.3.5　虚方法的实际应用

示例 9.11：

```
public class Dimensions
{
    public const double PI = Math.PI;
    protected double x, y;
    public Dimensions()
    {
    }
    public Dimensions(double x, double y)
    {
        this.x = x;
        this.y = y;
    }

    publicvirtual double Area()
    {
        return x * y;
    }
}

public class Circle : Dimensions
{
    public Circle(double r) : base(r, 0)
    {
    }

    publicoverride double Area()
    {
        return PI * x * x;
    }
}

publicclass Sphere : Dimensions
```

```
{
    public Sphere(double r) : base(r, 0)
    {
    }

    publicoverride double Area()
    {
        return 4 * PI * x * x;
    }
}

class Cylinder : Dimensions
{
    public Cylinder(double r, double h) : base(r, h)
    {
    }

    publicoverride double Area()
    {
        return 2 * PI * x * x+2 * PI * x * y;
    }
}

classTestClass
{
    static void Main()
    {
        double r = 3.0, h = 5.0;
        Dimensions c = new Circle(r);
        Dimensions s = new Sphere(r);
        Dimensions l = new Cylinder(r, h);
        // Display results:
        Console.WriteLine("Area of Circle   = {0 : F2}", c.Area());
        Console.WriteLine("Area of Sphere   = {0 : F2}", s.Area());
        Console.WriteLine("Area of Cylinder = {0 : F2}", l.Area());
    }
}
/*
输出:
Area of Circle   = 29.27
Area of Sphere   = 113.10
Area of Cylinder = 150.80
*/
```

在该示例中，Dimensions类包含x、y两个坐标和Area()虚方法。不同的形状类，如Circle、Cylinder和Sphere继承Dimensions类，并为每个图形计算表面积。每个派生类都有各自的Area()重写实现。根据与此方法关联的对象，通过调用适当的Area()实现，程序为每个图形计算并显示适当的面积。

在前面的示例中，注意继承的类Circle、Sphere和Cylinder都使用了初始化基类的构造函数，例如：

```
public Cylinder(double r, double h): base(r, h) {}
```

9.4　接　口

9.4.1　接口概述

什么是接口？接口用来定义一组抽象的操作的集合，通常是一些抽象方法和属性。其实，接口简单的理解就是一样约定、一种软件协议，接口约定和协议继承它的类或者结构，必须实现接口中定义的方法、索引器、事件和属性，这就是一种协议，或者叫约定。单就这方面看，接口是没有什么用的，我们不遵守这项协议也能进行开发。但是，由于C#本身只能实现单继承，所以设计者在设计的时候为了实现多继承，就赋予接口一种特殊而有重要的功能，通过接口实现多继承。

接口描述可属于任何类或结构的一组相关行为。接口可由方法、属性、事件、索引器或这四种成员类型的任何组合构成。接口不能包含字段。接口成员一定是公共的。

类和结构可以按照类继承基类或结构的类似方式继承接口，但有两个例外：

- 类或结构可继承多个接口。
- 类或结构继承接口时，仅继承方法名称和签名，因为接口本身不包含实现。

示例9.12：

```
public class Minivan : Car, IComparable
{
    publicintCompareTo(object obj)
    {
        //implementation of CompareTo
        return 0;  //if the Minivans are equal
    }
}
```

若要实现接口成员，类中的对应成员必须是公共的、非静态的，并且与接口成员具有相同的名称和签名。类的属性和索引器可以为接口上定义的属性或索引器定义额外的访问器。例如，接口可以声明一个带有get访问器的属性，而实现该接口的类可以声明同时带有get和set访问器的同一属性。但是，如果属性或索引器使用显式实现，则访问器必须匹配。

接口和接口成员是抽象的；接口不提供默认实现。IComparable接口向对象的用户宣布该对象可以将自身与同一类型的其他对象进行比较，接口的用户不需要知道相关的实现方式。

接口可以继承其他接口。类可以通过其继承的基类或接口多次继承某个接口。在这种情况下，如果将该接口声明为新类的一部分，则类只能实现该接口一次。如果没有将继承的接口声明为新类的一部分，其实现将由声明它的基类提供。基类可以使用虚拟成员实现接口成员；在这种情况下，继承接口的类可通过重写虚拟成员来更改接口行为。

接口具有下列属性：

- 接口类似于抽象基类：继承接口的任何非抽象类型都必须实现接口的所有成员。
- 不能直接实例化接口。
- 接口可以包含事件、索引器、方法和属性。
- 接口不包含方法的实现。
- 类和结构可从多个接口继承。
- 接口自身可从多个接口继承。

声明接口的语法如下：

```
public interface ICar
{
    string Model
    {
        get;
        set;
    }
    voidStratEngine(Page page);
}
```

注意：在C#接口中只能包括方法、属性、索引器、事件的声明。不允许声明成员上的修饰符，即使是public也不行，因为接口成员总是公有的，也不能声明为虚拟的和静态的，如果需要修饰符，最好让实现类来声明。

接口中定义的方法需要在类中实现，这个过程称为接口的实现。

(1)一个类可以同时实现多个接口(多继承)。后面用“,”分割。若实现类，则类在前，接口在后。继承接口的任何非抽象类型都必须实现接口的所有成员。

示例9.13：

```
public class Car : ICar
{
    private string _model;
    public string Model
    {
        get { return _model; }
        set { _model = value; }
    }
    public void StratEngine(Page page)
    {
        page.Response.Write("Strat Engine!");
    }
}
```

(2)接口和类都可以继承多个接口,类可以继承一个基类,接口不能继承类。

(3)一个接口定义了一个只有抽象成员的引用类型。C#中一个接口实际上所做的,仅仅存在着方法的标志,但是根本就没有执行代码,这就注定了接口不能实例化,也即不能实例化一个接口,只能实例化继承接口的类。

(4)接口可以作为一种引用类型使用。这样方便使用接口中定义的方法,但是执行的是实本接口的类中的方法。同时我们也就可以让它指向执行实现这个接口的任何类型的实例了(通过类型转换实现),比较灵活,但是也有个缺点,就是我们如果不执行接口中的方法,比如类中定义的方法,就要先把接口的引用转换成合适的类型了。

显式接口的实现:

(1)如果类实现了两个接口,并且这两个接口具有相同成员(方法、属性……)那么在类中实现接口的时候,两个接口都使用该成员作为他们的实现,如果功能不一样,这无疑是一种错误,为此,显示接口的实现就是为了解决这种问题的。例如:

示例9.14:

```
public interface IControl
{
    void Paint();
    }
    Public interface ISurface
    {
        void Paint();
    }
    public class SampleClass : IControl, ISurface
    {
        voidIControl.Paint()
        {
            System.Console.WriteLine("IControl.Paint");
        }
        voidISurface.Paint()
        {
            System.Console.WriteLine("ISurface.Paint");
        }
    }
```

(2)显式实现还用于解决两个接口分别声明具有相同名称的不同成员(如属性和方法)的情况。

共同的解决办法是在实现接口的时候在相同成员的前面加"接口名称+.",用于标示实现的是哪个接口中的成员。

9.4.2　接口作为参数的意义

在MyCy系统里,如果想添加一个结账的方法CheckOut (),只有管理员和服务员可以结账,这个结账的方法应该放在哪个类里呢?

(1)显然只放在Admin或Waiter类中是不可以的。

(2)两个类都放,会造成调用它们时判断类型,Person 类失去了作用。

(3)放在 Person 类里,作为抽象方法,让 Admin 和 Waiter 类重写,这样,如果增加了一个不会结账的 Person 子类,怎么办?

(4)重新定义一个结账的类,让 Admin 和 Waiter 继承,但是由于继承的归根性,就无法继承 Person 类。

如何解决这个问题呢?我们可以使用接口技术来实现。

(1)定义一个接口 ICheckOut,这个接口含有一个结账 CheckOut()方法。

(2)在 Admin 和 Waiter 类中分别实现这个接口。

(3)在测试程序中添加一个调用结账方法的方法,这个方法将 ICheckOut 作为参数,用参数调用接口中的结账方法。

(4)接口作为参数就是传递一个实现了接口的对象,所以再添加几个对象,测试程序。

示例 9.15:

```
//结账接口
public interface ICheckOut
{
    voidCheckOut();
}

//Waiter 类
Public class Waiter : Person,ICheckOut
{
    //构造函数、属性方法等参考前面章节
    public void CheckOut()
    {
        MessageBox.Show("服务员已完成结账!");
    }
}

//调用结账方法的方法
Private void DoCheckOut(ICheckOutcheckouter)
{
    //不管是服务员结账还是管理员结账,这里都不需要做任何改变
    checkouter. CheckOut();
}
//创建实现了接口的类的对象作为参数传递
Waiter zhangsan = new Waiter("张三",Genders.Male,28,"唱歌");
Admin lisi = new Admin("李四",Genders.Male,31,"跳舞");
DoCheckOut(zhangsan);
DoCheckOut(lisi);
```

在调用结账方法的方法中,直接调用接口的方法就可以了,因为我们传递进来的是一个实现了接口的对象,无论是服务员结账还是管理员结账,都不需要修改这个方法。这里同样需要将实现了结账接口的对象作为参数来传递。

实现了接口的对象，调用接口中的方法时，就会实现这个方法的功能，所以说，实现了接口就能实现某种功能。接口作为参数是它的一种典型的应用方式。

9.4.3 接口作为返回值的意义

我们通过例子看到，接口作为参数时并不是传递了一个抽象的接口，而是传递了实现了接口的对象。其实，接口还有一种典型的应用——作为返回值。现在，还是通过结账的接口，我们来这样实现。如示例 9.16 所示：

(1) 添加一个方法，它的返回值是结账的接口。

(2) 调用这个方法，并接受接口返回值，接口返回值再调用结账方法。

示例 9.16：

```
//返回结账接口的方法
privateICheckOutCreateCheckOuter(string type)
{
    ICheckOutcheckouter = null;
    switch(type)
    {
        case "waiter":
        checkouter = new Waiter("张三",Genders.Male,28,"唱歌");
        break;
        case "admin":
        checkouter = new Admin("李四",Genders.Male,31,"跳舞");
        break;
    }
    returncheckouter;
}


//实现结账
ICheckOutcheckouter = CreateCheckOuter("waiter");
checkouter. CheckOut();
```

通过上面的示例，我们可以看到调用 CreateCheckOuter 实际上返回的是 Waiter 或者 Admin 对象，也就是说接口作为返回值实际上就是返回一个实现接口的对象。

9.4.4 接口和抽象类

实现一个接口必须实现它提供的方法、属性等，这和我们学习的抽象类很相似，抽象类中的抽象方法必须在其非抽象派生类中实现，才能实现具体的功能。那么抽象类和接口到底有什么区别呢？

表 9.3 接口和抽象类的区别

	抽象类	接　口
不同点	用 abstract 定义	用 interface 定义
	只能继承一个类	可以实现多个接口
	非抽象派生类必须实现抽象方法	实现接口的类必须实现所有成员
	需要 override 实现抽象方法	直接实现
相似点	不能实例化	
	包含未实现的方法	
	派生类必须实现未实现的方法	

经验：

接口是某类行为或功能的抽象，是一种规范或者标准，或者说是一种契约。所以从字面上来理解就非常清楚了。

抽象类：对具体对象的最高抽象，这个对象拥有自己的最基本特征。

从整体上讲，抽象类和接口本质上都是系统的最高抽象。从实际上来讲，二者抽象的对象不一样，所以它们的应用也截然不同。

9.5 程序集与反射

9.5.1 什么是程序集

程序集是 .NET Framework 编程的基本组成部分。程序集的定义包括：

(1)程序集是一个或多个托管模块，以及一些资源文件的逻辑组合。

(2)程序集是组件复用，以及实施安全策略和版本策略的最小单位。

(3)程序集是包含一个或者多个类型定义文件和资源文件的集合。

在程序集包含的所有文件中，有一个文件用于保存清单(清单是元数据部分中一组数据表的集合，其中包含了程序集中一部分文件的名称，描述了程序集的版本、语言文化、发布者、共有导出类型，以及组成该程序集的所有文件)。

作为一个单元进行版本控制和部署的一个或多个文件的集合。程序集是 .NET Framework 应用程序的主要构造块。所有托管类型和资源都包含在某个程序集内，并被标记为只能在该程序集的内部访问，或者被标记为可以从其他程序集中的代码访问。程序集在安全方面也起着重要作用。代码访问安全系统使用程序集信息来确定为程序集中的代码授予的权限集。程序集执行以下功能：

(1)包含公共语言运行库执行的代码。如果可移植可执行（PE）文件没有相关联的程序集清单，则将不执行该文件中的 Microsoft 中间语言（MSIL）代码。请注意，每个程序集只能有一个入口点(即 DllMain、WinMain 或 Main)。

程序集形成安全边界。程序集就是在其中请求和授予权限的单元。有关应用于程序集的安全边界的更多信息，请参见程序集安全注意事项。

(2)程序集形成类型边界。每一类型的标识均包括该类型所驻留的程序集的名称。在一个程序集范围内加载的 MyType 类型不同于在其他程序集范围内加载的 MyType 类型。

(3)程序集形成引用范围边界。程序集的清单包含用于解析类型和满足资源请求的程序集元数据。它指定在该程序集之外公开的类型和资源。该清单还枚举它所依赖的其他程序集。

(4)程序集形成版本边界。程序集是公共语言运行库中最小的可版本化单元，同一程序集中的所有类型和资源均会被版本化为一个单元。程序集的清单描述为任何依赖项程序集所指定的版本依赖性。

(5)程序集形成部署单元。当一个应用程序启动时，只有该应用程序最初调用的程序集必须存在。其他程序集(例如本地化资源和包含实用工具类的程序集)可以按需检索。这就使应用程序在第一次下载时保持精简。

程序集可以是静态的或动态的。静态程序集可以包括 .NET Framework 类型(接口和类)，以及该程序集的资源(位图、JPEG 文件、资源文件等)。静态程序集存储在磁盘上的可移植可执行 (PE) 文件中。还可以使用 .NET Framework 来创建动态程序集，动态程序集直接从内存运行并且在执行前不存储到磁盘上。可以在执行动态程序集后将它们保存在磁盘上。

有几种创建程序集的方法。可以使用过去用来创建 .dll(C#中的类库文件) 或 .exe 文件的开发工具，例如 Visual Studio .NET。可以使用在 .NET Framework SDK 中提供的工具来创建带有在其他开发环境中创建的模块的程序集。还可以使用公共语言运行库 API(例如 Reflection.Emit)来创建动态程序集。

9.5.2 程序集的结构

程序集由描述它的程序集清单、类型元数据、MSIL 代码和资源组成，这些部分都分布在一个文件中，或者分布在几个文件中。下面我们分别就上述内容进行说明：

1. 程序集清单

每一个程序集都包含描述该程序集中各元素彼此如何关联的数据集合。程序集清单包含这些程序集的元数据。程序集清单包含指定该程序集的版本要求和安全标示所需的所有元数据。

2. 元数据

元数据是一种二进制信息，它以非特定语言的方式描述在代码中定义的每一个类型和成员，程序集清单也是元数据的一部分，主要存储以下信息：

- 程序集的说明
- 标识(名称、版本、区域性、公钥)
- 导出的类型
- 该程序集所依赖的其他程序集
- 运行所需的安全权限

而类型元数据包含以下内容：

- 类型的说明
- 名称、可见性、基类和实现的接口
- 成员(方法、字段、属性、事件、嵌套的类型)

- 属性
- 修饰类型和成员的其他说明性元素

9.5.3 反 射

反射(Reflection)是.NET 中的重要机制,通过反射,可以在运行时获得.NET 中每一个类型(包括类、结构、委托、接口和枚举等)的成员,包括方法、属性、事件,以及构造函数等,还可以获得每个成员的名称、限定符和参数等。有了反射,即可对每一个类型了如指掌。如果获得了构造函数的信息,即可直接创建对象,即使这个对象的类型在编译时还不知道。

程序代码在编译后生成可执行的应用,我们首先要了解这种可执行应用程序的结构。

应用程序结构分为应用程序域→程序集→模块→类型→成员几个层次,公共语言运行库加载器管理应用程序域,这种管理包括将每个程序集加载到相应的应用程序域以及控制每个程序集中类型层次结构的内存布局。

程序集包含模块,而模块包含类型,类型又包含成员,反射则提供了封装程序集、模块和类型的对象。我们可以使用反射动态地创建类型的实例,将类型绑定到现有对象或从现有对象中获取类型,然后调用类型的方法或访问其字段和属性。反射通常具有以下用途。

(1)使用 Assembly 定义和加载程序集,加载在程序集清单中列出模块,以及从此程序集中查找类型并创建该类型的实例。

(2)使用 Module 了解包含模块的程序集以及模块中的类等,还可以获取在模块上定义的所有全局方法或其他特定的非全局方法。

(3)使用 ConstructorInfo 了解构造函数的名称、参数、访问修饰符(如 public 或 private)和实现详细信息(如 abstract 或 virtual)等。使用 Type 的 GetConstructors 或 GetConstructor 方法来调用特定的构造函数。

(4)使用 MethodInfo 了解方法的名称、返回类型、参数、访问修饰符(如 public 或 private)和实现详细信息(如 abstract 或 virtual)等。使用 Type 的 GetMethods 或 GetMethod 方法来调用特定的方法。

(5)使用 FiedInfo 了解字段的名称、访问修饰符(如 public 或 private)和实现详细信息(如 static)等,并获取或设置字段值。

(6)使用 EventInfo 了解事件的名称、事件处理程序数据类型、自定义属性、声明类型和反射类型等,添加或移除事件处理程序。

(7)使用 PropertyInfo 了解属性的名称、数据类型、声明类型、反射类型和只读或可写状态等,获取或设置属性值。

(8)使用 ParameterInfo 了解参数的名称、数据类型,是输入参数还是输出参数,以及参数在方法签名中的位置等。

System.Reflection.Emit 命名空间的类提供了一种特殊形式的反射,可以在运行时构造类型。如示例 9.17,我们利用一个外部应用程序来获取 MyCy 的版本号。

示例 9.17:

```
class Program
{
    static void Main(string[] args)
    {
```

```
        string version = Assembly.LoadFile(@"d:\MyCy.exe").GetName().Version.ToString();
        Console.WriteLine(version);
    }
}
```

9.6　序列化与反序列化

9.6.1　记录配置信息

现在我们要对餐饮管理系统增加配置信息，例如增加一个数据库服务器的链接参数设置等。如图 9.7 所示：

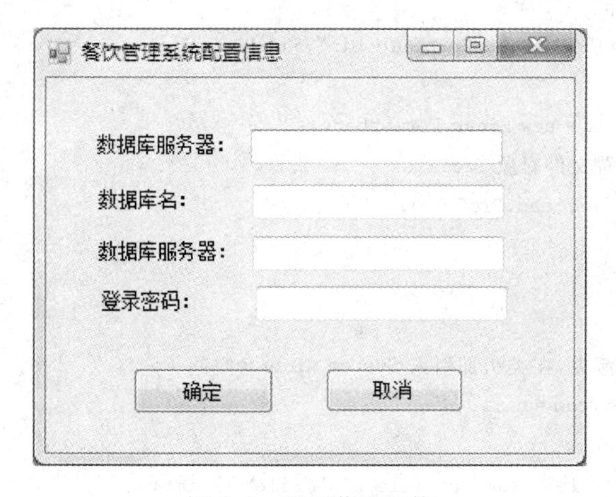

图 9.7　配置信息窗体

如果要将这些信息保存下来，就要写入配置文件，现在为餐饮管理系统增加保存配置信息的功能。我们可以新建一个配置文件管理类 ProfileManager，在这个类中封装一个读取配置文件的方法 Load()和写入配置文件的方法 Save()。这两个方法都需要文件操作类提供的方法去读写文本文件或二进制文件。由于文件操作类需要逐项写入文件才能方便读取，一旦某一天配置信息里增加了配置信息项，我们需要进行以下操作：

- 修改配置类
- 修改 Save()方法
- 修改 Load()方法
- 最麻烦的是我们必须重新设计我们的配置文件结构，一旦文件结构发生变化，整个程序需要重写。

实际上，我们有一种更简单的方式，可以一劳永逸地完成配置信息的读写操作，其步骤如下：

(1) 在 ProfileManager 类中引入命名空间：

```
usingSystem.Runtime.Serialization.Formatters.Binary;
```

(2) 新建配置信息类 Profile，并在类的头部添加一个标记[Serializable]，用于标记该类是否可序列化。语法如下：

```
[Serializable]
class Profile{
    //…
}
```

(3) 编写 Load()方法和 Save()方法，代码如下：

示例 9.18：

```
public void Save()
{
    //需要用到文件流类，在类头部引入 System.IO 命名空间
    FileStreamfileStream = null;
    //定义一个文件流
    fileStream = new FileStream("profile.bin",FileMode.Create);
    //二进制方式
    BinaryFormatter bf = new BinaryFormatter();
    //序列化保存配置文件对象 Profile
    bf.Serialize(fileStream,Profile);
}
public void Load()
{
    //需要用到文件流类，在类头部引入 System.IO 命名空间
    FileStreamfileStream = null;
    //定义一个文件流
    fileStream = new FileStream("profile.bin",FileMode.Open);
    //二进制方式
    BinaryFormatter bf = new BinaryFormatter();
    //序列化保存配置文件对象 Profile
    Profile = (Profile)bf.Deserialize(fileStream);
}
```

9.6.2 特 性

C#特性可以应用于各种类型和成员。前面的例子将特性用在类上就可以被称之为"类特性"，同理，如果是加在方法声明前面的就叫方法特性。无论它们被用在哪里，无论它们之间有什么区别，特性的最主要目的就是自描述。并且因为特性是可以由自己定制的，而不仅仅局限于.NET 提供的那几个现成的，因此给 C#程序开发带来了相当大的灵活性和便利。

9.6.3 序列化

序列化是将对象状态转换为可保持或传输的格式的过程。与序列化相对的是反序列化，它将流转换为对象。这两个过程结合起来，可以轻松地存储和传输数据。

.NET Framework 提供两种序列化技术：

二进制序列化保持类型保真度，这对于在应用程序的不同调用之间保留对象的状态很有

用。例如，通过将对象序列化到剪贴板，可在不同的应用程序之间共享对象。可以将对象序列化到流、磁盘、内存和网络等等。远程处理使用序列化"通过值"在计算机或应用程序域之间传递对象。

XML 序列化仅序列化公共属性和字段，且不保持类型保真度。当要提供或使用数据而不限制使用该数据的应用程序时，这一点是很有用的。由于 XML 是一个开放式标准，因此，对于通过 Web 共享数据而言，这是一个很好的选择。SOAP 同样是一个开放式标准，这使它也成为一个颇具吸引力的选择。

为什么要使用序列化？有两个最重要的原因：一个原因是将对象的状态永久保存在存储媒体中，以便可以在以后重新创建精确的副本；另一个原因是通过值将对象从一个应用程序域发送到另一个应用程序域中。例如，远程处理可以使用序列化通过值将对象从一个应用程序域传递到另一个应用程序域中。

使一个类可序列化的最简单方式是按如下所示使用 Serializable 属性标记。

示例 9.19：

```
[Serializable]
public class MyObject {
    publicint n1 = 0;
    publicint n2 = 0;
    public String str = null;
}
```

以下代码示例说明该类的实例是如何被序列化到一个文件中的。

示例 9.20：

```
MyObjectobj = new MyObject();
obj.n1 = 1;
obj.n2 = 24;
obj.str = "Some String";
IFormatter formatter = new BinaryFormatter();
Stream stream = new FileStream("MyFile.bin", FileMode.Create, FileAccess.Write,
    FileShare.None);
formatter.Serialize(stream, obj);
stream.Close();
```

该示例使用二进制格式化程序执行序列化。需要做的所有工作就是创建流的实例和想要使用的格式化程序，然后对该格式化程序调用 Serialize 方法。要序列化的流和对象作为参数提供给该调用。尽管在此示例中并没有显式阐释这一点，但一个类的所有成员变量都将被序列化，即使是那些已标记为私有的变量。

9.6.4 反序列化

将对象还原回其以前的状态十分简单。首先，创建用于读取的流和格式化程序，然后指示格式化程序反序列化该对象。下面的代码示例说明如何执行上述的操作。

示例 9.21：

```
IFormatter formatter = new BinaryFormatter();
Stream stream = new FileStream("MyFile.bin", FileMode.Open, FileAccess.Read, FileShare.Read);
MyObjectobj = (MyObject) formatter.Deserialize(stream);
stream.Close();
// Here's the proof.
Console.WriteLine("n1: {0}", obj.n1);
Console.WriteLine("n2: {0}", obj.n2);
Console.WriteLine("str: {0}", obj.str);
```

上面所用的 BinaryFormatter 非常有效，生成了非常简洁的字节流。通过该格式化程序序列化的所有对象也可以通过该格式化程序进行反序列化，这使该工具对于序列化将在 .NET Framework 上被反序列化的对象而言十分理想。需要特别注意的是，在反序列化一个对象时不调用构造函数。

9.7 本章知识梳理

本章重点讲述了面向对象编程的一些高级概念。

继承可以用于创建可重用、扩展和修改在其他类中定义的行为的新类。C#窗体继承的实现就是通过从基窗体继承来创建新 Windows 窗体，是重复最佳工作成果的快捷方法，而不必每次需要窗体时都从头开始重新创建一个。

在面向对象的程序设计中，抽象是一种描述一种摘要，它规定一些方法和数据，这些方法和数据是从派生类里提炼出来的。抽象的方法需要在派生类中来实现，只有这样才有意义。

virtual 关键字用于修饰方法、属性、索引器或事件声明，并使它们可以在派生类中被重写。虚方法也是实现多态的一种方式。

接口用来定义一组抽象的操作的集合，接口可由方法、属性、事件、索引器或这四种成员类型的任何组合构成。

System.Reflection.Emit 命名空间的类提供了一种特殊形式的反射，可以在运行时构造类型。这样，我们利用一个外部应用程序来获取应用程序的版本号。

序列化是将对象状态转换为可保持或传输的格式的过程。与序列化相对的是反序列化，它将流转换为对象。这两个过程结合起来，可以轻松地存储和传输数据。

第 10 章　WinForms 高级编程

【本章工作任务】

- 使用多文档应用程序优化餐饮管理系统
- 为餐饮管理系统设置菜单
- 使用复杂窗体控件完善餐饮管理系统

【本章技能目标】

- 理解多文档应用程序的概念
- 熟练进行菜单设计
- 熟练使用常用的复杂窗体控件

10.1　工作任务引入

在前面的章节中，我们能够使用窗体的基本控件来设计餐饮管理系统的界面，还能够使用消息框弹出消息。这一章我们将创建功能更强大的窗体，包括创建多文档程序，使用工具栏、状态栏、选项卡、图片框等高级控件，有了这些控件，我们能更加快速地开发 WinForms 程序。

10.2　单文档和多文档应用程序简介

10.2.1　单文档和多文档应用程序

通常 Windows 应用程序分为三类：基于对话框的应用程序、单文档界面应用程序（SDI）和多文档界面应用程序（MDI）。单文档界面（Single－Document Interface，SDI）和多文档界面（Multi－Document Interface，MDI）。

单文档应用程序（MDI）是处理单一文档的应用程序，通常用于完成一个任务，使用单一的文档。此应用程序常涉及许多用户交互操作，并且能够保存或打开工作的结果。在 SDI 应用程序中已打开一个文件，要新建或再打开一个文件，则必须关闭当前打开的文件，才会打开新文件。如果要同时打开两个文件，则必须启动应用程序的一个新实例。Microsoft Windows 中的“记事本”是单文档界面应用程序的一个典型示例。在“记事本”中，同一时间只能打开一个文档。

多文档应用程序（MDI）是一种常用的文档程序，常用的 Excel、VS 应用程序都是多文档应用程序。多文档应用程序最大特点是，用户可以一次打开多个文档，每个文档对应不同的窗口。MDI 应用程序允许创建一个在单个容器窗体内容纳多个窗体应用程序，每个应用程序都有一个主窗口，子窗口在主窗口中打开，主窗口的菜单会随着当前活动的子窗口的变化而变化。

10.2.2 Winforms 中的主窗体和子窗体

多文档应用程序(MDI)至少由两个以上截然不同的窗口组成，第一个窗口叫 MDI 窗体容器，也叫做主窗体，它包含多个 MDI 子窗体，也就是可以在主窗体中显示的窗口。MDI 主窗体的特点如下：

- 启动 MDI 应用程序时，首先显示的是主窗体。
- 主窗体是 MDI 程序的窗体窗器，该程序的所有窗体都在主窗体的界面内打开。
- 每个 MDI 应用程序都只能有一个 MDI 主窗体。
- 任何 MDI 子窗体都不能移出 MDI 框架区域。
- 关闭 MDI 主窗体则自动关闭所有打开的 MDI 子窗体

多文档操作 MDI 的属性和事件如表 10.1 所示：

表 10.1 多文档操作 MDI 的属性和事件

属　性	说　明
MdiChildren	用于获取表示多文档界面（MDI）子窗体的窗体数组
MdiParent	用于获取或设置当前多文档界面（MDI）父窗体
ActiveMdiChild	用于获取当前活动的多文档界面（MDI）子窗体
方　法	说　明
ActivateMdiChild	用于激活子窗体
LayoutMdi	排列 MDI 父窗体中的多文档界面（MDI）子窗体
事　件	说　明
Closed	由用户或窗体的 Close 方法关闭窗体后，发生该事件
Closing	正在关闭窗体时，发生该事件
MdiChildActivate	在 MDI 应用程序中激活或关闭多文档界面（MDI）子窗体时，触发该事件

10.2.3 如何创建 MDI

如何利用.NET 创建 MDI 应用程序呢？主要包括两个大的步骤，首先设置 MDI 的父窗体和子窗体，然后为父窗体添加打开子窗体的程序代码。

创建 MDI 的步骤很简单：

(1) 设置父窗体：将父窗体的 IsMDIContainer 属性设置为 True。

(2) 设置子窗体：在调用打开子窗体的 Show()方法前，在代码中将子窗体的 MdiParent 属性设为 this。

现在我们来修改餐饮管理系统。在 VS 中打开 MyCy 项目，打开主窗体 frmMain 设计器，在“属性”窗口中找到 IsMDIContainer 属性，将它设为 true。

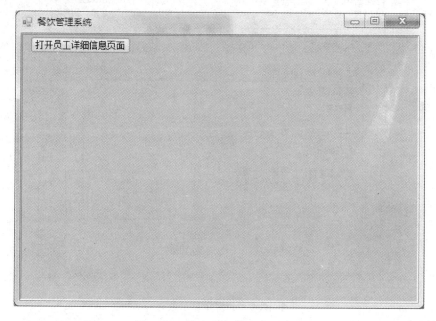

图 10.1　设为父窗体后的主界面

将员工详细信息页面作为子窗体。在主窗体中增加一个按钮，用来显示子窗体，在调用子窗体的 Show()方法前，增加一行代码，修改后的代码如下：

示例 10.1：

```
private void btnOpen_Click(object sender, EventArgs e)
{
    frmInfo frminfo = new frmInfo();
    frminfo.MdiParent = this;
    frminfo.Show();
}
```

运行后效果如下：

在 MDI 中打开多个文档时，知道哪个子窗口响应“键按下”等操作很重要。假定有两个打开的子窗口，各容纳一个文档，按下 A 键时，只在一个 MDI 字窗口中显示字符 A，而不是在两个窗口都显示。这里的问题是：“哪个文档接受按键操作？”答案是：“活动窗口”中的文档。有多个窗口打开时，在同一时间只有一个窗口是“活动”的。应用程序的活动窗口是响应所有操作的窗口，通常最上面的窗口是活动窗口。另外，活动窗口的标题栏颜色一般不同于非活动的窗口。

注意：MDI 窗口的标题栏颜色和活动的 MDI 子窗口的标题栏颜色相同。

```
this.ActivateMdiChild(frmChild);
```

以上代码中，将要激活的子窗体的名称传递给 ActiveMdiChild 属性。再将另外一个窗体设置为活动 MDI 子窗体时，当前活动的窗体自动取消激活。

要得知当前活动的 MDI 子窗体，可以使用不带括号的 ActiveMdiChild 属性。

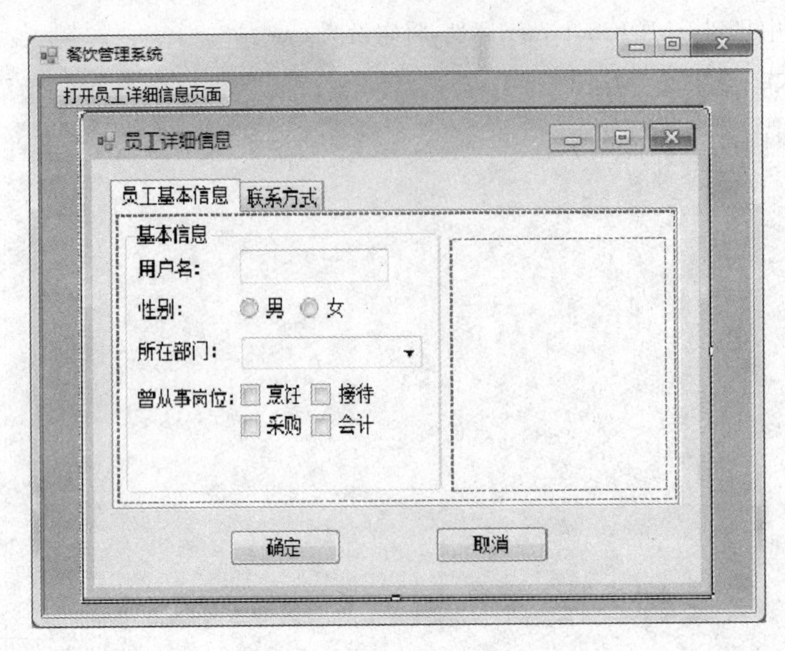

图 10.2　子窗体显示效果

```
MessageBox.show(Convert.ToString(this.ActiveMdiChild));
```

在以上代码中,用消息框显示当前活动的子窗体名称。ActiveMdiChild 属性显示当前活动的多文档界面子窗口。

提示:

ActiveMdiChild 属性返回一个窗体对象。当将该属性显示在消息框中时,必须将其转换为字符串类型。

10.3　菜单简介

10.3.1　菜单设计

基本上每一个应用程序,不管是基于对话框、单文档还是多文档应用程序,都需要菜单。它是用户与应用程序交互的重要载体。

菜单的一种是固定在软件的上侧,我们称为主菜单,一种是在点击鼠标右键时弹出,我们称之为"上下文快捷菜单"或"快捷菜单"。主菜单界面如图 10.3 所示:

如图,主菜单包括菜单栏、主菜单项、子菜单、子菜单项。菜单栏位于程序的顶部,菜单栏里面包含主菜单项,每一个主菜单项下面显示的列表是子菜单,里面是子菜单项。对于上下文菜单,它是一种特殊的菜单,它在点击鼠标右键时候出现,可以实时提供一些常用的系统功能。主菜单在 C#. NET 里面用 MenuStrip 类创建,上下文菜单用 ContextMenuStrip 类创建。

下面我们来看一下菜单栏控件 MenuStrip 的一些重要属性和方法,如表 10.2 所示:

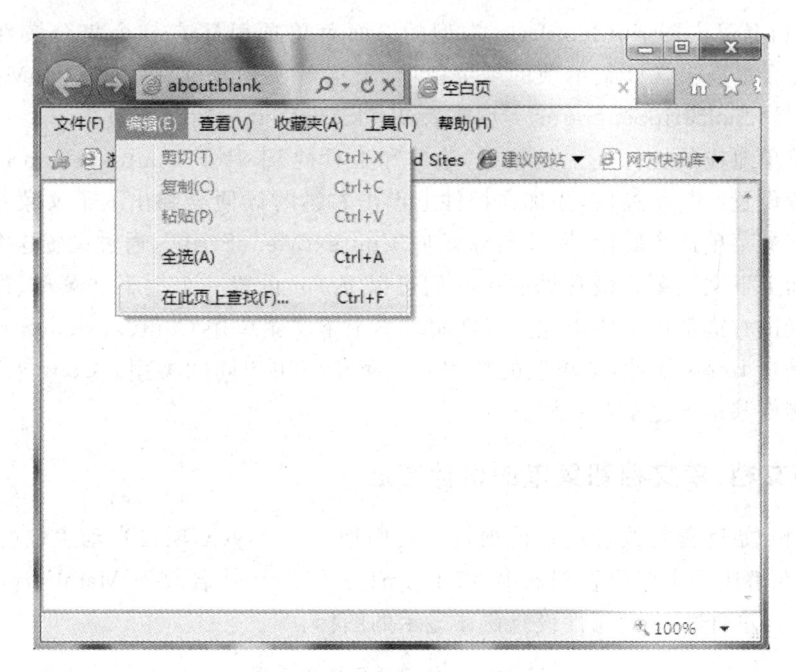

图 10.3　主菜单

表 10.2　MenuStrip 的属性和事件

属　性	说　明
ImageList	设置菜单所需要的图片列表，可以用来给菜单项定制图标
Items	主菜单项集合
ShowItemToolTips	是否为菜单显示提示信息，提示信息需要设置菜单项的 ToolTipText
ShortcutKeys	获取或设置与菜单项关联的快捷键
RenderMode	修改菜单显示样式，选择不同的选项可以产生不同的外观
事　件	说　明
Click	菜单点击事件

菜单项类 ToolStripMenuItem 常用的属性和事件如下表：

表 10.3　ToolStripMenuItem 的属性和事件

属　性	说　明
DropDownItems	菜单项里面含有的子菜单项集合
Checked	设置菜单项为 CheckBox 样式
Image	设置菜单项前面的图标
事　件	说　明
Click	菜单项点击事件

创建一个主菜单，要先创建菜单栏，然后在菜单栏里面创建主菜单项，再在主菜单项里面创建子菜单及子菜单项。这里要特别注意，菜单栏的集合属性是 Items，这个属性里面包含所

有的主菜单项，是 ToolStripMenuItem 类型的。而菜单项里还有一个集合属性 DropDownItems，这个集合里面包含该菜单项的子菜单项，子菜单项一般也为 ToolStripMenuItem 类型的，但也可以是 ToolStripSeparator 类型或者 ToolStripComboBox 类型。

上下文菜单对应的控件是工具箱里“菜单和工具栏”卡片下 ContextMenuStrip 控件。上下文菜单一般设置给某个控件，当你在控件上点击右键时候便会弹出上下文菜单。所以每个控件都有上下文菜单这个属性，属性名称就叫“ContextMenuStrip”，通过设置这个属性我们可以为控件添加上下文菜单。最常见的是我们可以 Form 设置一个上下文菜单，这样你在窗体的任何部分点击右键都可以使用此上下文菜单。上下文菜单用 ContextMenuStrip 类创建，菜单项集合也是在 Items 属性，菜单项的类型和主菜单使用相同的类型。ContextMenuStrip 的重要属性和事件基本与主菜单一样。

10.3.2　多文档、单文档和菜单的设计方法

现在我们开始完善餐饮管理系统项目。我们把创建 MyCy 项目自动生成的 Form1 窗体作为主窗体，在解决方案资源管理器中，将 Form1 窗体的文件名改为 MainForm，设置窗体的属性见表 10.4，并通过 Icon 属性设置窗体显示的图标。

表 10.4　主窗体属性的设置

属　性	值	说　明
Name	MainForm	窗体对象的名称
Text	MyCy 管理系统	窗体标题栏显示的文字
WindowState	Maximized	窗体出现时是最大化的
IsMDIContainer	true	设置为多文档的父窗体

现在我们就向窗体中添加菜单。

第一步，切换到 MainForm 的设计器窗口，在工具箱中找到菜单条控件 MenuStrip。

第二步，将 MenuStrip 控件从工具箱拖放到窗体上，MenuStrip 控件将自动停在窗体的顶端，并在窗体下方的区域中添加了一个代表菜单的图标，如图 10.4 所示。

第三步，选中窗体下方的 menuStrip1 菜单控件，在“属性”窗口中将它的 Name 属性改为 msMain。

第四步，添加菜单项。选中 msMain 菜单控件，会发现在窗体的顶部出现一个灰色的区域，并包含一个标记为“请在此处键入”的方框，单击这个方框，输入文本就添加了一个顶层菜单项。当新的菜单项添加到菜单条上之后，在它的右侧和下面会出现两个“请在此处键入”的方框，我们可以继续添加菜单项，所有的菜单项添加完后，如图 10.5 所示：

第五步，设置菜单的属性。每个菜单项都有最基本的 Name 属性和 Text 属性。Name 属性按编码规范设置为一个有意义的名字，并以 tsmi 作为前缀，Text 属性就是菜单项上显示的文字。

第六步，处理菜单项事件。当用户选择“退出”时，我们让程序退出。选中“退出”菜单项，在“属性”窗口中切换到事件列表，找到 Click 事件，按照前面讲的创建事件处理程序的步骤，创建“退出”菜单项的时间处理程序 tsmiExit_Click()方法。在方法中添加如下代码，Application 代表应用程序，Exit 是退出的意思，使用这个方法就能够退出应用程序。

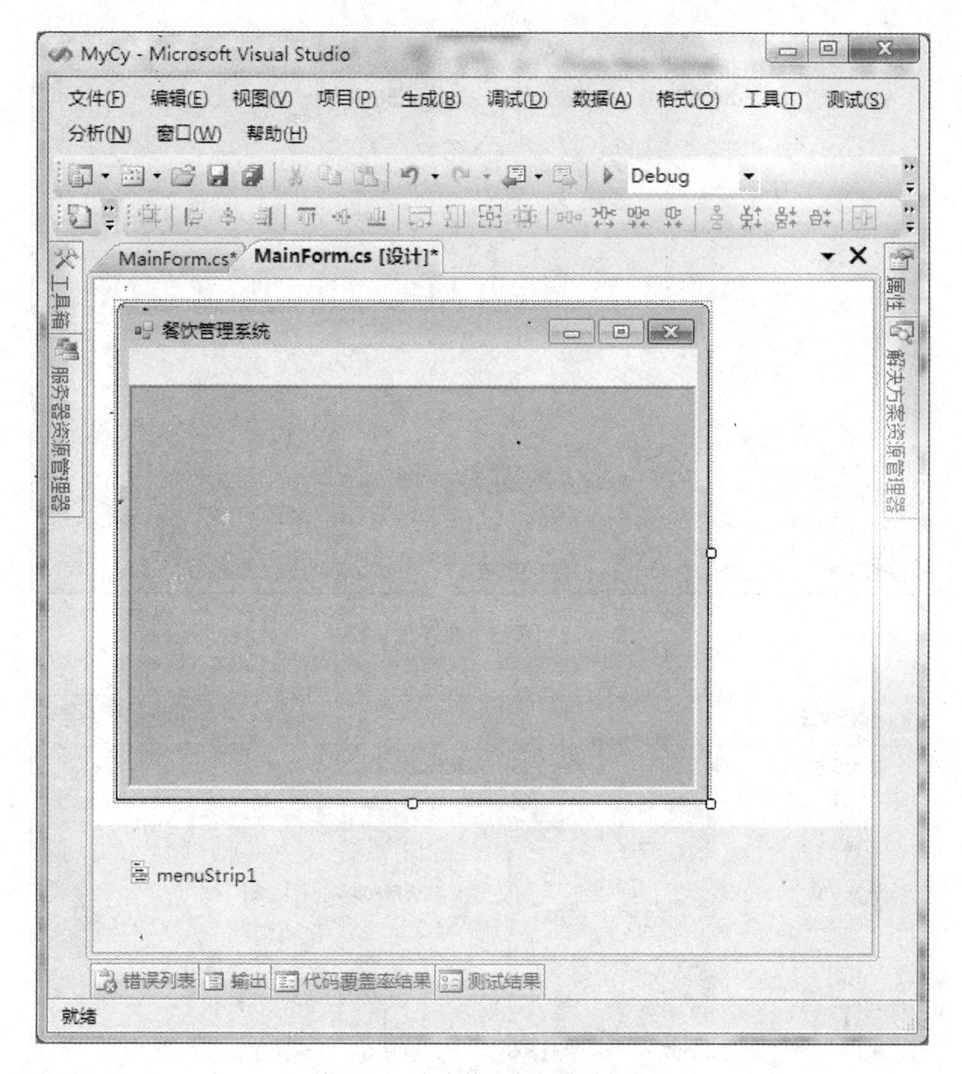

图 10.4　向窗体中添加菜单控件

示例 10.2：

```
//当用户选择"退出"菜单项时，退出程序。
private void tsmiExit_Click(object sender, EventArgs e)
{
    if (MessageBox.Show("确定退出本系统吗?", "提示", MessageBoxButtons.OKCancel,
        MessageBoxIcon.Exclamation) == DialogResult.OK)
    {
        Application.Exit();
    }
}
```

至此，我们完成主窗体的主菜单设计。然后还需要一个上下文菜单，当右键点击台桌图标时候显示该上下文菜单，效果如图 10.6 所示。

我们只需要把一个快捷菜单控件拖到窗体上，它会像菜单一样出现在窗体的下方。选中

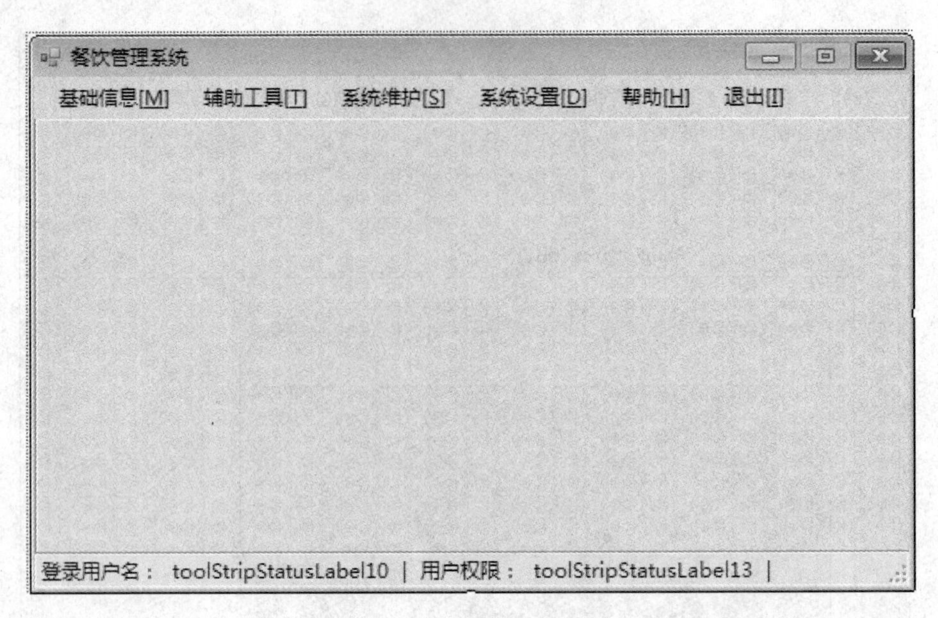

图 10.5　添加了菜单的主窗体

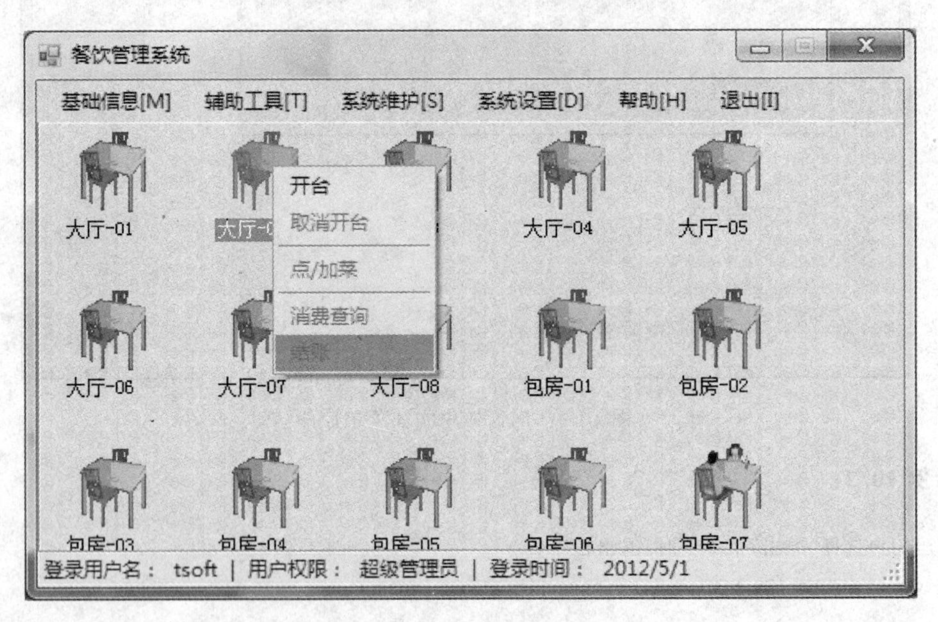

图 10.6　台桌上下文菜单

这个窗体底部的快捷菜单控件，我们就会在窗体中看到它，可以在“请在此处键入”提示处添加菜单项。添加完成后效果如图 10.7 所示：

添加完成后，需要把上下文菜单和某个控件关联起来，如果想鼠标右键点击某个控件时候出现快捷菜单，只需要选中该控件，然后在属性窗口中找到它的 ContextMenuStrip 属性，选择已有的右键菜单控件就行了。最后编写上下文菜单项的属性和事件代码。

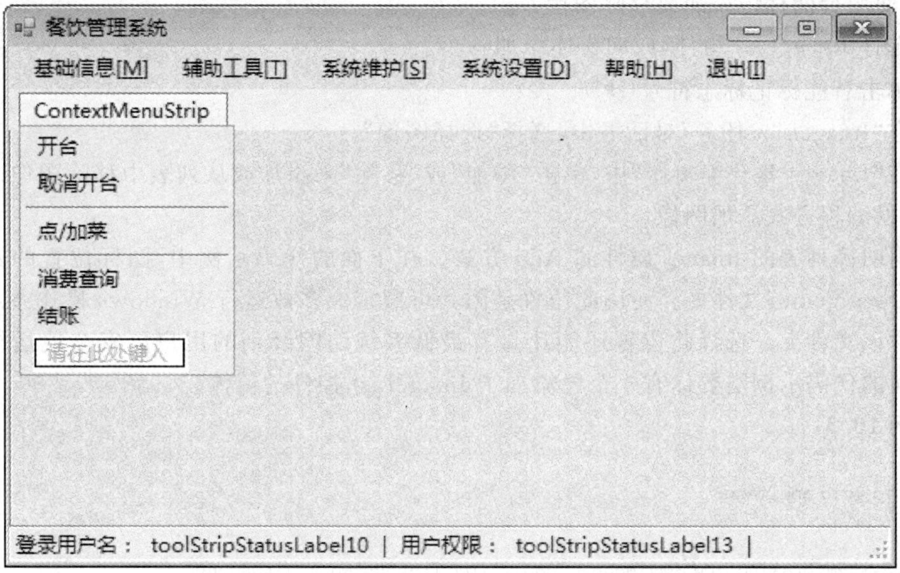

图 10.7　添加完成的上下文菜单

10.4　ImageList 控件

ImageList 控件提供了一个集合，可以用于存储在窗体的其他控件中使用的图像。可以在图像列表中存储任意大小的图像，但在每个控件中，每个图像的大小必须相同。

ImageList 也不在运行期间显示它本身的控件。在把它拖放到正在开发的窗体上时，它并不是放在窗体上，而是放在它的下面，其中包含所有的组件。这个功能可以防止不是用户界面一部分的控件妨碍窗体设计器。这个控件的处理方式与其他控件相同，但不能移动它。

ImageList 组件的主要属性是 Images，它包含关联的控件将要使用的图片。每个单独的图像可通过其索引值或其键值来访问。ColorDepth 属性确定呈现图像时所使用的颜色数量。所有图像都将以同样的大小显示，该大小由 ImageSize 属性设置。较大的图像将缩小至适当的尺寸。

可以将图像列表用于任何具有 ImageList 属性的控件，或用于具有 SmallImageList 和 LargeImageList 属性的 ListView 控件。可与图像列表关联的控件包括：ListView、TreeView、ToolBar、TabControl、Button、CheckBox、RadioButton 和 Label 控件。若要使图像列表与一个控件关联，请将该控件的 ImageList 属性设置为 ImageList 组件的名称。

可以采用几种不同的方式向 ImageList 组件添加图像。可以通过使用与 ImageList 关联的智能标记快速添加图像，如果正在设置 ImageList 的其他几个属性，则通过“属性”窗口添加图像更方便。

(1)使用“属性”窗口添加或移除图像：

- 选择 ImageList 组件，或向窗体添加一个。
- 在“属性”窗口中，单击 Images 属性旁的省略号按钮(...)。
- 在“Image 集合编辑器”中，单击“添加”或“移除”来添加或从列表中移除图像。

(2)使用智能标记添加或移除图像：

- 选择 ImageList 组件,或向窗体添加一个。
- 单击智能标记标志符号(▶)
- 在“ImageList 任务”对话框中,选择“选择图像”。
- 在“Images 集合编辑器”中,单击“添加”或“移除”来添加或从列表中移除图像。

(3)以编程方式添加图像

使用图像列表的 Images 属性的 Add 方法。在下面的代码示例中,图标位置的路径设置是“My Documents”文件夹。使用此位置是因为可假定大多数运行 Windows 操作系统的计算机都包含该文件夹。选择此位置还能让具有最低系统访问级别的用户更安全地运行应用程序。下面的代码示例需要你有一个已添加了 ImageList 控件的窗体。

示例 10.3:

```
public void addImage()
{
    System.Drawing.ImagemyImage = Image.FromFile(System.Environment.
    GetFolderPath(System.Environment.SpecialFolder.Personal) + @"\Image.gif");
    imageList1.Images.Add(myImage);
}
```

(4)用键值添加图像

示例 10.4:

```
public void addImage()
{
    System.Drawing.ImagemyImage = Image.FromFile(System.Environment.
    GetFolderPath(System.Environment.SpecialFolder.Personal) + @"\Image.gif");
    imageList1.Images.Add("myPhoto", myImage);
}
```

(5)以编程方式移除所有图像

可以使用 Remove 方法移除单个图像或使用 Clear 方法清除图像列表中的所有图像。

```
imageList1.Images.Remove(myImage);
imageList1.Images.Clear();
```

(6)通过键移除图像

使用 RemoveByKey 方法可以按图像的键移除单个图像。

```
imageList1.Images.RemoveByKey("myPhoto");
```

10.5 ToolStrip 工具栏控件

工具栏几乎在任何一个窗体程序里都会使用,它用来执行一些最常见的命令,一般来说它出现在窗体主菜单下方,由一组排列整齐的小图标组成。当你点击这些小图标时就会执行一种操作，例如常见工具栏的操作有“打开文件”、“保存”、“复制”、“粘贴”等。另外，一个应用程序可以有很多个不同的工具栏，这些工具栏按照功能进行分类，比如 Word 里面有常用工具栏、绘图工具栏、格式工具栏等。其主要的属性和方法如表10.5所示。

表 10.5　工具栏控件的属性和事件

属　性	说　明
Items	集合属性，工具栏按钮控件的集合
ImageScalingSize	工具栏上图标的尺寸大小
ShowItemToolTips	是否要在工具栏上显示提示，要显示提示，需要将其设置为 true，并且还要在每个按钮的属性里设置提示文本
事　件	说　明
ItemClicked	单击工具栏时产生，此事件方法系统会传递 ToolStripItemClickedEventArgs 参数，该参数有一个 ClickedItem 属性，该属性就是你当前点击的工具栏上的某个按钮

工具栏里的每一个元素都是工具栏项，工具栏的项可以分为八种，分别是按钮、标签、分层按钮(SplitButton)、下拉按钮、分割线、组合框、文本框及进度条。

如果要建立如图10.8所示的工具栏，步骤如下：

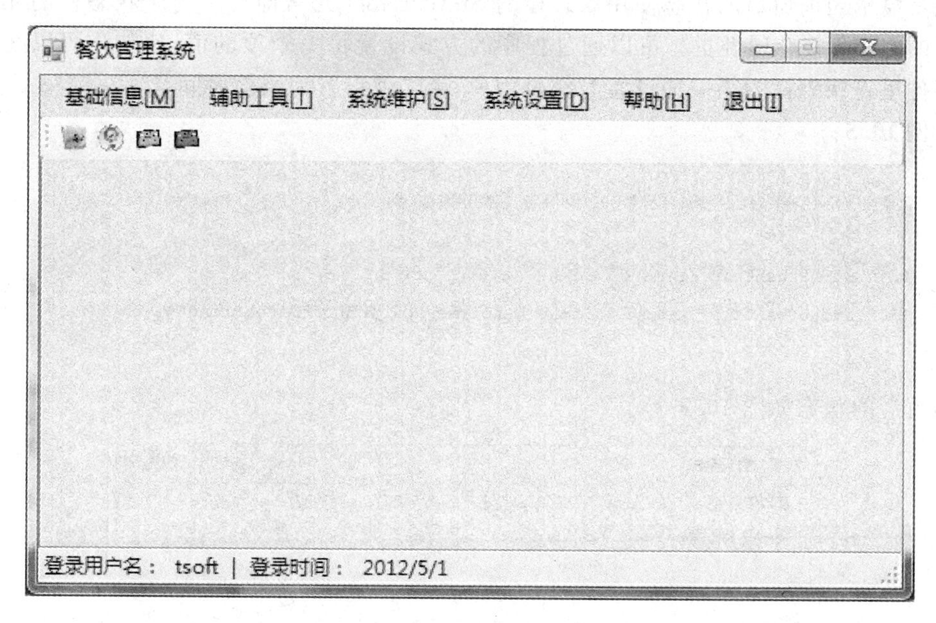

图 10.8　添加工具栏后的主窗体

(1) 先将“工具箱”→“菜单和工具栏”→“ToolStrip”控件拖到窗口设计区。

(2) 然后找到工具栏的 Items 属性，点击...按钮，会弹出一个编辑框，在这里添加按钮，并设置按钮的名字(Name 属性)，也可以直接在设计窗口直接添加按钮，而不必使用 Items 属性。

(3) 然后分别通过按钮的 Image 属性给按钮设置图片，图片可以是 bmp,ico,jpg,gif 等格式的文件。

(4) 分别设置工具栏每个按钮的点击事件。

10.6　StatusBar控件

StatusStrip控件主要出现在当前Window窗体的底部，一般使用文本和图像向用户显示应用程序当前状态的信息。该控件位于“菜单和工具栏”区域，状态栏常用属性和事件如下：

表10.6　状态栏控件的属性和事件

属　性	说　明
Items	集合属性，状态栏按钮控件的集合
RenderMode	状态栏的样式
Width	状态栏的宽度
ShowItemToolTips	是否要在状态栏上显示提示，要显示提示，需要将其设置为true，并且还要在每个按钮的属性里设置提示文本
事　件	**说　明**
ItemClicked	点击面板项是激发

通常显示当前窗口的状态使用状态栏的StatusLabel元素即可。对于状态栏的元素都在状态栏的Items集合属性里。可以通过程序的方式设置每一个项的值，比如你可以在窗体的加载事件里将状态栏的第一项设置为登录用户，第二项设置为当前时间：

示例10.5：

```
private void frmMain_Load(object sender, EventArgs e)
{
    this.myStatusStrip.Items[0].Text = "用户:perry";
    this.myStatusStrip.Items[1].Text = DateTime.Now.ToShortDateString();
}
```

运行后的状态如图10.9所示：

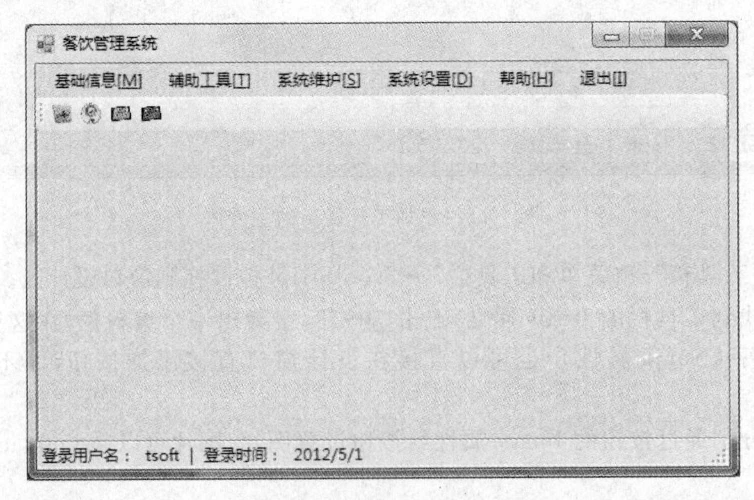

图10.9　状态栏运行后的效果

10.7　Timer 控件简介

在 Winform 的编程开发中,需要一种可在程序运行时操控时间的机制,该机制主要用来处理按指定的时间运行的具体事件,如图像的移动或者间隔性发生的事件等等。Timer 控件就是这样一种时间控制器,它来自 Timer 类,并包含在 System. Windows. Forms 命名空间中。Timer 控件为开发人员提供了一种在经过指定的时间间隔或到达指定的绝对时间时根据代码进行响应的方式,而该控件组件与其他控件不同之处就在于,它不向用户提供用户界面,因此没有必要在 Winform 设计器的界面上显示。从某种意义上讲 Timer 控件与用户无关,可以通过编程,在规定的时刻执行相应动作,或者按照某个周期触发一个具体的事件。

Timer 控件主要的属性和事件如表 10.7 所示:

表 10.7　Timer 控件主要的属性和事件

属　性	说　明
Enabled	时钟是否可用
Interval	时钟每间隔多长时间触发一次 Tick 事件,时间间隔单位是毫秒数
事件与方法	说　明
Start()	时钟启动
Stop()	时钟停止
Tick	每隔 Interval 时间间隔触发一次

下面我们来实现一个移动的图片示例:

(1)如图 10.10 所示,从工具箱之中拖放一个 pictureBox 图片控件和两个 Button 控件,在 WinForm 窗体上布置完毕后,再从工具箱中拖放一个 Timer 控件,完成界面的布置工作。

图 10.10　移动图片界面布置

(2)将 Timer 控件的 Enable 属性设置为 True,双击“播放”按钮,键入如下代码:

```
private void button1_Click(object sender, EventArgs e)
{
    timer1.Start();//启动 timer 控件
}
```

(3)双击“停止”按钮,键入如下代码:

```
private void button2_Click(object sender, EventArgs e)
{
    timer1. Stop();//停止 timer 控件
}
```

(4)双击 timer1 控件对象,在其 Tick 事件中键入如下代码:

```
private void timer1_Tick(object sender, EventArgs e)
{
    pictureBox1.Left -= 5;//图片对象每隔一段时间(由 timer 的时间间隔决定)向左移动 5 像素
    if (pictureBox1.Right < 0)//如果图片的右边小于 0,则意味着图片从当前窗体左侧消失
    {
        pictureBox1.Left = Width;//则图片的左侧设置为窗体宽度,即从右侧再次出现
    }
}
```

10.8　TreeView 控件

使用树视图控件(TreeView)可以为用户显示节点层次结构的数据,就像在 Windows 操作系统的资源管理器功能的左边窗格中显示文件和文件夹一样。树视图中的各个节点可能包含其他节点,被包含的节点称为子节点,包含的节点称为父节点。父节点可以展开,你可以按展开或折叠的方式显示父节点或包含子节点的节点,下面是树视图控件常用的属性。

表 10.8　树视图的常用属性

属　性	说　明
Nodes	集合属性,存放所有树节点
SelectedNode	当前树中选中的节点
ImageList	为树关联的图片集合,用来为树节点添加图标

表 10.9 中列出的可利用的 TreeView 事件。

表 10.9 TreeView 事件

事 件	说 明
AfterCheck	在选中节点复选框之后引发
AfterCollapse	在折叠一个节点之后引发
AfterExpand	在扩展一个节点之后引发
AfterSelect	在选中一个节点之后引发
BeforeCheck	在选中节点复选框之前引发
BeforeCollapse	在折叠一个节点之前引发
BeforeExpand	在扩展一个节点之前引发
BeforeSelect	在选中一个节点之前引发

Nodes(TreeNodeCollection 类型)的属性和方法见表 10.10：

表 10.10 Nodes 的常用属性和方法

属 性	说 明
Count	集合内元素的个数
Item	用索引器的方式访问集合内元素
方 法	说 明
Add	向集合加入一个元素，或者用 AddRange 方法可以一次性加入多个元素
Contains	判断集合中是否包含某个元素
Clear	清除集合元素
Insert	向集合插入元素
Remove	从集合删除元素，参数是对象类型，还有个方法 RemoveAt 是按序号删除元素

TreeView 控件的 Node 属性表示 TreeView 控件的树节点集，树节点集中的每个树节点可以包括本身的树节点集，可以使用 Add()、Remove()、RemoveAt()方法添加、删除节点。步骤如下：

(1)将 TreeView 控件添加到窗体中，重命名为以“tvw”为前缀的控件名称，这是命名规范。

(2)单击 TreeView 控件右上角的黑色三角，打开 TreeView 任务栏，单击“编辑节点”选项，打开“TreeView 编辑器”，如图 10.11 所示。

(3)单击“添加根”按钮，将在左边的窗格中添加一个根节点，右边出现属性面板，可以修改属性值。设置“Text”属性值为节点显示的文本，“Name”属性是节点的标识。

(4)如果希望在该根节点下添加子节点，单击“添加子级”按钮，左边窗格中显示一个节点，属性面板中可同样进行设定。

(5)选中某节点，单击“TreeNode”中的“向上”或“向下”按钮，可以实现节点提升或下降，单击“确定”按钮，创建完成窗体。单击窗面的“+”或“-”号可以展示或折叠树的节点。

注意：

图 10.11 树节点编辑器

图 10.12 树视图运行效果

在 TreeView 控件中添加节点时一定要先添加根节点，再添加子节点。

通过编程也可以添加节点，下面代码片段向名为“tvwTree”的 TreeView 控件添加根节点：

```
TreeNode node = new TreeNode("根节点文本");
this.tvwTree.Nodes.Add(node);
```

向该节点添加子节点的示例代码如下：

示例 10.6：

```
TreeNode objnode1 = new TreeNode("子节点文本");
TreeNode objnode2 = new TreeNode("子节点文本");
node.Nodes.Add(objnode1);
node.Nodes.Add(objnode2);
```

10.9　本章知识梳理

这一章我们创建了功能更强大的窗体，包括创建多文档程序，使用工具栏、状态栏、选项卡、图片框等高级控件，有了这些控件，我们能更加快速地开发 WinForms 程序。

第 11 章　文件读写与 XML 操作

【本章工作任务】

- 为餐饮管理系统开发记事本功能

【本章技能目标】

- 会使用文件和目录操作类进行文件目录操作
- 会使用程序读写文本文件
- 会使用程序读写二进制文件及内存流
- 会利用 XML 相关处理类操作 XML 文件

11.1　工作任务引入

在餐饮管理系统中，需要开发一个便签功能，将一些临时的数据记录在文件中，如图 11.1 所示：

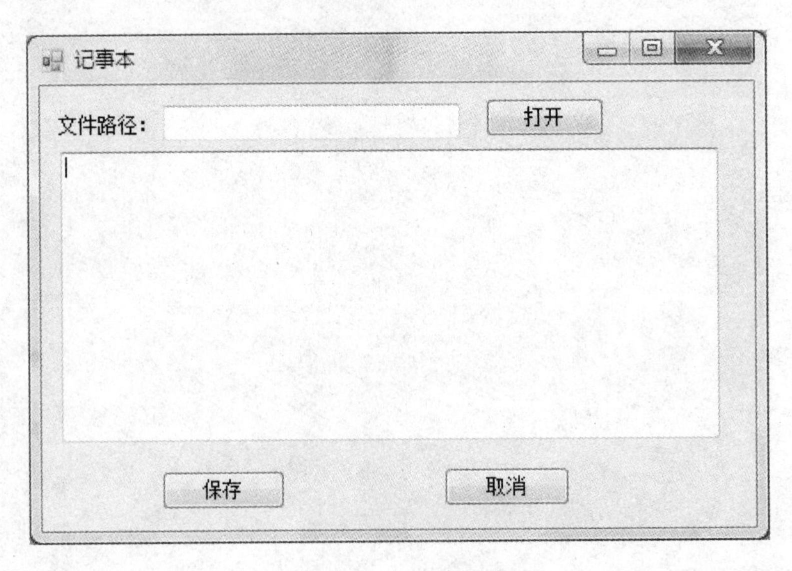

图 11.1　记事本界面

这就需要用到文件的操作。在 C# 中要操作文件，需要用到 System.IO 命名空间中的一些列类、接口、枚举、结构和委托。

11.2 System.IO命名空间

在.NET Framework中,System.IO命名空间主要包含基于文件(和基于内存)的输入输出(I/O)服务的相关基类库。在Visual Studio 2008中我们可以直接使用这些类。

System.IO命名空间的多数类型主要用于编程操作物理目录和文件,而另一些类型则提供了从字符串缓冲和内存区域中读写数据的方法。为了让大家了解System.IO功能的概况,表11.1列出了一些主要的(非抽象)类。

表11.1 System.IO命名空间的主要成员

非抽象I/O类类型	作 用
BinaryReader BinaryWriter	这两个类型能够以二进制值存储和读取基本数据类型(整型、布尔型、字符串型和其他类型)
BufferedStream	这个类型为字节流提供了临时的存储空间,可以以后提交
Directory DirectoryInfo	这两个类型用来操作计算机的目录结构。Directory类型主要的功能通过静态方法实现。DirectoryInfo类型则通过一个有效的对象变量来实现类似功能
DriveInfo	(.NET 2.0新增)提供计算机驱动器的详细信息
File FileInfo	这两个类型用来操作计算机上的一组文件。File类型主要的功能通过静态方法实现,FileInfo类型则通过一个有效的对象变量来实现类似功能
FileStream	这个类型实现文件随机访问(比如寻址能力),并以字节流来表示数据
FileStreamWatcher	这个类型监控对指定的外部文件的更改
MemoryStream	这个类型实现对内存(而不是物理文件)中存储的流数据的随机访问
Path	这个类型对包含文件或目录路径信息的System.String类型执行操作。这些操作是与平台无关的
StreamWriter StreamReader	这两个类型用来在(从)文件中存储(获取)文本信息。不支持随机文件访问
StringWriter StringReader	和StreamWriter/StreamReader类型差不多,这两个类型同样和文本信息打交道,不同的是基层的存储器是字符串缓冲而不是物理文件

除了这些类类型,System.IO还定义了许多枚举类型和一组抽象类(Stream、TextReader和TextWriter等),它们为所有派生类定义了共享的多态接口。

11.3 文件和目录操作

打开操作系统,我们经常会用到文件或文件夹操作,例如新建、拷贝、粘贴、删除等。.NET为我们提供了几个类可以让我们轻松地操作文件和文件夹,这些类在System.IO命名空间下,包括File类、FileInfo类、Directory类、DirectoryInfo类和Path类等。File开头的类主要用于文件操作,包括文件的创建、复制、删除、移动。Directory开头的类主要用于操作文件夹,包括文件夹的创建、移动等。Path类主要用于跨平台处理文件的路径。

11.3.1 文件操作类及其使用

文件操作类有两个，它们是 File 类和 FileInfo 类，这两个类实际上提供了同样的功能。它们的区别在于 File 类所有的方法都是静态的，方法可以通过类名直接引用；而 FileInfo 类是普通类，需要创建实例才能操作文件。File 类因为提供的都是静态方法，所以在跨线程操作的时候不会出现问题，也就是说它是线程安全的。FileInfo 类需要创建操作文件的对象实例，实例创建后就会和某个特定文件或文件夹关联起来，关联起来以后就不需要像静态方法那样每次都处理和验证路径问题，对于操作大量文件时效率比较高。

File 类提供的方法如表 11.2 所示：

表 11.2 File 类提供的方法

方　法	说　明
Copy	将现有文件复制到新文件
Create	在指定路径中创建文件
Delete	删除指定的文件，如果指定的文件不存在，则不引发异常
Exists	确定文件是否存在
Move	将指定文件移动到新位置，并提供指定新文件名的选项
Open	打开指定路径上的 FileStream，用流读写文件时候用
OpenRead	打开现有文件以进行读取，返回文件流 FileStream 对象
OpenWrite	打开现有文件以进行写入，返回文件流 FileStream 对象
OpenText	打开现有文件以进行读取，返回文件流 StreamReader 对象
AppendText	打开现有文件以进行写入，返回文件流 StreamReader 对象

接下来我们详细讨论 File 类的使用。

1. 拷贝文件

拷贝文件是指将一个文件从一个位置复制到另外一个位置。在 File 类中，文件拷贝方法已经被重载，常用的方法有两种：

```
File.Copy(string 源文件路径,string 目标文件路径);
File.Copy(string 源文件路径,string 目标文件路径,bool 是否替换掉同名目标文件);
```

文件从源文件路径拷贝到目标文件路径包含两种情况。第一种情况拷贝一个文件，如果目标文件已经存在则不允许替换目标文件。第二种情况允许使用一个 bool 值来指定是否覆盖目标文件，此值如果为 true，则在拷贝的时候已存在的目标文件会被覆盖掉。

例如：File.Copy("C:\\Document\\log.txt", "C:\\User\\log.txt",true);

2. 删除文件

删除指定路径的文件使用 File.Delete(string filePath)，在删除前最好判断一下该文件是否存在，判断某个指定路径的文件是否存在使用 Exists 方法。如：

```
if(File.Exists("C:\\Document\\log.txt"))
{
```

```
    File.Delete("C:\\Document\\log.txt");
}
```

3. 移动文件

文件从一个文件夹下移动到另外一个文件夹下使用Move方法，整个移动的过程就相当于先复制后删除源文件，如：

```
File.Move("C:\\Document\\log.txt", "C:\\User\\log.txt",true);
```

需要注意的是如果目标文件已经存在，则移动文件不能替换目标文件，所以移动文件时应该判断目标文件是否已经存在，如果存在则先删除目标文件后移动。

4. 建立文件

建立文件使用File.Create(string filepath)，建立的只是空文件。例如：

```
File.Create("C:\\Document\\log.txt");
```

FileInfo类的方法和File类的方法相似，只是在使用前先要实例化FileInfo类，代码如下：

```
FileInfo fileInfo = new FileInfo("C:\\Document\\log.txt");
fileInfo. Delete();
```

注意：

路径有3种方式，当前目录下的相对路径、当前工作盘的相对路径、绝对路径。以C:\Tmp\Book为例(假定当前工作目录为C:\Tmp)。"Book"，"\Tmp\Book"，"C:\Tmp\Book"都表示C:\Tmp\Book。

另外，在C#中"\"是特殊字符，要表示它的话需要使用"\\"。由于这种写法不方便，C#语言提供了@对其简化。只要在字符串前加上@即可直接使用"\"。所以上面的路径在C#中应该表示为"Book"，@"\Tmp\Book"，@"C:\Tmp\Book"。

11.3.2　Path类

Path类对包含文件或目录路径信息的String实例执行操作。这些操作是以跨平台的方式执行的。

表11.3　Path类提供的方法

名　称	说　明
GetDirectoryName	返回指定路径字符串的目录信息
GetExtension	返回指定的路径字符串的扩展名
GetFileName	返回指定路径字符串的文件名和扩展名
GetFileNameWithoutExtension	返回不具有扩展名的指定路径字符串的文件名
GetFullPath	返回指定路径字符串的绝对路径

路径是提供文件或目录位置的字符串。路径不必指向磁盘上的位置；例如，路径可以映射到内存中或设备上的位置。路径的准确格式是由当前平台确定的。例如，在某些系统上，路径

可以驱动器号或卷号开始，而此元素在其他系统中是不存在的。在某些系统上，文件路径可以包含扩展名，扩展名指示在文件中存储的信息的类型。文件扩展名的格式是与平台相关的；例如，某些系统将扩展名的长度限制为 3 个字符，而其他系统则没有这样的限制。当前平台还确定用于分隔路径中各元素的字符集，以及确定在指定路径时不能使用的字符集。因为这些差异，所以 Path 类的字段以及 Path 类的某些成员的准确行为是与平台相关的。

路径可以包含绝对或相对位置信息。绝对路径完整指定一个位置：文件或目录可被唯一标识，而与当前位置无关。相对路径指定部分位置：当定位用相对路径指定的文件时，当前位置用作起始点。

Path 类的大多数成员不与文件系统交互，并且不验证路径字符串指定的文件是否存在。修改路径字符串的 Path 类成员（例如 ChangeExtension）对文件系统中文件的名称没有影响。但 Path 成员确实验证指定路径字符串的内容；并且如果字符串包含在路径字符串中无效的字符（如 InvalidPathChars 中的定义），则引发 ArgumentException。例如，在基于 Windows 的桌面平台上，无效路径字符可能包括引号 (")、小于号 (<)、大于号 (>)、管道符号 (|)、退格 (\b)、null (\0) 以及从 16 到 18 和从 20 到 25 的 Unicode 字符。

Path 类的成员可以快速方便地执行常见操作，例如确定文件扩展名是否是路径的一部分，以及将两个字符串组合成一个路径名。

Path 类的所有成员都是静态的，因此无需具有路径的实例即可被调用。

说明：

在接受路径作为输入字符串的成员中，路径必须是格式良好的，否则将引发异常。例如，如果路径是完全限定的但以空格开头，则路径在类的方法中不会被修剪。因此，路径的格式不正确，并将引发异常。同样，路径或路径的组合不能被完全限定两次。例如，“c:\temp c:\windows”在大多数情况下也将引发异常。在使用接受路径字符串的方法时，请确保路径是格式良好的。

在接受路径的成员中，路径可以是指文件或仅是目录。指定路径也可以是相对路径或者服务器和共享名称的统一命名约定 (UNC) 路径。例如，以下都是可接受的路径：

(1)“c:\\MyDir\\MyFile. txt”。

(2)“c:\\MyDir”。

(3)“MyDir\\MySubdir”。

(4)“\\\\MyServer\\MyShare”。

因为所有这些操作都是对字符串执行的，所以不可能验证结果是否在所有方案中都有效。例如，GetExtension 方法分析传递给它的字符串，并且从该字符串返回扩展名。但是，这并不意味着在磁盘上存在具有该扩展名的文件。

11.3.3　文件夹操作类及其使用

文件夹操作类主要是 Directory 类和 DirectoryInfo 类。Directory 类的所有方法都是静态的，如果只想执行一个操作，那么使用 Directory 方法的效率比使用相应的 DirectoryInfo 示例方法更高。Directory 类中大多数方法都要求以操作目录的路径作为参数。同样，Directory 类静态方法在调用时也需要执行安全检查，如果打算多次重复操作某个文件夹，可以考虑改用 DirectoryInfo 类的相应实例方法。Directory 类常用的属性和方法见下表：

表 11.4　Directory 类提供的方法

方　法	说　明
CreateDirectory	创建指定路径中的所有目录
Delete	删除指定的目录
Exists	确定指定路径是否引用磁盘上的现有目录(即是否存在)
GetCurrentDirectory	获取应用程序的当前工作目录
GetDirectories	获取指定目录中的子目录名称
GetFiles	返回指定目录中文件的名称
GetLogicalDrives	检索此计算机上格式为"<驱动器号>:\"的逻辑驱动器的名称
GetParent	检测指定路径的父目录，包括绝对路径和相对路径
Move	将文件或目录及其内容移动到新位置

主要提供关于目录的各种操作，使用时需要引用 System.IO 命名空间。下面通过程序实例来介绍其主要属性和方法。

1. 目录创建方法：Directory.CreateDirectory

该方法声明如下：

```
public static DirectoryInfo CreateDirectory(string path);
```

下面的代码演示在 c:\tempuploads 文件夹下创建名为 NewDirectory 的目录。

```
private void MakeDirectory()
{
    Directory.CreateDirectory(@"c:\tempuploads\NewDirectoty");
}
```

2. 目录属性设置方法：DirectoryInfo.Atttributes

下面的代码设置 c:\tempuploads\NewDirectory 目录为只读、隐藏。与文件属性相同，目录属性也是使用 FileAttributes 来进行设置的。

```
private void SetDirectory()
{
    DirectoryInfo NewDirInfo = new DirectoryInfo(@"c:\tempuploads\NewDirectoty");
    NewDirInfo.Atttributes = FileAttributes.ReadOnly|FileAttributes.Hidden;
}
```

3. 目录删除方法：Directory.Delete

该方法声明如下：

```
public static void Delete(string path,bool recursive);
```

下面的代码可以将 c:\tempuploads\BackUp 目录删除。Delete 方法的第二个参数为 bool 类型，它可以决定是否删除非空目录。如果该参数值为 true，将删除整个目录，即使该目录下有文件或子目录；若为 false，则仅当目录为空时才可删除。

```
private void DeleteDirectory()
{
    Directory.Delete(@"c:\tempuploads\BackUp",true);
}
```

4. 目录移动方法:Directory. Move

该方法声明如下:

```
public static void Move(string sourceDirName,string destDirName);
```

下面的代码将目录 c:\tempuploads\NewDirectory 移动到 c:\tempuploads\BackUp。

```
private void MoveDirectory()
{
    File.Move(@"c:\tempuploads\NewDirectory",@"c:\tempuploads\BackUp");
}
```

5. 获取当前目录下的所有子目录方法:Directory. GetDirectories

该方法声明如下:

```
public static string[] GetDirectories(string path);
```

下面的代码读出 c:\tempuploads\目录下的所有子目录,并将其存储到字符串数组中。

```
private void GetDirectory()
{
    string [] Directorys;
    Directorys = Directory. GetDirectories (@"c:\tempuploads");
}
```

6. 获取当前目录下的所有文件方法:Directory. GetFiles

该方法声明如下:

```
public static string[] GetFiles(string path);
```

下面的代码读出 c:\tempuploads\目录下的所有文件,并将其存储到字符串数组中。

```
private void GetFile()
{
    string [] Files;
    Files = Directory. GetFiles (@"c:\tempuploads",);
}
```

7. 判断目录是否存在方法:Directory. Exist

该方法声明如下:

```
public static bool Exists(string path);
```

下面的代码判断是否存在 c:\tempuploads\NewDirectory 目录。若存在,先获取该目录下的子目录和文件,然后其移动,最后将移动后的目录删除。若不存在,则先创建该目录,然后将目录属性设为只读、隐藏。

```
if(File.Exists(@"c:\tempuploads\NewDirectory")) //判断目录是否存在
{
    GetDirectory(); //获取子目录
    GetFile(); //获取文件
    MoveDirectory(); //移动目录
    DeleteDirectory(); //删除目录
}
else
{
    MakeDirectory(); //生成目录
    SetDirectory(); //设置目录属性
}
```

11.4 读写文本文件

读写文件要用到文件流对象。可以通过流读写器来操作流对象从而完成文件的读写操作。常用的读写文件的方法有两种。一种主要是用 FileStream 的读写功能直接读写文件，一种是利用 StreamReader 或 StreamWriter 执行这些功能。

FileStream 对象表示在磁盘或网络路径上指向文件的流。这个类提供了在文件中读写字节的方法，但经常使用 StreamReader 或 StreamWriter 执行这些功能。这是因为 FileStream 类操作的是字节和字节数组，而 Stream 类操作的是字符数据。字符数据易于使用，但是有些操作，比如随机文件访问（访问文件中间某点的数据），就必须由 FileStream 对象执行。

几种方法可以创建 FileStream 对象。构造函数具有许多不同的重载版本，最简单的构造函数仅仅带有两个参数，即文件名和 FileMode 枚举值。

```
FileStream aFile = new FileStream(filename, FileMode.Member);
```

FileMode 枚举有几个成员，规定了如何打开或创建文件。另一个常用的构造函数如下：

```
FileStream aFile = new FileStream(filename, FileMode.Member, FileAccess. Member);
```

第三个参数是 FileAccess 枚举的一个成员，它指定了流的作用。FileAccess 枚举的成员如表 11.5 所示。

表 11.5　FileAccess 枚举的成员

成　员	说　明
Read	打开文件，用于只读
Write	打开文件，用于只写
ReadWrite	打开文件，用于读写

对文件进行不是 FileAccess 枚举成员指定的操作会导致抛出异常。此属性的作用是，基于用户的身份验证级别改变用户对文件的访问权限。

在 FileStream 构造函数不使用 FileAccess 枚举参数的版本中，使用默认值 FileAccess.

ReadWrite。

FileMode 枚举成员如表 11.6 所示。使用不同值会发生什么，取决于指定的文件名是否表示已有的文件。注意这个表中的项表示创建流时该流指向文件中的位置，除非特别说明，否则流就指向文件的开头。

表 11.6　FileMode 枚举成员

成　员	文件存在	文件不存在
Append	打开文件，流指向文件的末尾，只能与枚举 FileAccess.Write 联合使用	创建一个新文件。只能与枚举 FileAccess.Write 联合使用
Create	删除该文件，然后创建新文件	创建新文件
CreateNew	抛出异常	创建新文件
Open	打开现有的文件，流指向文件的开头	抛出异常
OpenOrCreate	打开文件，流指向文件的开头	创建新文件
Truncate	打开现有文件，清除其内容。流指向文件的开头，保留文件的初始创建日期	抛出异常

File 和 FileInfo 类都提供了 OpenRead()和 OpenWrite()方法，更易于创建 FileStream 对象。前者打开了只读访问的文件，后者只允许写入文件。这些都提供了快捷方式，因此不必以 FileStream 构造函数的参数形式提供前面所有的信息。例如，下面的代码行打开了用于只读访问的 Data.txt 文件：

```
FileStream aFile = File.OpenRead("Data.txt");
```

注意下面的代码执行同样的功能：

```
FileInfo aFileInfo = new FileInfo("Data.txt");
FileStream aFile = aFile.OpenRead();
```

C#读写文件还需要用到的类：StreamReader 和 StreamWriter 类

```
StreamReader sr = new StreamReader(@"C:\My Documents\ReadMe.txt"); //读取 ReadMe.txt 文件
StreamReader sr = new StreamReader(@"C:\My Documents\ReadMe.txt", Encoding.UTF8Encoding); //
指定编码方法
```

使用 StreamReader 和 StreamWriter 类，不需要担心编码方式，因为这 StreamReader 类可以正确地读取任何格式的文件，StreamWriter 类可以使用任何一种编码技术格式化它要写入的文本。

FileStream 类维护内部文件指针，该指针指向文件中进行下一次读写操作的位置。在大多数情况下，当打开文件时，它就指向文件的开始位置，但是此指针可以修改。这允许应用程序在文件的任何位置读写，随机访问文件，或直接跳到文件的特定位置上。当处理大型文件时，这非常省时，因为马上可以定位到正确的位置。

实现此功能的方法是 Seek()方法，它有两个参数：第一个参数规定文件指针以字节为单位的移动距离。第二个参数规定开始计算的起始位置，用 SeekOrigin 枚举的一个值表示。Seek Origin 枚举包含 3 个值：Begin、Current 和 End。

例如，下面的代码行将文件指针移动到文件的第 8 个字节，其起始位置就是文件的第 1 个字节：

```
aFile.Seek(8,SeekOrigin.Begin);
```

下面的代码行将指针从当前位置开始向前移动 2 个字节。如果在上面的代码行之后执行下面的代码，文件指针就指向文件的第 10 个字节：

```
aFile.Seek(2,SeekOrigin.Current);
```

注意读写文件时，文件指针也会改变。在读取了 10 个字节之后，文件指针就指向被读取的第 10 个字节之后的字节。

也可以规定负查找位置，这可以与 SeekOrigin.End 枚举值一起使用，查找靠近文件末端的位置。下面的代码会查找文件中倒数第 5 个字节：

```
aFile.Seek( - 5, SeekOrigin.End);
```

以这种方式访问的文件有时称为随机访问文件，因为应用程序可以访问文件中的任何位置。

11.4.1　从文本文件中读数据

使用 FileStream 类读取数据不像使用本章后面介绍的 StreamReader 类读取数据那样容易。这是因为 FileStream 类只能处理原始字节(raw byte)。处理原始字节的功能使 FileStream 类可以用于任何数据文件，而不仅仅是文本文件。通过读取字节数据，FileStream 对象可以用于读取图像和声音的文件。这种灵活性的代价是，不能使用 FileStream 类将数据直接读入字符串，而使用 StreamReader 类却可以这样处理。但是有几种转换类可以很容易地将字节数组转换为字符数组，或者进行相反的操作。

FileStream.Read()方法是从 FileStream 对象所指向的文件中访问数据的主要手段。这个方法从文件中读取数据，再把数据写入一个字节数组。它有三个参数：第一个参数是传输进来的字节数组，用以接受 FileStream 对象中的数据。第二个参数是字节数组中开始写入数据的位置。它通常是 0，表示从数组开端向文件中写入数据。最后一个参数指定从文件中读出多少字节。

下面的示例演示了从随机访问文件中读取数据。要读取的文件实际是为此示例创建的类文件。

示例 11.1：

(1)创建一个新的控制台应用程序 ReadFile。

(2)在 Program.cs 文件的顶部添加下面的 using 指令：

```
using System;
using System.Collections.Generic;
using System.Linq;
using System.Text;
using System.IO;
```

(3) 在 Main()方法中添加下面的代码：

```
namespace ReadFile
{
```

```
class Program
{
    static void Main(string[] args)
    {
        byte[] byData = new byte[200];
        char[] charData = new Char[200];
        try
        {
            FileStream aFile = new FileStream("Program.cs", FileMode.Open);
            aFile.Seek(110, SeekOrigin.Begin);
            aFile.Read(byData, 0, 200);
        }
        catch (IOException e)
        {
            Console.WriteLine("An IO exception has been thrown!");
            Console.WriteLine(e.ToString());
            Console.ReadKey();
            return;
        }
        Decoder d = Encoding.UTF8.GetDecoder();
        d.GetChars(byData, 0, byData.Length, charData, 0);
        Console.WriteLine(charData);
        Console.ReadKey();
    }
}
}
```

(4)将 Program.cs 文件复制一份到该项目文件夹下的 bin\Debug 文件夹下。运行应用程序。结果如图 11.2 所示。

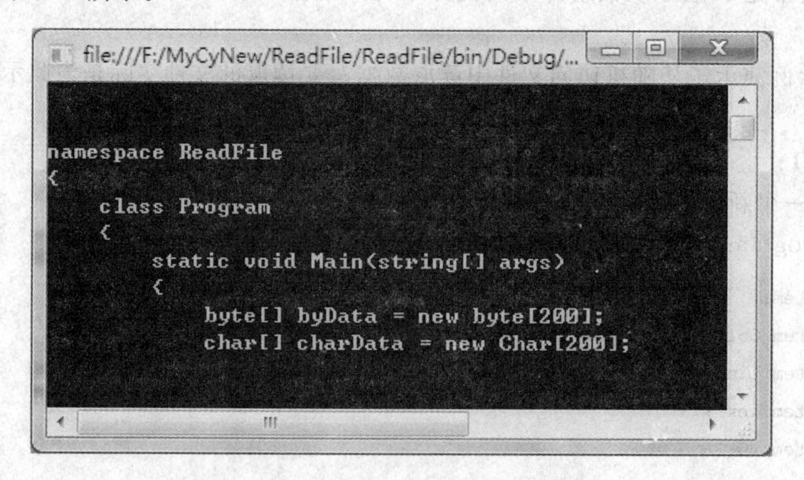

图 11.2 从随机访问文件中读取数据

示例的说明：

此应用程序打开自己的.cs 文件，用于读取。

```
FileStream aFile = new FileStream("Program.cs",FileMode.Open);
```

下面两行代码实现查找工作，并从文件的具体位置读取字节：

```
aFile.Seek(110,SeekOrigin.Begin);
aFile.Read(byData,0,200);
```

第一行代码将文件指针移动到文件的第 110 个字节。在 Program.cs 中，这是 namespace 的“n”；其前面的 110 个字符是 using 指令和相关的 # region。第二行将接下来的 200 个字节读入到 byData 字节数组中。

注意这两行代码封装在 try…catch 块中，以处理可能抛出的异常。

```
try
{
    FileStream aFile = new FileStream("Program.cs", FileMode.Open);
    aFile.Seek(110, SeekOrigin.Begin);
    aFile.Read(byData, 0, 200);
}
catch (IOException e)
{
    Console.WriteLine("An IO exception has been thrown!");
    Console.WriteLine(e.ToString());
    Console.ReadKey();
    return;
}
```

文件 IO 涉及的所有操作都可以抛出类型为 IOException 的异常。所有产品代码都必须包含错误处理，尤其是处理文件系统时更是如此。本章的所有示例都具有错误处理的基本形式。

从文件中获取了字节数组后，就需要将其转换为字符数组，以便在控制台显示它。为此，使用 System.Text 命名空间的 Decoder 类。此类用于将原始字节转换为更有用的项，比如字符：

```
Decoder d = Encoding.UTF8.GetDecoder();
d.GetChars(byData, 0, byData.Length, charData, 0);
```

这些代码基于 UTF8 编码模式创建了 Decoder 对象。这就是 Unicode 编码模式。然后调用 GetChars()方法，此方法提取字节数组，将它转换为字符数组。完成之后，就可以将字符数组输出到控制台。

我们也可以使用 StreamReader 类读取文件，如示例 11.2 所示。

示例 11.2：

```
// 读操作
public static void StreamReaderMetodone()
{
    // 读取文件的源路径及其读取流
    string strReadFilePath = @"../../data/ReadLog.txt";
```

```
        StreamReader srReadFile = new StreamReader(strReadFilePath);
        // 读取流直至文件末尾结束
        while (! srReadFile.EndOfStream)
        {
            string strReadLine = srReadFile.ReadLine(); //读取每行数据
            Console.WriteLine(strReadLine); //屏幕打印每行数据
        }
        // 关闭读取流文件
        srReadFile.Close();
        Console.ReadKey();
    }
    private void StreamReaderMetodtwo()
    {
        string sLine = "";
        try
        {
            FileStream fsFile = new FileStream(@"d:\log.txt", FileMode.Open);
            StreamReader srReader = new StreamReader(fsFile);
            //读取文件(读取大文件时,最好不要用此方法)
            sLine = srReader.ReadToEnd();
            txbValue.Text = sLine;
            srReader.Close();
        }
        catch (Exception e)
        {
        throw e;
        }
    }
    private void StreamReaderMetodthree()
    {
        try
        {
            FileStream fsFile = new FileStream(@"d:\log.txt", FileMode.Open);
            StreamReader srReader = new StreamReader(fsFile);
            int iChar;
            iChar = srReader.Read();
            while (iChar ! = -1)
            {
                txbValue.Text + = (Convert.ToChar(iChar));
                iChar = srReader.Read();
            }
            srReader.Close();
        }
        catch (Exception e)
```

```
    {
        throw e;
    }
}
```

11.4.2　创建并写入文件

向随机访问文件中写入数据的过程与从中读取数据非常类似。首先需要创建一个字节数组;最简单的办法是首先构建要写入文件的字符数组。然后使用 Encoder 对象将其转换为字节数组,其用法非常类似于 Decoder。最后调用 Write()方法,将字节数组传送到文件中。

下面构建一个简单的示例演示其过程。

示例 11.3:

(1)创建一个新的控制台应用程序 WriteFile。

(2)如上所示,在 Program.cs 文件顶部添加下面的 using 指令:

```
using System;
using System.Collections.Generic;
using System.Linq;
using System.Text;
using System.IO;
```

(3)在 Main()方法中添加下面的代码:

```
static void Main(string[] args)
{
    byte[] byData;
    char[] charData;
    try
    {
        FileStream aFile = new FileStream("Temp.txt", FileMode.Create);
        charData = "My pink half of the drainpipe.".ToCharArray();
        byData = new byte[charData.Length];
        Encoder e = Encoding.UTF8.GetEncoder();
        e.GetBytes(charData, 0, charData.Length, byData, 0, true);
        // Move file pointer to beginning of file.
        aFile.Seek(0, SeekOrigin.Begin);
        aFile.Write(byData, 0, byData.Length);
    }
    catch (IOException ex)
    {
        Console.WriteLine("An IO exception has been thrown!");
        Console.WriteLine(ex.ToString());
        Console.ReadKey();
        return;
```

(4)运行该应用程序。稍后就将其关闭。

(5)导航到应用程序目录 —— 在目录中已经保存了文件,因为我们使用了相对路径。目录位于 WriteFile\bin\Debug 文件夹。打开 Temp.txt 文件。可以在文件中看到如图 11.3 所示的文本。

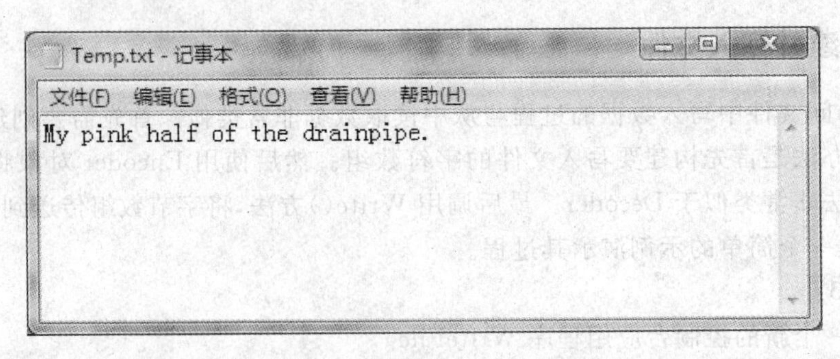

图 11.3 创建并写入文件数据

示例的说明:

此应用程序在自己的目录中打开文件,并在文件中写入了一个简单的字符串。在结构上这个示例非常类似于前面的示例,只是用 Write()代替了 Read(),用 Encoder 代替了 Decoder。

下面的代码行使用 String 类的 ToCharArray()静态方法,创建了字符数组。因为 C# 中的所有事物都是对象,文本"My pink half of the drainpipe."实际上是一个 String 对象,所以甚至可以在字符串上调用这些静态方法。

```
CharData = " My pink half of the drainpipe. ".ToCharArray();
```

下面的代码行显示了如何将字符数组转换为 FileStream 对象需要的正确字节数组。

```
Encoder e = Endoding.UTF8.GetEncoder();
e.GetBytes(charData,0,charData.Length, byData,0,true);
```

这次,要基于 UTF8 编码方法来创建 Encoder 对象。也可以将 Unicode 用于解码。这里在写入流之前,需要将字符数据编码为正确的字节格式。在 GetBytes()方法中可以完成这些工作,它可以将字符数组转换为字节数组,并将字符数组作为第一个参数(本例中的 charData),将该数组中起始位置的下标作为第二个参数(0 表示数组的开头)。第三个参数是要转换的字符数量(charData.Length,charData 数组中的元素个数),第四个参数是在其中置入数据的字节数组(byData),第五个参数是在字节数组中开始写入位置的下标(0 表示 byData 数组的开头)。

最后一个参数决定在结束后 Encoder 对象是否应该更新其状态,即 Encoder 对象是否仍然保留它原来在字节数组中的内存位置。这有助于以后调用 Encoder 对象,但是当只进行单一调用时,这就没有什么意义。最后对 Encoder 的调用必须将此参数设置为 true,以清空其内存,释放对象,用于垃圾回收。

之后,使用 Write()方法向 FileStream 写入字节数组就非常简单:

```
aFile.Seek(0,SeekOrigin.Begin);
aFile.Write(byData,0,byData.Length);
```

与 Read()方法一样,Write()方法也有三个参数:要写入的数组,开始写入的数组下标和要写入的字节数。

和读取文件一样，我们也可以使用StreamReader类来写入文件，如示例代码11.4所示。

示例11.4：

```
private void StreamWriterMetodone()
{
    try
    {
        FileStream fsFile = new FileStream(@"d:\log.txt",FileMode.OpenOrCreate);
        StreamWriter swWriter = new StreamWriter(fsFile);
        //写入数据
        swWriter.WriteLine("Hello Wrold.");
        swWriter.WriteLine("It is now {0}", DateTime.Now.ToLongDateString());
        swWriter.Close();
    }
    catch (Exception e)
    {
        throw e;
    }
}
public static void StreamWriterMetodtwo()
{
    // 统计写入(读取的行数)
    int WriteRows = 0;
    // 读取文件的源路径及其读取流
    string strReadFilePath = @"../../data/ReadLog.txt";
    StreamReader srReadFile = new StreamReader(strReadFilePath);
    // 写入文件的源路径及其写入流
    string strWriteFilePath = @"../../data/WriteLog.txt";
    StreamWriter swWriteFile = File.CreateText(strWriteFilePath);
    // 读取流直至文件末尾结束，并逐行写入另一文件内
    while (! srReadFile.EndOfStream)
    {
        string strReadLine = srReadFile.ReadLine(); //读取每行数据
        + + WriteRows; //统计写入(读取)的数据行数
        swWriteFile.WriteLine(strReadLine); //写入读取的每行数据
        Console.WriteLine("正在写入... " + strReadLine);
    }
    // 关闭流文件
    srReadFile.Close();
    swWriteFile.Close();
    Console.WriteLine("共计写入记录总数:" + WriteRows);
    Console.ReadKey();
}
```

11.5　读写二进制文件

System.IO 命名空间提供了 BinaryReader 类和 BinaryWriter 类，用来完成读写二进制数据的操作，但是这两个类本身并不执行流，而是提供其他对象流的包装。

BinaryWriter 类用于从 C# 变量向指定流写入二进制数据，该类可以把 C# 数据类型转换成可以写到底层流的一系列字节。

BinaryWriter 类常用方法：

- Write 方法：将值写入流，有很多重载版本，适用于不同的数据类型。
- Flush 方法：清除缓存区。
- Close 方法：关闭数据流。

下面介绍的 C# 本地读写二进制文件，二进制文件指保存在物理磁盘的一个文件。

第一步：读写文件转成流对象。其实就是读写文件流。

第二步：读写流。读写二进制文件用 System.IO.BinaryReader 和 System.IO.BinaryWriter 类；读写文本文件用 System.IO.TextReader 和 System.IO.TextWriter 类。

BinaryWriter 类将二进制数据写入文件示例：

示例 11.5：

```
using System;
using System.IO;
using System.Text;
class Program
{
    static void Main(string[]args)
    {
        Console.WriteLine("请输入文件名:");
        string filename = Console.ReadLine(); //获取输入文件名
        FileStream fs; //声明 FileStream 对象
        try
        {
            fs = new FileStream(filename, FileMode.Create); //初始化 FileStream 对象
            BinaryWriter bw = new BinaryWriter(fs); //创建 BinaryWriter 对象
            //写入文件
            bw.Write('a');
            bw.Write(123);
            bw.Write(456.789);
            bw.Write("Hello World!");
            Console.WriteLine("成功写入");
            bw.Close(); //关闭 BinaryWriter 对象
            fs.Close(); //关闭文件流
        }
```

```
            catch (IOException ex)
            {
                Console.WriteLine(ex.Message);
            }
        }
    }
```

BinaryReader 类用来读取二进制数据，其读取数据的方法很多，常用方法如下：

- Close()：关闭 BinaryReader 对象；
- Read()：从指定流读取数据，并将指针迁移，指向下一个字符。
- ReadDecimal()：从指定流读取一个十进制数值，并将在流中的位置向前移动 16 个字节。
- ReadByte()：从指定流读取一个字节值，并将在流中的位置向前移动一个字节。
- ReadInt16()：从指定流读取两个字节带符号整数值，并将在流中的位置向前移动两个字节。
- ReadInt32()：从指定流读取两个字节带符号整数值，并将在流中的位置向前移动两个字节。
- ReadString()：从指定流读取字符串，该字符串的前缀为字符串长度，编码为整数，每次 7 比特。

BinaryReader 类创建对象时必须基于所提供的流文件。

使用 BinaryReader 类读取二进制数据实例：

示例 11.6：

```
using System;
using System.Collections.Generic;
using System.IO;
using System.Text;
public class MyClass
{
    public static void Main()
    {
        string path = @"C:\123.txt";
        FileStream fs = new FileStream(path, FileMode.Open, FileAccess.Read);
        BinaryReader br = new BinaryReader(fs);
        char cha;
        int num;
        double doub;
        string str;
        try
        {
            while (true)
            {
                cha = br.ReadChar();
```

```
                num = br.ReadInt32();
                doub = br.ReadDouble();
                str = br.ReadString();
                Console.WriteLine("{0},{1},{2},{2}", cha, num, doub, str);
            }
        }
        catch (EndOfStreamException e)
        {
            Console.WriteLine(e.Message);
            Console.WriteLine("已经读到末尾");
        }
        finally
        {
            Console.ReadKey();
        }
    }
}
```

我们利用创建的文件作为源文件,创建了 FileStream 对象,并基于该对象创建了 BinaryReader 对象,调用 BinaryReader 对象的读取文件内容的各个方法,分别读出源文件中的字符、整型数据、双精度数据和字符串。由于不确定要遍历多少次才能读取文件末尾,出现 EndStreamException 异常。循环内读取的数据被输出到控制台。

11.6 读写内存流

和 FileStream 一样,MemoryStream 和 BufferedStream 都派生自基类 Stream,因此它们有很多共同的属性和方法,但是每一个类都有自己独特的用法。这两个类都是实现对内存进行数据读写的功能,而不是对持久性存储器进行读写。

读写内存:MemoryStream 类

MemoryStream 类用于向内存而不是磁盘读写数据。MemoryStream 封装以无符号字节数组形式存储的数据,该数组在创建 MemoryStream 对象时被初始化,或者该数组可创建为空数组。可在内存中直接访问这些封装的数据。内存流可降低应用程序中对临时缓冲区和临时文件的需要。下表列出了 MemoryStream 类的重要方法:

- Read():读取 MemoryStream 流对象,将值写入缓存区。
- ReadByte():从 MemoryStream 流中读取一个字节。
- Write():将值从缓存区写入 MemoryStream 流对象。
- WriteByte():从缓存区写入 MemoytStream 流对象一个字节。

Read 方法使用的语法如下:

```
mmstream.Read(byte[] buffer,offset,count)
```

其中 mmstream 为 MemoryStream 类的一个流对象,3 个参数中,buffer 包含指定的字节数组,该数组中,从 offset 到(offset+count-1)之间的值由当前流中读取的字符替换。Offset

是指 Buffer 中的字节偏移量，从此处开始读取。Count 是指最多读取的字节数。Write()方法和 Read()方法具有相同的参数类型。

MemoryStream 类的使用实例：

示例 11.7：

```
using System;
using System.IO;
using System.Text;
class program{
static void Main()
{
    int count;
    byte[] byteArray;
    char[] charArray;

    UnicodeEncoding uniEncoding = new UnicodeEncoding();

    byte[] firstString = uniEncoding.GetBytes("努力学习");
    byte[] secondString = uniEncoding.GetBytes("不做 C# 中的菜鸟");

    using (MemoryStream memStream = new MemoryStream(100))
    {
        memStream.Write(firstString,0,firstString.Length);
        count = 0;
        while(count<secondString.Length)
        {
            memStream.WriteByte(secondString[count++]);
        }
        Console.WriteLine("Capacity = {0},Length = {1},Position = {2}\n",memStream.Capacity.
ToString(),memStream.Length.ToString(),memStream.Position.ToString());
        memStream.Seek(0, SeekOrigin.Begin);
        byteArray = new byte[memStream.Length];
        count = memStream.Read(byteArray,0,20);
        while(count<memStream.Length)
        {
            byteArray[count++] = Convert.ToByte(memStream.ReadByte());

        }
        charArray = new char[uniEncoding.GetCharCount(byteArray,0,count)];
        uniEncoding.GetDecoder().GetChars(byteArray,0,count,charArray,0);
        Console.WriteLine(charArray);
        Console.ReadKey();
        }
```

```
    }
}
```

- MemoryStream.Capacity 属性:取得或设定配置给这个资料流的位元组数目。
- MemoryStream.Position 属性:指定当前流的位置。
- MemoryStream.Length 属性:获取用字节表示的流长度。

SeekOrigin()是一个枚举类,作用设定流的一个参数。

SeekOrigin.Begin 我的理解就是文件的最开始,“0”是偏移,表示跳过 0 个字节。写 2 就是跳过 2 个字节。

MemoryStream 类通过字节读写数据。本例中定义了写入的字节数组,为了更好地说明 Write 和 WriteByte 的异同,在代码中声明了两个 byte 数组,其中一个数组写入时调用 Write 方法,通过指定该方法的三个参数实现如何写入。另一个数组调用了 WriteByte 方法,每次写入一个字节,所以采用 while 循环来完成全部字节的写入。写入 MemoryStream 后,可以检索该流的容量、实际长度、当前流的位置,将这些值输出到控制台。通过观察结果,可以确定写入 MemoryStream 流是否成功。

调用 Read 和 ReadByte 两种方法读取 MemoryStream 流中的数据,并将其进行 Unicode 编码后输出到控制台。

BufferedStream 类:

缓冲区是内存中的字节块,用于缓存数据,从而减少对操作系统的调用失败次数。缓冲区可提高读取和写入性能。使用缓冲区可进行读取或写入操作,但不能同时进行这两种操作。BufferedStream 类用于读写缓冲区。

创建 BufferedStream 对象的语法如下:

```
<访问修饰符> BufferedStream 对象名 = new BufferedStream(Stream stname);
<访问修饰符> BufferedStream 对象名 = new BufferedStream(Stream stname,int size);
```

这两种方法都可以创建 BufferedStream 流对象,前者只有一个参数——Stream 实例,后者在此基础上增加了表示缓冲区大小的整型数据。默认情况下,缓冲区的大小是 4096 字节。

BufferedStream 对象是包括已经创建的现有流对象而形成的,要使用 BufferedStream,需要用 BufferedStream,先创建一个 Stream 流对象。创建方法如下:

```
Stream instream = File.OpenRead(文件名);
stream outstream = file.OpenWrite(文件名);
```

创建好流对象后,将这些对象作为参数传递给 BufferedStream 类的构造函数,创建 BufferedStream 实例。示例代码如下:

```
BufferedStream bfs = new BufferedStream(instream);
bufferedStream objbfs = new BufferedStream(outstream);
```

创建了 BufferedStream 对象后,可以用该对象调用 Read()和 Write()方法,实现数据的读写。示例代码如下:

```
int byteread = bfs.Read(buffer,0,20);
objbfs.Write(buffer,0,byteread);
```

最后一定要清空缓冲区,以确保数据全部写入文件。

```
bfs.Flush();
objbfs.Flush();
```

- BufferedStream.Write 方法：将字节复制到缓冲流，并将缓冲流内的当前位置前进写入的字节数。
- BufferedStream.Read 方法：将字节从当前缓冲流复制到数组。
- BufferedStream.Seek 方法：设置当前缓冲流中的位置。

示例 11.8：

```
using System;
using System.IO;
using System.Text;
class BufferedStreamTest
{
    private static void AddText(BufferedStream bs, string value)
    {
        byte[]info = new UTF8Encoding().GetBytes(value);
        bs.Write(info, 0, info.Length);
    }
    public static void Main()
    {
        string path = "F:\\bsfile.txt";
        if (File.Exists(path))
        File.Delete(path);
        BufferedStream bs = new BufferedStream(File.Create(path));
        AddText(bs, "The first line ");
        AddText(bs, "123456789\r\n");
        AddText(bs, "The second line\r\n");
        AddText(bs, "Another line");
        bs.Close();
        bs = new BufferedStream(File.OpenRead(path));
        byte[]b = new byte[bs.Length];
        UTF8Encoding utf8 = new UTF8Encoding();
        while (bs.Read(b, 0, b.Length) > 0){
            Console.WriteLine(utf8.GetString(b));
            Console.ReadKey();
        }
    }
}
```

11.7　XML 文件操作

XML 是一种可扩展的标记语言，类似于 HTML。它和 HTML 的不同之处在于 XML 用来表示数据的标准，而 HTML 是一种显示数据的机制。在 XML 中是使用标记来描述存储数据的，下面的 XML 文件 Books.xml 描述了书的详细信息：

示例 11.9：

```
<? xml version = "1.0"? >
<books>
  <book>
     <author>Carson</author>
     <price format = "dollar">31.95</price>
     <pubdate>05/01/2001</pubdate>
  </book>
  <pubinfo>
     <publisher>MSPress</publisher>
     <state>WA</state>
  </pubinfo>
</books>
```

为了访问 XML 文档中的数据，W3C 提供了一套标准，定义了用来访问 XML 文档所需要的结构和接口 DOM。文档对象模型(DOM)类是 XML 文档在内存中的表示形式。DOM 能够以编程方式读取、操作和修改 XML 文档。XmlReader 类也读取 XML，但它提供非缓存的只进和只读访问，这意味着使用 XmlReader 无法编辑属性值或元素内容，或无法插入和移除节点。编辑是 DOM 的主要功能。XML 数据在内存中表示是常见的结构化方法，尽管实际的 XML 数据在文件中时或从另一个对象传入时以线性方式存储。图 11.4 是上面的 XML 文档在读入 DOM 结构中时内存的构造。

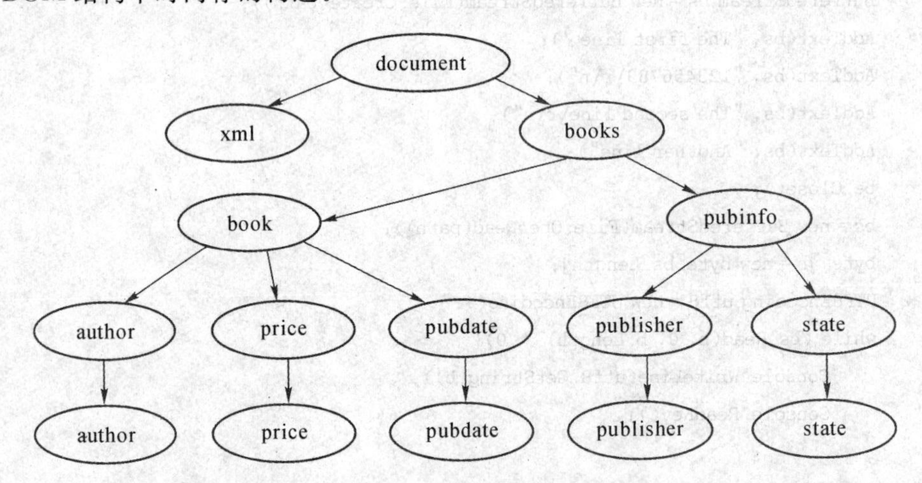

图 11.4 Books.xml 的 XmlNode 对象

在 XML 文档结构中，图 11.4 中的每个圆圈表示一个节点(称为 XmlNode 对象)。XmlNode 对象是 DOM 树中的基本对象。XmlDocument 类(它扩展 XmlNode)支持对整个文档执行操作(例如，将文档加载到内存中或将 XML 保存到文件)的方法。此外，XmlDocument 提供了查看和操作整个 XML 文档中的节点的方法。

.NET 对访问 XML 的 DOM 模型提供了很好的支持，各操作对象和方法全部位于 System.XML 命名空间中。这些对象大体上可以分为以下 3 组：

(1)XML 文档的读写与格式转换，包括 XMLTextReader、XMLNodeReader、XMLTextWriter 和 XslTransform 等。

(2)XML 的存储和处理，包括 XmlDocument、XmlDataDocument 和 XPathDocument 对象所包含的函数。

(3)XML 的查询，使用 XPathNavigator 对象执行该操作，还可以使用 XslTransform 对象来执行对文档的查询操作，并可将其转化为不同的格式。

11.7.1 XmlDocument 对象

1. XmlDocument 对象的常用属性与方法

XmlDocument 用来管理一个 XML 文档对象，其主要属性和方法如表 11.7 所示。

表 11.7　XmlDocument 的常用属性与方法

属　性	描　述
ChildNodes	此属性是一个节点的集合，用来获取节点的所有子节点
DocumentElement	获取文档 XML 文档的节点
HasChildNodes	获取一个值，该值指示节点是否有任何子节点
InnerText	获取或设置节点及其所有子节点的所有文本内容的串联值
InnerXml	获取或设置表示当前节点子级的 XML 标记
Value	获取或设置节点的值
方　法	**描　述**
AppendChild	将指定的节点添加到该节点的子节点列表的末尾
CreateElement	创建一个 XML 元素
CreateNode	创建一个节点
GetElementsByTagName	返回一个 XmlNodeList，它包含与指定名称匹配的所有子代元素的列表
GetEnumerator	提供对 XmlNode 中节点上 For Each 样式迭代的支持
InsertAfter	将指定的节点紧接着插入指定的引用节点之后
InsertBefore	将指定的节点紧接着插入指定的引用节点之前
RemoveChild	删除某个子节点
Save	将 Dom 对象保存为 XML 文件
Load	装载指定的 XML 文档

2. 使用 XmlDocument 对象操作 XML 文档

在一个 TreeView 的控件中显示一个 XML 文档的结构，如图 11.5 所示，具体操作步骤如下。

(1)新建一个 Visual C#.NET 的 Windows 应用程序项目 RWXml。

(2)在窗体上添加一个 Button 控件和一个 TreeView 控件，将 Button 控件的 Name 属性

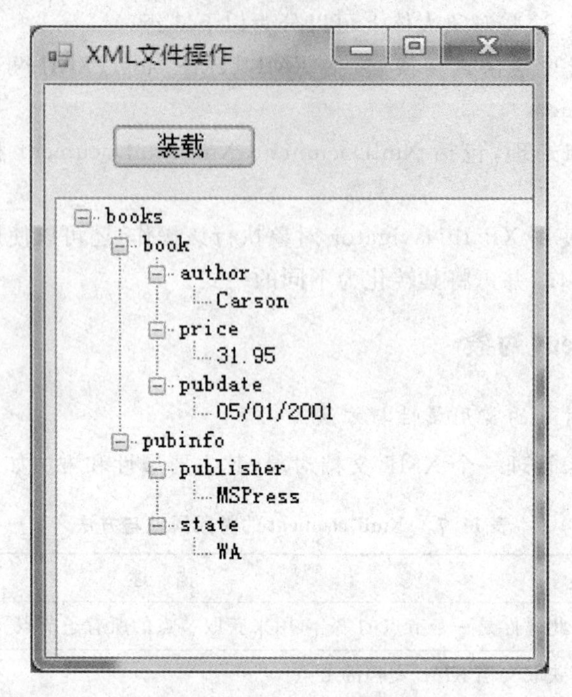

图 11.5　XML 文件操作实例

设置为 btnXmlLoad，Text 属性设置为“装载”，TreeView 控件的 Name 属性设置为 tvXml。

(3)在 Button 控件的 Click 事件中添加下面代码：

示例 11.10：

```
private void btnXmlLoad_Click(object sender, EventArgs e)
{
    OpenFileDialog dlgOpen = new OpenFileDialog();
    dlgOpen.Filter = "XML File| *.xml|All File| *.*";
    dlgOpen.Title = "打开 XML 文件";
    dlgOpen.ShowDialog();
    XmlDocument xmldoc = new XmlDocument();
    try
    {
        xmldoc.Load(dlgOpen.FileName);
    }
    catch (Exception ce)
    {
        MessageBox.Show("装载 XML 文档出错");
    }
    tvXml.Nodes.Clear();
    TreeNode root = new TreeNode();
    tvXml.Nodes.Add(root);
    buildTreeNodes(root, xmldoc.DocumentElement.CloneNode(true));
    root.ExpandAll();
```

```
}
```

根据 XML 节点创建树形节点：

```
private void buildTreeNodes(TreeNode tvnode, XmlNode xmlnode)
{
    if (xmlnode.NodeType == XmlNodeType.Element)
    {
        tvnode.Text = xmlnode.Name;
    }
    else
    {
        tvnode.Text = xmlnode.Value;
    }
    foreach (XmlNode xn in xmlnode.ChildNodes)
    {
        TreeNode tvn = new TreeNode();
        tvnode.Nodes.Add(tvn);
        //递归生成子节点
        buildTreeNodes(tvn, xn);
    }
}
```

(4)按 F5 键调试运行程序，单击“装载”按钮装入一个 XML 文件，其内容在 TreeView 表中显示出来。

11.7.2 XmlTextReader 对象

XmlTextReader 类是抽象类 XmlReader 的实现，它提供快速的、性能优良的分析器，它强制 XML 必须采用正确格式的规则。由于它既没有 DTD 信息，也没有架构信息，因此，它既不是验证分析器也不是非验证分析器，但它可以读取块中的文本或从流中读取字符。

XmlTextReader 适合顺序读取 XML 文档中内容的场合。

1. XmlTextReader 的常用属性与方法

XmlTextReader 的常用属性与方法如表 11.8 所示。

表 11.8　XmlTextReader 的常见属性与方法

属性或方法	描　述
AttributeCount	获取当前节点上的属性数
EOF	获取一个值，该值指示读取器是否定位在流的结尾
HasAttributes	获取一个值，该值指示当前节点是否有任何属性
Name	获取当前节点的限定名
NodeType	获取当前节点的类型
Value	获取当前节点的文本值

续表

属性或方法	描　述
WhitespaceHandling	获取或设置一个值,该值指定如何处理空白
MoveToAttribute 方法	移动到指定的属性
Read 方法	从流中读取下一个节点
ReadStartElement	检查当前节点是否为元素并将读取器推进到下一个节点

2. 用 XmlTextReader 实现 XML 文档的读取

将 XML 文档中的内容全部显示出来的操作步骤如下。

(1)在项目 RWXml 中添加一个 Windows 窗体 frmXmlTextReader.cs,在窗体上添加一个 Button 和一个 RichTextBox 控件。设置 Button 的 Name 属性为 btnReadXml,Text 属性为"读取 XML",设置 RichTeaxtBox 控件的 Name 属性为 rtbXmlDoc。设计好的界面如图 11.6 所示。

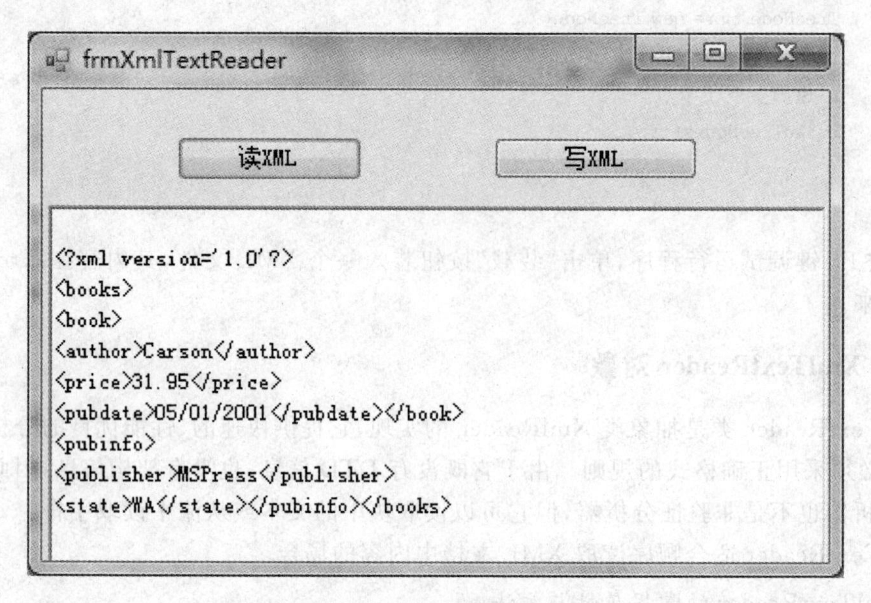

图 11.6　RWXml 读写 XML 界面

(2)在"读取 XML"按钮的 Click 事件中添加事件处理程序代码,下面的代码完成了一个 XML 文档内容的读入:

示例 11.11:

```
private void btnReadXml_Click(object sender, EventArgs e)
{
    OpenFileDialog dlgOpen = new OpenFileDialog();
    dlgOpen.Filter = "XML File|*.xml|All File|*.*";
    dlgOpen.Title = "打开 XML 文件";
    dlgOpen.ShowDialog();
    XmlTextReader reader;
    try
```

```
{
    //装入 XML 文件,不处理空格
    reader = new XmlTextReader(dlgOpen.FileName);
    reader.WhitespaceHandling = WhitespaceHandling.None;
    string str = "";
    //解析 XML 文件的每一个节点
    while (reader.Read())
    {
        switch (reader.NodeType)
        {
            //元素类型
            case XmlNodeType.Element:
            rtbXmlDoc.AppendText("\n");
            str = String.Format("<{0}", reader.Name);
            for (int i = 0; i < reader.AttributeCount - 1; i++)
            {
                reader.MoveToAttribute(i);
                str = String.Format("{0} {1} = '{2}'", str, reader.Name, reader.Value);
            }
            str = String.Format("{0}>", str);
            break;
            //文本类型
            case XmlNodeType.Text:
            str = String.Format(reader.Value);
            break;
            //CDATA 字段
            case XmlNodeType.CDATA:
                rtbXmlDoc.AppendText("\n");
                str = String.Format("<! [CDATA[{0}]]>", reader.Value);
                break;
            //处理指令
            case XmlNodeType.ProcessingInstruction:
                rtbXmlDoc.AppendText("\n");
                str = String.Format("<? {0} {1}? >", reader.Name, reader.Value);
                rtbXmlDoc.ForeColor = Color.Red;
                break;
            //注释
            case XmlNodeType.Comment:
                rtbXmlDoc.AppendText("\n");
                str = String.Format("<! --{0}-->", reader.Value);
                break;
            case XmlNodeType.XmlDeclaration:
                rtbXmlDoc.AppendText("\n");
                str = String.Format("<? xml version = '1.0'? >");
```

```
                break;
            case XmlNodeType.Document:
                // rtbXmlDoc.AppendText("\n");
                break;
            case XmlNodeType.DocumentType:
                rtbXmlDoc.AppendText("\n");
                str = String.Format("<! DOCTYPE {0} [{1}]", reader.Name, reader.Value);
                break;
            case XmlNodeType.EntityReference:
                str = String.Format(reader.Name);
                break;
            //结束的元素标签
            case XmlNodeType.EndElement:
                str = String.Format("</{0}>", reader.Name);
                break;
            }
        rtbXmlDoc.AppendText(str);
        }
    }
    catch (Exception ce)
    {
        MessageBox.Show("读取 XML 失败!");
    }
}
```

11.7.3 XmlTextWriter 对象

XmlTextWriter 对象表示提供快速、非缓存方法的 XML 编写器,该方法生成包含 XML 数据的流或文件。

1. 常用属性与方法

XmlTextWriter 的常用属性和方法如表 11.9 所示。

表 11.9 XmlTextWriter 常用属性与方法

属性与方法	描　述
WriteStartElement	写入一个 XML 的开始标签
WriteEndElement	自动为 XML 文档添加一个配对的结束标签
WriteStartAttribute	向 XML 文档中写一个属性的开始部分
WriteEndAttribute	向 XML 文档中写一个属性的结束部分
WriteStartDocument	书写版本为 1.0 的 XML 声明
WriteEndDocument	关闭任何打开的元素或属性并将编写器重新设置为 Start 状态
WriteComment	写出包含指定文本的注释<! --...-->
Flush	将缓冲区中的所有内容刷新到基础流,并同时刷新基础流

2. 使用XmlTextWriter来生成XML文档

在RWXml项目的frmXmlTextReader.cs的窗体上添加一个Button，设置Name属性为btnWriteXml，Text属性为“写XML”，如图11.6所示。在此Button的Click事件中添加下面的代码，事例代码生成一个XML文档，并往XML文档中添加一些关于书的信息：

示例11.12：

```
private void btnWriteXml_Click(object sender, EventArgs e)
{
    XmlTextWriter writer;
    writer = new XmlTextWriter("book.xml", null);
    writer.Formatting = Formatting.Indented;
    //写入XML声明
    writer.WriteStartDocument();
    //写处理器指令
    String PItext = "type = 'text/xsl' href = 'book.xsl'";
    writer.WriteProcessingInstruction("xml - stylesheet", PItext);
    //写入实体
    writer.WriteDocType("book", null, null, "<! ENTITY h 'hardcover'>");
    //写入注释
    writer.WriteComment("sample XML");
    //写一个根元素标记
    writer.WriteStartElement("book");
    //添加一个属性 genre = "novel"
    writer.WriteAttributeString("genre", "novel");
    //添加属性 ISBN = "1 - 8630 - 014"
    writer.WriteAttributeString("ISBN", "1 - 8630 - 014");
    //添加一个子元素标签 title
    writer.WriteElementString("title", "The Handmaid's Tale");
    //添加一个元素 style
    writer.WriteStartElement("style");
    //添加一个实体引用
    writer.WriteEntityRef("h");
    //添加一个结束标签</style>
    writer.WriteEndElement();
    //添加一个元素<Price>19.95</Price>
    writer.WriteElementString("price", "19.95");
    //添加一个 CDATA
    writer.WriteCData("Prices 15 % off!!");
    //写一个结束标签</book>
    writer.WriteEndElement();
    //XML文档编写完成
    writer.WriteEndDocument();
    //写入文件
```

```
    writer.Flush();
    writer.Close();
    //重新装入 XML
    XmlDocument doc = new XmlDocument();
    //设置保留空格可用
    doc.PreserveWhitespace = true;
    doc.Load("book.xml");
    rtbXmlDoc.Text = doc.InnerXml;
}
```

11.8 本章综合任务演练

接下来我们实现餐饮管理系统中便签功能。类似于一个 Windows 记事本。这个简单的 Windows 记事本将拥有打开文件、编辑内容和保存文件的功能。实现步骤如下：

(1) 在餐饮管理系统主窗体菜单中添加"记事本"项。

(2) 新建"记事本"窗体，将其 Name 属性改为 frmNote，Text 属性改为"记事本"。在主窗体的"记事本"菜单项的单击事件中添加如下代码：

```
frmNote obj = new frmNote ();
obj.Show();
```

(3) 在 frmNote 窗体中添加几个控件，控件属性设置如下表：

表 11.10 记事本程序控件属性

控件类型	控件名称	描述
文本框	txtPath	用来显示文件路径
按钮	btnOpen	点击后打开并读取文件
文本框	txtContent	输入文本内容，设置其 Multiline 为 true，添加竖直滚动条(ScrollBars 属性为 Vertical)
按钮	btnSave	点击后保存文本内容
按钮	btnCancel	点击后关闭当前窗口
打开文件对话框	openFileDialog1	显示打开文件对话框

(4) 分别为三个按钮添加如下代码：

示例 11.13：

```
private void btnOpen_Click(object sender, EventArgs e)
{
    this.openFileDialog1.ShowDialog();
    this.txtPath.Text = openFileDialog1.FileName;
    //定义流读写器时候指定流读写器的编解码方式，防止出现乱码
    using(StreamReader sr = new StreamReader(this.txtPath.Text,System.Text.Encoding.UTF8)){
```

```
            this.txtContent.Text = sr.ReadToEnd();
            sr.Close();
        }
    }

    private void btnSave_Click(object sender, EventArgs e)
    {
        using(StreamWriter sw = new StreamWriter(this.txtPath.Text)){
            sw.WriteLine(this.txtContent.Text);
            sw.Close();
        }
        MessageBox.Show("保存成功!");
    }

    private void btnCancel_Click(object sender, EventArgs e)
    {
        this.Close();
    }
}
```

运行界面如图 11.7 所示：

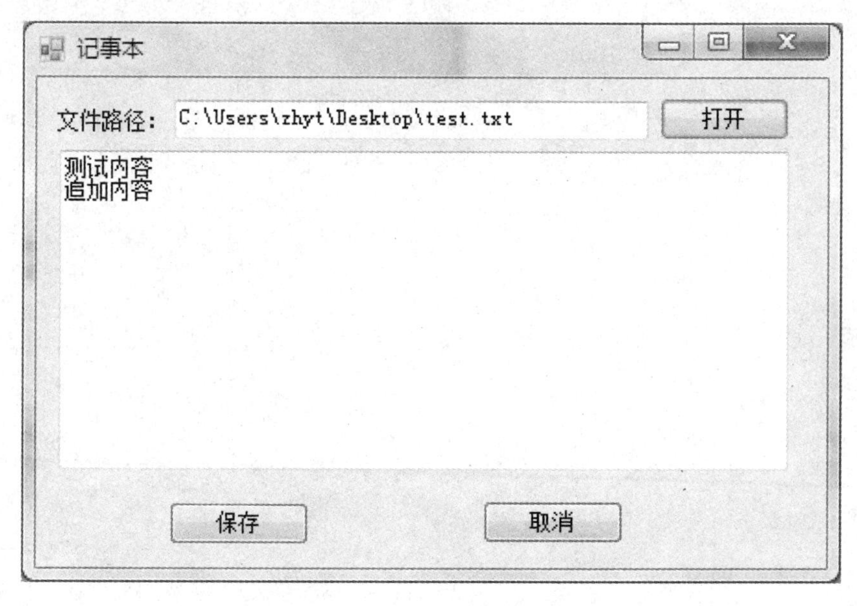

图 11.7　记事本程序运行界面

11.9　本章知识梳理

在.NET Framework 中，System.IO 命名空间主要包含基于文件(和基于内存)的输入输出(I/O)服务的相关基类库。在 Visual Studio 2008 中我们可以直接使用这些类。

在 System.IO 命名空间下，提供了 File 类、FileInfo 类、Directory 类、DirectoryInfo 类和 Path 类等。File 开头的类主要用于文件操作，包括文件的创建、复制、删除、移动。Directory 开头的类主要用于操作文件夹，包括文件夹的创建、移动等。Path 类主要用于跨平台处理文件的路径。

常用的读写文件的方法有两种：一种主要是用 FileStream 的读写功能直接读写文件，一种是利用 StreamReader 或 StreamWriter 执行这些功能。

System.IO 命名空间提供了 BinaryReader 类和 BinaryWriter 类，用来完成读写二进制数据的操作，但是这两个类本身并不执行流，而是提供其他对象流的包装。

MemoryStream 和 BufferedStream 都派生自基类 Stream，它们有很多共同的属性和方法，但是每一个类都有自己独特的用法。这两个类都是实现对内存进行数据读写的功能，而不是对持久性存储器进行读写。

XML 是一种可扩展的标记语言，类似于 HTML。它和 HTML 的不同之处在于，XML 用来表示数据的标准，而 HTML 是一种显示数据的机制。XmlDocument 类（它扩展 XmlNode）支持对整个文档执行操作的方法和查看与操作整个 XML 文档中的节点的方法。

第12章　利用三层结构开发数据库系统

【本章工作任务】

- 用三层结构搭建餐饮管理系统
- 用三层结构实现食品信息下拉列表框的信息绑定
- 以表格的形式展示用户信息,并按性别筛选
- 用三层结构实现用户登录

【本章技能目标】

- 会使用三层结构搭建项目
- 会使用 DataSet 在三层结构中传递数据
- 会使用实体类
- 会使用 using 语句实现高效的数据访问层

【本章简介】

通过本章的学习,你将深入了解什么是三层结构,如何使用三层结构开发应用系统,以及三层结构开发软件系统具有哪些优势。重点讲学习三层结构的两种实现方式,一种是用 DataSet 传递数据,另一种是利用实体类传递数据。

【本章单词】

(1)Business
(2)Logic
(3)DataView
(4)DataColum
(5)DataRow
(6)Filter
(7)Parameters
(8)Models
(9)Application

12.1　工作任务引入

回想我们前面完成的餐饮管理系统,以登录模块为例。我们从三方面对登录实现部分代

码进行分析：

(1)界面控件数据绑定实现

(2)逻辑判断实现

(3)数据库访问实现

首先我们看一下界面部分的关键代码：

示例 12.1：

```
// 登录
private void btnLogIn_Click(object sender, EventArgs e)
{
    //……………
    if (ValidateInput())
    {
        // 调用用户验证方法
        isValidUser = ValidateUser(cboLogInType.Text, txtLogInId.Text,
            txtLogInPwd.Text, ref message);
        // 如果是合法用户,显示相应的窗体
        //………………
    }
}

public bool ValidateUser(string loginType, string loginId, string loginPwd, ref string
    message)
{
    int count = 0;    // 数据库查询的结果
    bool result = false;  // 返回值,是否找到该用户

    // 查询是否存在匹配的用户名和密码
    if (loginType == "管理员")  // 判断管理员用户
    {
        //数据访问实现代码…………………….
        // 查询是否存在匹配的用户名和密码
        // 查询用 sql 语句
        string sql = string.Format("SELECT COUNT( * ) FROM Admin WHERE LogInId = '{0}' AND
            LogInPwd = '{1}'", txtLogInId.Text,txtLogInPwd.Text );
    }
    else if (loginType == "服务员")
    {
        //数据访问实现代码…………………
        // 查询是否存在匹配的用户名和密码
        // 查询用 sql 语句
        string sql = string.Format("SELECT COUNT( * ) FROM User WHERE LogInId = '{0}' AND
            LogInPwd = '{1}'", txtLogInId.Text,txtLogInPwd.Text );
```

```
        }
        return result;
    }
```

从以上代码可知，我们开发的两层结构应用系统有以下局限性：

(1)数据库访问和用户类型判断逻辑放在一起实现；

(2)用户界面层直接调用数据访问实现；

(3)整个系统功能放在同一项目中实现。

这些局限性将会导致一下几个问题：

(1)从界面层直接访问数据库，存在严重的安全性问题；

(2)模块的耦合程度太高，代码复用率低，当需求发生变化是维护成本很高。

为了避免出现上述问题，我们将给大家推荐一种新的开发模式，也是目前应用得比较成熟的开发模式：三层结构。三层结构目前有两种实现方式：一种是用 DataSet 传递数据，另一种是利用实体类传递数据。下面我们就进行详细讲解。

12.2 为什么需要三层结构

以饭店的场景为例：我们把饭店看作是一个整体，它包括服务员、厨师和采购人员三类角色。

当一名顾客来到饭店用餐时，饭店将以如下流程为顾客提供服务。如图 12.1 所示：

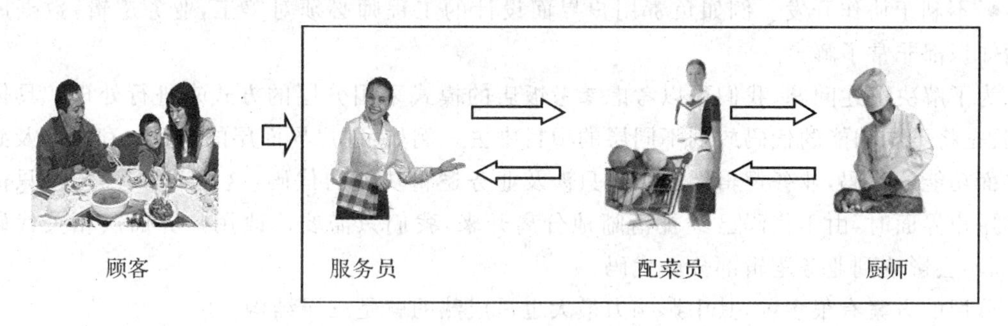

图 12.1　饭店场景

- 服务员接待顾客，顾客通过菜谱找到相应的菜；
- 服务员将顾客点的菜提交给配菜员；
- 配菜员根据菜单进行配菜，然后提交给厨师；
- 厨师烧好菜肴，配菜人员将菜放置在出菜窗口；
- 服务员将菜送给顾客。

如上所示，饭店将整个业务分解为 3 部分来完成，每一部分均由专人负责，服务员只管接待顾客、向配菜员传递顾客需求；配菜员负责组装原材料，并传递给厨师烧制，菜肴烧制完成后负责将菜传递到出菜窗口；厨师只管烹制菜肴；他们三者分工合作、共同为顾客提供满意的服务。

在饭店为顾客提供服务期间，服务员、配菜员、厨师，三者中任何一者发生变化时都不会影响其他两者的正常工作，只对变化者进行重新调整即可正常营业。我们开发的三层结构应用系统与饭店场景类似。

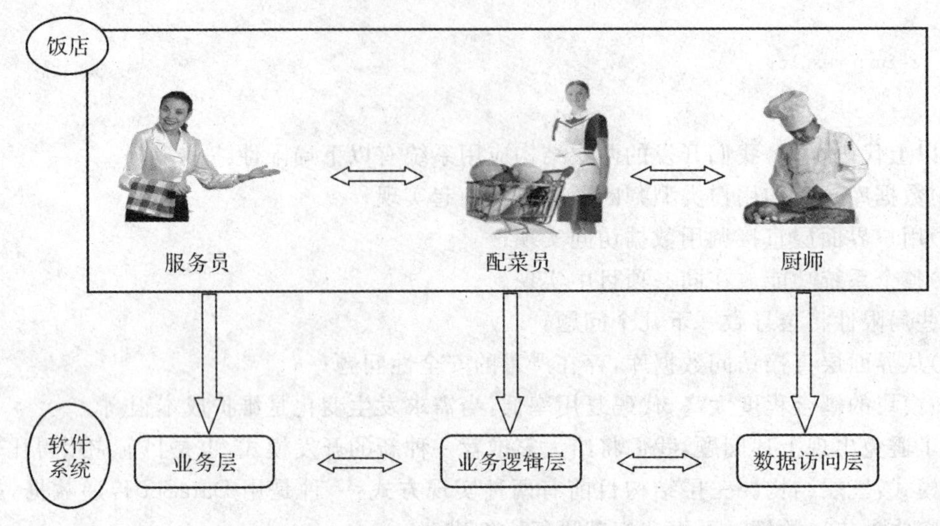

图 12.2 饭店场景与三层结构应用系统的类比

如上所述，三层结构应用系统具有两层结构应用系统不可取代的优势。回顾我们前面用两层结构开发的餐饮管理系统，我们发现系统存在以下问题：

- 操作数据库的代码与界面代码混合在一起，一旦数据库发生哪怕是一点细微变化（例如：字段名称改变），代码的改动量都是相当巨大的。
- 当客户要求更换用户界面时候（如要求改用 IE 浏览器方式访问系统），因为代码的混杂，改动工作也是非常巨大的。
- 不利于协作开发。例如负责用户界面设计的工程师必须对美工，业务逻辑，数据库各方面知识都非常了解。

为了解决上述问题，我们可以考虑参考饭店的模式采用分层的方式来进行处理。具体来说，就是将不同功能的代码放到不同层的项目中去。例如：用户界面层的项目只存放涉及到用户界面功能的代码，业务逻辑层的项目只涉及业务逻辑功能的代码，这样一来，当用户只需要修改用户界面时，由于代码已经被清晰地分离开来，我们只需要修改用户界面层相关代码即可，而不会影响到业务逻辑部分的代码。

分层的方案有很多种，其中影响力最大也最成熟的就是三层结构。

12.3 什么是三层结构

三层结构一词中的“三层”是指表示层、业务逻辑层、数据访问层，如图 12.3 所示：

- 表示层：位于最外层（最上层），离用户最近，用于显示数据和接受用户输入的数据，为用户提供一种交互式操作界面。表示层一般为 Windows 应用程序或 Web 应用程序。
- 业务逻辑层：是表示层和数据访问层之间通信的桥梁，主要负责数据的传递和处理，例如数据有效性的校验、业务逻辑描述等相关功能。业务逻辑层通常为类库。
- 数据访问层：主要实现对数据的保存和读取操作。数据访问，可以访问关系数据库、文本文件或是 XML 文档等。数据访问层通常为类库。

在三层结构中，各层之间相互依赖：表示层依赖于业务逻辑层，业务逻辑层依赖于数据访

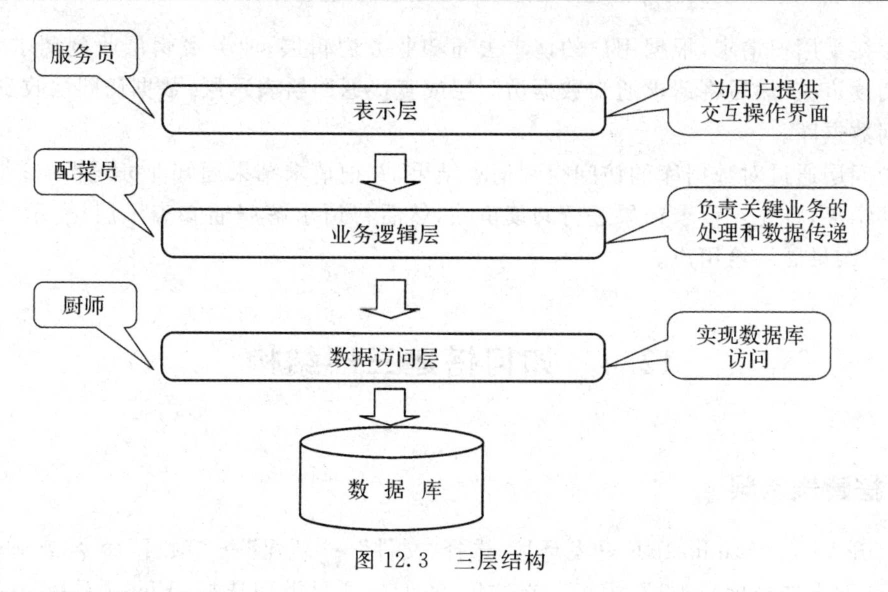

图 12.3　三层结构

问层。三层结构的关系如图 12.4 所示：

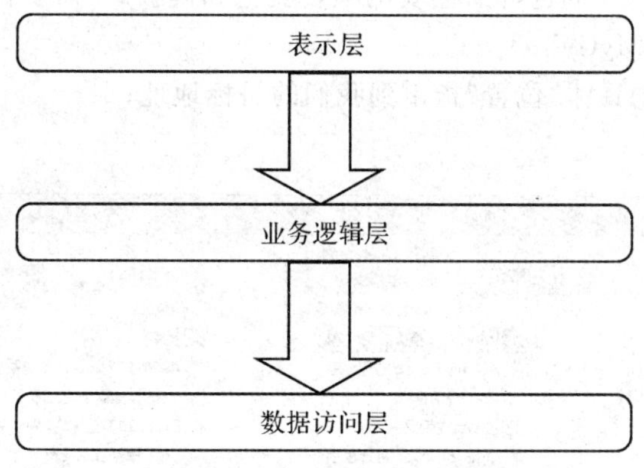

图 12.4　各层之间的依赖关系

在三层结构中，各层之间的数据方向分为请求与响应两个方向，如图 12.5 所示：

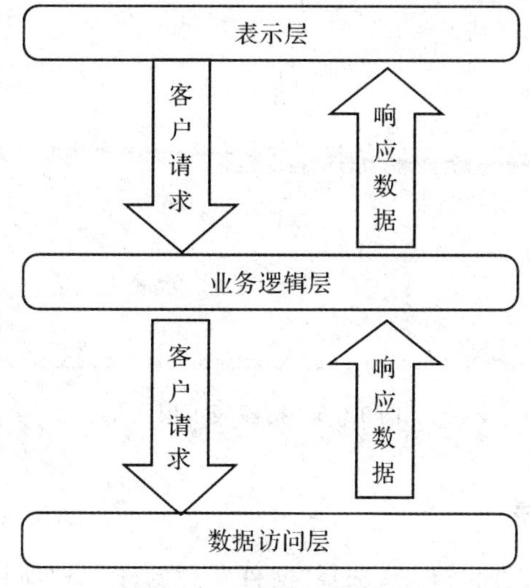

图 12.5　数据传递方向

表示层接受用户请求，根据用户的请求去通知业务逻辑层；业务逻辑层收到请求，首先对请求进行阅读审核，然后将请求通知数据访问层或直接返回给表示层；数据访问层收到请求后便开始访问数据库。

数据访问层通过对数据库的访问得到请求结果，并把请求结果通知业务逻辑层；业务逻辑层收到请求结果，首先对请求结果进行阅读审核，然后将请求解雇通知表示层；表示层收到请求结果，并把结果展示给用户。

12.4 如何搭建三层结构

12.4.1 搭建表示层

首先打开 Visual Studio IDE 开发环境，选择“文件”→“新建”→“项目”命令，在弹出的“新建项目”对话框中选择项目类型、模板。在这里，我们的项目类型选择“Visual C#”、模板选择“Windows 应用程序”。当我们选择所需要的项目类型和模板后，需要做如下事情：

- 填写项目名称为“MyCy”；
- 把项目文件生成的具体“位置”指定到我们的目标地址；

如图 12.6 所示：

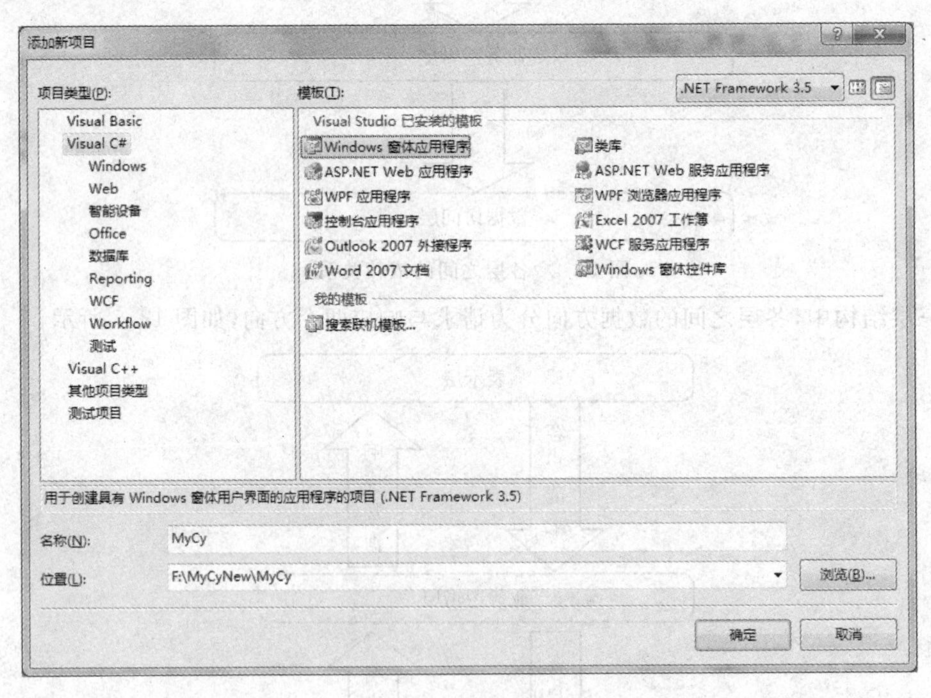

图 12.6 搭建表示层

12.4.2 搭建业务逻辑层

打开 Visual Studio IDE 开发环境，选择“文件”→“新建”→“项目”命令，在弹出的“新建项目”对话框中选择项目类型、模板。在这里，我们的项目类型选择“Visual C#”、模板选择“类库”。

- 填写项目名称为“BLL”；
- 此时项目文件生成的具体位置系统已经为我们默认输入，是我们刚才创建表示层生成的路径。
- 在“解决方案”下拉列表框中选择“添入解决方案”，如图12.7所示：

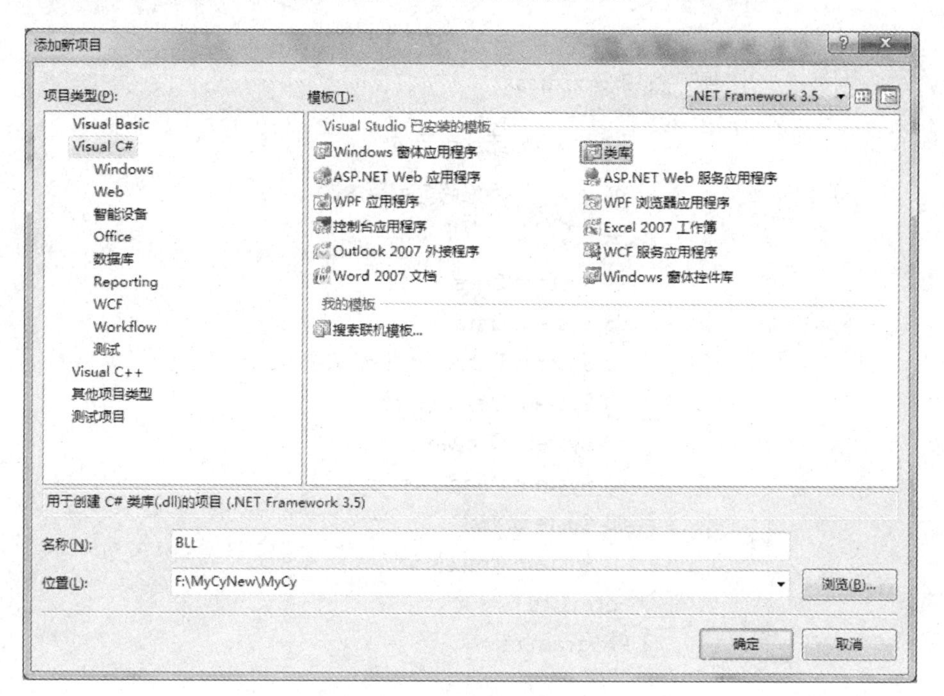

图12.7　搭建业务逻辑层

12.4.3　搭建数据访问层

搭建数据访问层的步骤与搭建业务逻辑层类似，唯一不同的是需要我们重新填写项目名称为“DAL”。

12.4.4　添加各层之间的依赖关系

我们三层结构基本框架已经搭建成功，但是每一层都是各自独立的，它们之间没有任何关系，如何让它们之间产生依赖关系呢？我们需要在这里做一些小操作。三层之间的相互依赖是它们良好协作的关键点。

1. 实现表示层对业务逻辑层的依赖

打开表示层(MyCy)，右击“引用”，选择“添加引用”命令，如图12.8所示：

在弹出的“添加引用”对话框中选择“项目”选项卡，选中项目名称“BLL”，单击“确定”按钮，如图12.9所示：

当实现了表示层对业务逻辑层的引用后，在表示层的引用目录下就会出现业务逻辑层的项目名称，如图12.10所示：

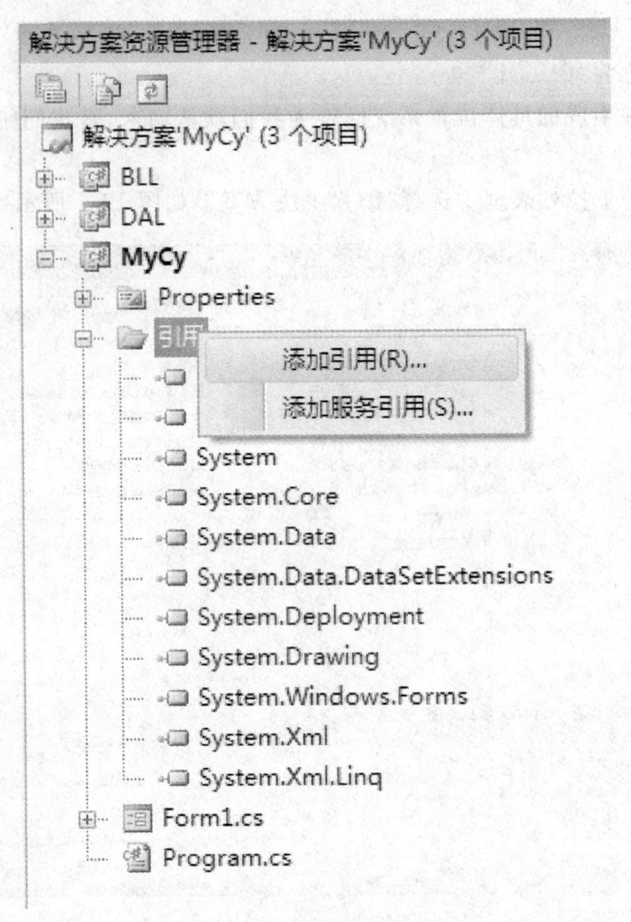

图 12.8 选择添加应用

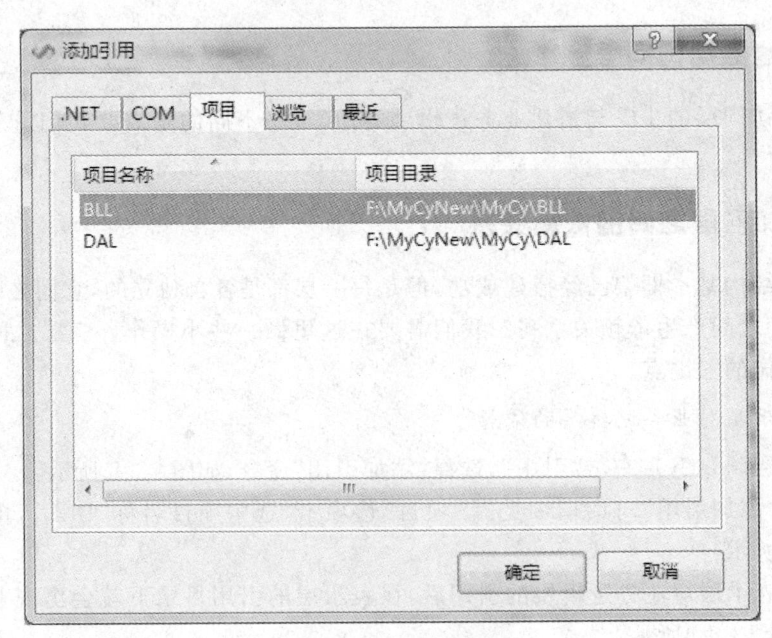

图 12.9 添加引用

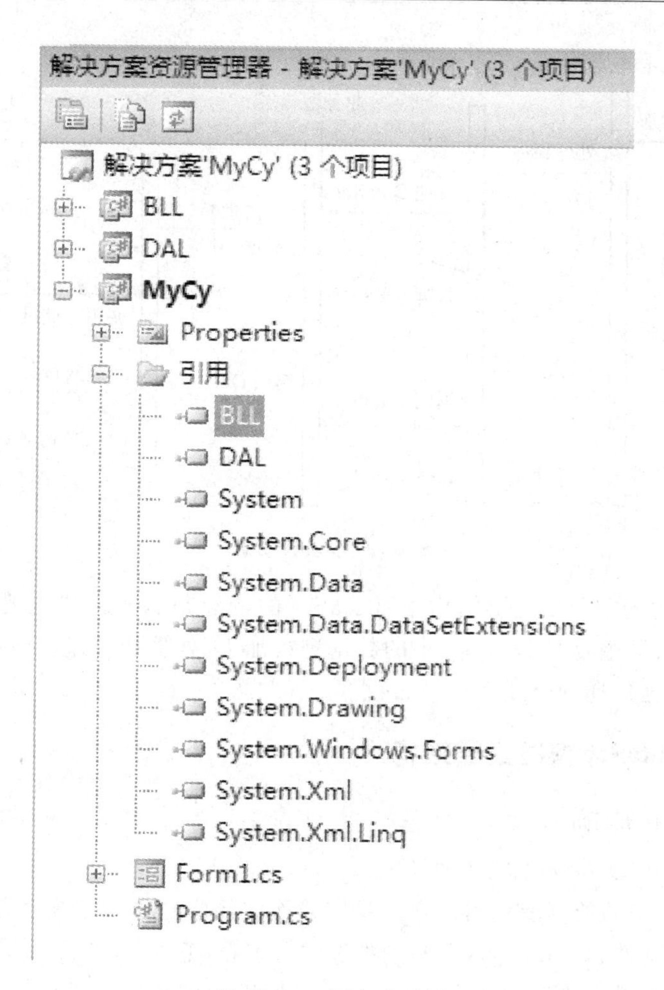

图 12.10　图实现引用

2. 实现业务逻辑层对数据访问层的依赖

业务逻辑层对数据访问层的依赖实现过程与表示层对业务逻辑层的依赖实现过程一样，在这里不做详细讲解。

至此我们的三层结构的基本框架才算是正真搭建完成。

12.5　用 ADO.NET 实现三层结构

问题：

我们在开发三层结构应用系统时，在表示层、业务逻辑层、数据访问层各层中传递数据，如何实现数据传递呢？

我们可以使用 DataSet 来进行数据传递。DataSet 支持在数据库断开状态下，实现对大批量数据的查询、修改等工作。

三层结构中使用 DataSet 过程如图 12.11 所示：

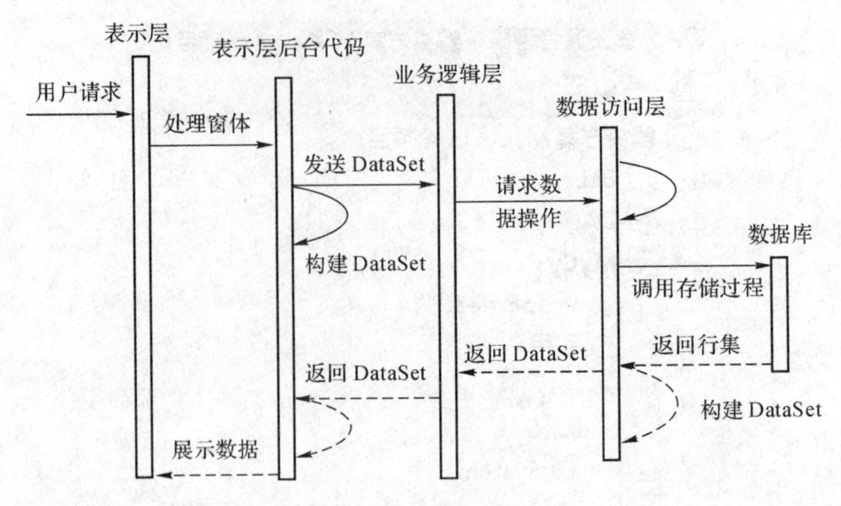

图 12.11　饭店场景

从上图我们可以看出，在三层结构中，DataSet 的构建与解析工作主要在表示层、数据访问层完成，业务逻辑层主要对 DataSet 中的数据进行加工、处理和传递。简单地说，DataSet 是整个三层结构中数据传递的介质。

12.5.1　使用 DataSet 构建三层结构

1. 在表示层中使用 DataSet

在表示层中使用 DataSet 需要做两件事。

(1)将 DataSet 中的数据展示给用户。我们前面曾经学过许多数据展示控件，例如：DataGridView(表格)控件、ComboBox(下拉列表)控件等，它们都有一个数据源属性(DataSource)，一般我们可以直接将 DataSet 或 DataTable 绑定到 DataSource 属性上即可实现数据展示。

(2)将用户的请求数据填充到 DataSet 中。要将用户的请求数据填充到 DataSet 中，我们首先需要构建一个结构与用户请求数据结构相同的 DataTable，然后将用户的请求数据填充到构建好的 DataTable 中，最后将 DataTable 添加到 DataSet 中。

2. 在业务逻辑层中使用 DataSet

在业务逻辑层中使用 DataSet 需要做以下几件事情：

(1)将接收到得 DataSet 传递到下一层。当业务逻辑层收到数据访问层返回的 DataSet 后接着将 DataSet 传递给表示层，或者是将表示层请求的 DataSet 传递给数据访问层。

(2)根据用户请求对 DataSet 中的数据进行处理。当业务逻辑层收到请求或响应的 DataSet 后，根据用户的请求或业务规则会对 DataSet 中的数据进行处理。

3. 在数据访问层中使用 DataSet

在数据访问层中使用 DataSet 需要做如下事情：

(1)将数据库中的数据填充到 DataSet 中。当用户请求的是查询请求时，数据访问层需要实现对数据库的查询访问，并将响应结果填充到 DataSet 中。

(2)将 DataSet 中的数据保存到数据中。当用户的请求是数据保存请求时，数据访问层首先对收到的 DataSet 进行解析，然后将解析出的数据保存到数据库中。

从上面的讨论中，我们发现 DataSet 在三层结构的每一层中都扮演者重要的数据载体角色，而每一层中基本上都包括了创建 DataSet、填充数据、传递 DataSet，从 DataSet 中提取数据等几个步骤。

12.5.2　如何创建 DataSet

DataSet 的构建有两种方法。

(1)通过 DataAdapter(数据适配器)的 Fill 方法将数据直接填充到 DataSet 中。

(2)通过手动编码自定义 DataTable(数据表)、DataColumn(数据列)、DataRow(数据行)，然后将数据表添加到 DataSet 中。

这里我们重点讨论通过手工编码来创建 DataSet。我们知道一个 DataSet 是由多个 DataTable 组成，而一个 DataTable 又是由多个 DataColumn 和多个 DataRow 组成。

1. DataTable

DataTable 是内存中的一个关系数据表，可以独立创建使用，也可以作为 DataSet 的一个成员使用。如何将 DataTable 作为 DataSet 的一个成员使用呢？首先我们要创建一个 DataTable 对象，然后通过使用 Add 方法将其添加到 DataSet 对象的 DataTable 集合中，如下代码所示：

示例 12.2：

```
//创建一个新的菜单食品数据集 DataSet
DataSet dsFood = new DataSet();
//创建食品表
DataTable dtFood = new DataTable("food");
//将食品表添加到 DataSet 中
dsFood.Tables.Add(dtFood);
```

在创建 DataTable 时，我们可以指定 DataTable 的名称，如上面的代码，创建 DataTable 对象并制定 DataTable 的名称为“food”。如果没有指定 DataTable 名称时把 DataTable 添加到 DataSet 中，该表会得到一个从“0”开始递增的默认表名(例如：Table0、Table1 等)。

刚开始创建的表没有表结构，要定义表结构，必须创建 DataColumn 对象并将其添加到表的 Columns 集合中。在为 DataTable 定义了结构之后，通过 DataRow 对象将数据添加到表的 Rows 集合中。

2. DataColumn

DataColumn 是创建 DataTable 的基础。我们通过向 DataTable 中添加一个或多个 DataColumn 对象来定义 DataTable 的结构。DataColumn 有一些常用属性用于对输入数据的限制，例如：数据类型、数据长度、默认值等。

表 12.1　DataColumn 的常用属性

属　性	说　明
AllowDBNull	是否允许空值
ColumnName	DataColumn 的名称

续表

属 性	说 明
DataType	存储的数据类型
MaxLength	获取或设置文本列的最大长度
DefaultValue	默认值
Table	所属的 DataTable 的名称
Unique	DataColumn 的值是否唯一

定义 DataColumn 有两种方法，第一种方法如下：

示例 12.3：

```
DataColumn foodName = new DataColumn();
foodName.ColumnName = "FoodName";
foodName.DataType = System.Type.GetType("System.String");
foodName.MaxLength = 50;
```

第二种方法如下所示：

示例 12.4：

```
DataColumn foodName = new DataColumn("FoodName",typeof(string));
foodName.MaxLength = 50;
```

3. DataRow

DataRow 表示 DataTable 中包含的实际数据，我们可以通过 DataRow 将数据添加到 DataColumn 定义好 DataTable 中，代码如下所示：

示例 12.5：

```
//创建办名称列
DataColumn foodName = new DataColumn("FoodName",typeof(string));
foodName.MaxLength = 50;
//创建一个新的数据行
DataRow drFood = dtFood.NewRow();
drName["foodName"] = this.txtFoodName.Text.Trim();
```

12.5.3 如何自定义 DataSet

自定义 DataSet 主要步骤如下：

(1)创建 DataSet 对象；

(2)创建 DataTable 对象；

(3)创建 DataColumn 对象构建表结构；

(4)将创建好的表结构添加到表中；

(5)创建 DataRow 对象新增数据；

(6)将数据插入到表中；

(7)将表添加到 DataSet 中。

下面给出一个定义菜单食品信息 DataSet 的具体例子：

示例 12.6：

```
//创建一个新的空菜单食品 DataSet
DataSet dsFood = new DataSet();
//创建菜单食品表
DataTable dtFood = new DataTable("Food");
//创建菜单食品名称列
DataColumn foodName = new DataColumn("FoodName",typeof(string));
foodName.MaxLength = 50;
foodName.ColumnName = "FoodName";
foodName.DataType = System.Type.GetType("System.String");

//创建菜单食品类型 ID 列
DataColumn foodTypeID = new DataColumn("FoodTypeID",typeof(int));
//将定义好的列添加到菜单食品表中
dtFood.Columns.Add(foodName);
dtFood.Columns.Add(foodTypeID);
//创建一个新的数据行
DataRow drName = dtFood.NewRow();
drName["foodName"] = this.txtFoodName.Text.Trim();
drName["foodTypeID"] =
    foodTypeManager.GetFoodTypeIDByTypeName(this.cboFoodType.Text.Trim());
//将新的数据行插入食品表中
dtFood.Rows.Add(drName);
//将菜单食品表添加到 DataSet 中
dsFood.Tables.Add(dtFood);
```

12.5.4　如何获取 DataSet 中的数据

从 DataSet 中获取数据的方式有两种：

(1)第一种方式是通过制定的 DataSet 中具体的 DataTable 的某行某列来获取数据。具体步骤归纳如下：

- 通过表名，从 DataSet 中获取指定的 DataTable；
- 通过索引，从 DataTable 中获取指定的 DataRow；
- 通过列名，从 DataRow 中获取指定列的数据。

以获取食品信息为例：

示例 12.7：

```
//获得菜单食品名称
dsFood.Tables["Food"].Rows[0]["foodName"];
//获得食品类型 ID
dsFood.Tables["Food "].Rows[0]["foodTypeID"];
```

(2)另一种方式是将 DataSet 中的数据直接绑定到数据展示控件上。这种方式我们已经学过,这里不再赘述。

问题:

不论以哪种方式提取 DataSet 中的数据,我们一般都需要对 DataSet 中提取出来的数据做一些处理,如隐藏特定列,按照某列排序等,这些任务我们应该如何完成呢?

答案很简单,.NET 为我们提供了一个 DataView 对象,它可以像数据库中的视图一样帮我们建立 DataSet 中数据对应的不同视图。

12.5.5 什么是 DataView

DataView 为我们提供 DataTable 的动态视图,并可以对动态生成的视图中的数据进行排序、筛选等操作。它与数据库中的视图类似,唯一不同的是它无法提供关联 DataTable 的视图,它不能排除原表中存在的列,也不能向原表中追加不存在的列。

如何使用 DataView 过滤数据呢?我们知道一个 DataSet 中可以有多个 DataTable,一个 DataTable 可以动态生成多个 DataView。下面的例子在展示用户信息时如何将非管理员用户信息过滤出来。

示例 12.8:

```
DataSet dsUser = new DataSet();
DataView dvUser = new DataView();
dvUser.Table = dsUser .Tables["userTable"];
dvUser.RowFilter = "power = '0'";
dvUser.Sort = "UserName DESC";
```

在使用 DataView 时,我们需要掌握 DataView 几个常用的属性。见下表:

表 12.2 DataView 的常用属性

属 性	说 明
Table	用于获取或设置源 DataTable
Sort	获取或设置 DataView 的一个或多个排序列以及排序顺序
RowFilter	获取或设置用于筛选在 DataView 中查看哪些行的表达式
Count	在应用 RowFilter 后,获取 DataView 中的行数

经验:

我们在开发中如果要对 DataGridView 展示的数据进行动态筛选或者排序时,我们最好使用 DataTable 的 DefaultView(默认视图)属性来获得 DataTable 的视图,这样我们就可以减少实例化 DataView 的步骤,以及获取 DataView 对象原 DataTable 的过程。代码如下:

示例 12.9:

```
DataTable dtUser = (DataTable) dataGridView.DataSource;
dtUser.Tables[“userTable”].DefaultView.RowFilter = ”power = ’0’”;
```

12.5.6　任务演练

1. *设计用户界面*

分别设计两个界面，菜单上的食品创建窗体如下：

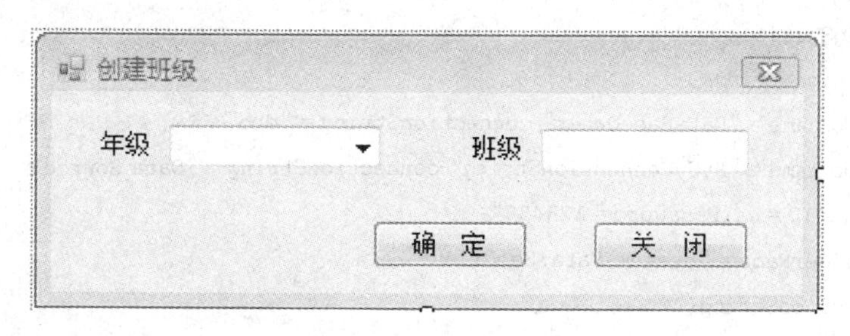

图 12.12　食品创建窗体

菜单食品信息浏览窗体如下图：

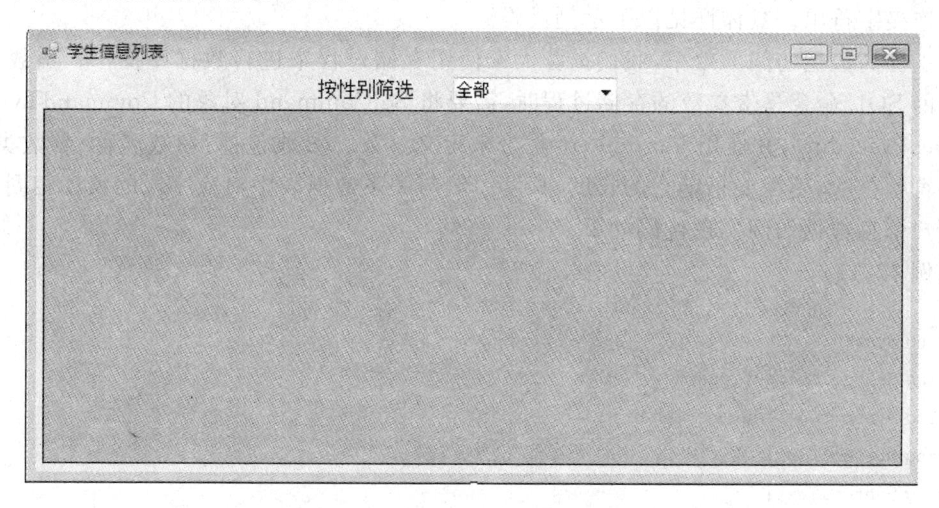

图 12.13　用户信息浏览窗体

2. *实现数据访问层*

仍然以 MyCy 为例，我们在数据访问层添加 3 个类，每一个类只封装一个数据表的数据访问代码。

(1)首先我们添加食品数据表访问类，在数据访问层项目“DAL”上右击，选择“添加”→“新建项”命令。

(2)在弹出的“添加新项”对话框中选择“类”，并填写类名为“UserService. cs”，然后单击“添加”按钮。

(3)依次添加菜单食品数据访问类(FoodService)、食品类型信息数据访问类(FoodTypeService)。

接下来我们编码完成数据访问。

在应用程序与数据库进行交互时，首先要与数据库建立连接，为了提高数据连接的灵活性，我们把数据库连接字符串写到配置文件(App. config)中，配置文件是基于 XML 的，如下所示：

示例 12.10：

```
<? xml version = "1.0" encoding = "utf - 8" ? >
<configuration>
    <configSections>
    </configSections>
    <connectionStrings>
        <add name = "DataBaseOwner" connectionString = "dbo" />
        <add name = "MyCyConnectionString" connectionString = "Data Source = .;Initial
Catalog = MyCy;User ID = sa;Password = 123456"
          providerName = "System.Data.SqlClient" />
    </connectionStrings>
</configuration>
```

在程序中通过使用 ConfigurationManager 类的 ConnectionStrings 属性读取配置文件中数据库连接字符串。具体详见以下示例代码。

为了提高数据访问的效率，我们推荐大家使用存储过程来进行数据库操作。当数据访问中执行的 SQL 命令是带参数的存储过程时，需要将 SqlCommand 对象的 CommandType 设置为 StoredProcedure，并使用 Parameters 集合来定义参数。参数包括：参数名称、参数类型（如果是字符型参数，还需要指定它的长度，长度一般与关系数据表中对应字段的长度相同）。

用户信息数据访问实现代码如下：

示例 12.11：

```
using System;
using System.Collections;
using System.Collections.Generic;
using System.Linq;
using System.Text;
using System.Data;
using System.Data.SqlClient;
using System.Configuration;
/*************************************
 * 类名:UserService
 * 创建日期:2010 - 4 - 13
 * 功能描述:提供用户信息操作
 * ***********************************/
namespace MyCy.DAL
{
    public class UserService
    {
        #region Private Members
        //从配置文件中读取数据库连接字符串
        private readonly string connString =
      ConfigurationManager.ConnectionStrings["MyCyConnectionString"].ToString();
```

```
        private readonly string dboOwner =
      ConfigurationManager.ConnectionStrings["DataBaseOwner"].ToString();
        #endregion

        #region Public Methods
        /// <summary>
        /// 获取所有用户信息
        /// </summary>
        /// <returns>所有用户信息数据集</returns>
        public  DataSet GetAllUsers()
        {
            DataSet ds = new DataSet();
            SqlConnection conn = new SqlConnection(connString);
            SqlDataAdapter objAdapter = new SqlDataAdapter(dboOwner +
                ".usp_SelectUsersPartInfo", conn);
            //usp_SelectUsersPartInfo 为查询数据存储过程
            objAdapter.SelectCommand.
                CommandType = CommandType.StoredProcedure;
            objAdapter.Fill(ds, "userTable");
            conn.Close();
            conn.Dispose();
            return ds;
        }
        #endregion
    }
}
```

食品数据访问实现代码如下：

示例 12.12：

```
using System;
using System.Collections;
using System.Collections.Generic;
using System.Linq;
using System.Text;
using System.Data;
using System.Data.SqlClient;
using System.Configuration;
/*************************************
 * 类名:FoodService
 * 创建日期:2010-4-13
 * 功能描述:提供食品信息操作
 *************************************/
namespace MyCy.DAL
{
```

```
public class FoodService
{
    #region Private Members
    //从配置文件中读取数据库连接字符串
    private readonly string connString =
  ConfigurationManager.ConnectionStrings["MyCyConnectionString"].ToString();
    private readonly string dboOwner =
  ConfigurationManager.ConnectionStrings["DataBaseOwner"].ToString();
    #endregion

    #region Public Methods
    /// <summary>
    /// 根据食品名称得到食品 ID
    /// </summary>
    /// <param name = "foodName">食品名称</param>
    /// <returns>食品 ID</returns>
    public int GetFoodIDByFoodName(string foodName)
    {
        int  number = 0 ;
        SqlConnection conn = new SqlConnection(connString);
        SqlCommand objCommand = new SqlCommand(dboOwner +
            ".usp_SelectFoodIDByFoodName", conn);
        objCommand.CommandType = CommandType.StoredProcedure;
        objCommand.Parameters.Add("@FoodName", SqlDbType.NVarChar,
            50).Value = foodName;
        conn.Open();
        SqlDataReader objReader =
            objCommand.ExecuteReader(CommandBehavior.CloseConnection);
        if (objReader.Read())
            number = Convert.ToInt32(objReader["FoodID"]);
        objReader.Close();
        objReader.Dispose();
        conn.Close();
        conn.Dispose();
        return number;
    }
    /// <summary>
    /// 增加食品信息
    /// </summary>
    /// <param name = "dsFood">食品信息数据集</param>
    public void AddClass( DataSet dsFood)
    {
        SqlConnection conn = new SqlConnection(connString);
        SqlCommand objCommand = new SqlCommand(dboOwner +
```

```
                ".usp_InsertFood", conn);
            objCommand.CommandType = CommandType.StoredProcedure;
            objCommand.Parameters.Add("@FoodName", SqlDbType.NVarChar,
                50).Value = dsFood.Tables["Food"].Rows[0]["FoodName"];
            objCommand.Parameters.Add("@FoodTypeID", SqlDbType.Int).Value =
                dsFood.Tables["Food"].Rows[0]["FoodTypeID"];
            conn.Open();
            objCommand.ExecuteNonQuery();
            conn.Close();
            conn.Dispose();
        }
        #endregion
    }
}
```

食品类型数据访问实现代码如下：

示例 12.13：

```
using System;
using System.Collections;
using System.Collections.Generic;
using System.Linq;
using System.Text;
using System.Data;
using System.Data.SqlClient;
using System.Configuration;
/*************************************
 * 类名:FoodTypeService
 * 创建日期:2010-4-13
 * 功能描述:提供食品类型信息操作
 *************************************/
namespace MyCy.DAL
{
    public class FoodTypeService
    {
        #region Private Members
        //从配置文件中读取数据库连接字符串
        private readonly string connString =
      ConfigurationManager.ConnectionStrings["MyCyConnectionString"].ToString();
        private readonly string dboOwner =
      ConfigurationManager.ConnectionStrings["DataBaseOwner"].ToString();
        #endregion

        #region Public Methods
        /// <summary>
```

```
/// 根据食品类型名称得到食品类型 ID
/// </summary>
/// <param name = "foodTypeName">食品类型名称</param>
/// <returns>食品类型 ID</returns>
public int GetFoodTypeIDByFoodTypeName(string foodTypeName)
{
    int  number = 0 ;
    SqlConnection conn = new SqlConnection(connString);
    SqlCommand objCommand = new SqlCommand(dboOwner +
        ".usp_SelectFoodTypeIDByFoodTypeName", conn);
    objCommand.CommandType = CommandType.StoredProcedure;
    objCommand.Parameters.Add("@FoodTypeName", SqlDbType.NVarChar,
        50).Value = foodTypeName;
    conn.Open();
    SqlDataReader objReader =
        objCommand.ExecuteReader(CommandBehavior.CloseConnection);
    if (objReader.Read())
        number = Convert.ToInt32(objReader["FoodTypeID"]);
    objReader.Close();
    objReader.Dispose();
    conn.Close();
    conn.Dispose();
    return number;
}
/// <summary>
/// 增加食品类别信息
/// </summary>
/// <param name = "dsFoodType">食品类别信息数据集</param>
public void AddClass( DataSet dsFoodType)
{
    SqlConnection conn = new SqlConnection(connString);
    SqlCommand objCommand = new SqlCommand(dboOwner +
        ".usp_InsertFoodType", conn);
    objCommand.CommandType = CommandType.StoredProcedure;
    objCommand.Parameters.Add("@FoodTypeName", SqlDbType.NVarChar,
        50).Value =
        dsFoodType.Tables["FoodType"].Rows[0]["FoodTypeName"];
    objCommand.Parameters.Add("@FoodTypeID", SqlDbType.Int).Value =
        dsFoodType.Tables["FoodType"].Rows[0]["FoodTypeID"];
    conn.Open();
    objCommand.ExecuteNonQuery();
    conn.Close();
    conn.Dispose();
}
```

```
        #endregion
    }
}
```

3. 实现业务逻辑层

我们需要在业务逻辑层实现用户信息、食品信息、食品信息的传递与处理工作，为了实现松散耦合，我们队不同类型信息的处理与传递用不同的类封装。

(1)首先我们添加食品信息传递与处理类，在业务逻辑层项目“MyCyBLL”上右击，选择“添加”→“新建项”命令。

(2)在弹出的“添加新项”对话框中选择“类”，并填写类名为“FoodManager. cs”，然后单击“添加”按钮。

(3)依次添加用户信息数据访问类(UserManager)、食品类型信息数据访问类(FoodTypeManager)。

接下来我们编码实现业务逻辑层的数据传递、处理功能，首先我们对实现业务逻辑层功能的基本步骤做一个简单概括。

- 在每一个类中引用数据访问层命名空间；
- 在每一个类中实例化数据访问层对应类的对象；
- 在每一个类中实现对应数据访问类相同的功能，并根据请求对数据进行处理。

根据以上步骤，业务逻辑层实现为指定食品创建食品的示例代码。

在 FoodManager 类中编码实现如下代码：

示例 12.14：

```
using System;
using System.Collections.Generic;
using System.Linq;
using System.Text;
using System.Data;
using MyCy.DAL;
/*********************************
 * 类名:FoodManager
 * 创建日期:2010-4-11
 * 功能描述:提供食品信息业务逻辑
 *********************************/
namespace MyCy.BLL
{
    public class FoodManager
    {
        #region Private Members
        //实例化食品数据访问对象
        FoodService foodService = new FoodService();
        #endregion

        #region Public Methods
```

```
        /// <summary>
        /// 增加食品信息
        /// </summary>
        /// <param name = "ds"></param>
        public string AddFood( DataSet ds)
        {
            //返回信息
            string message = string.Empty;
            //新增食品名称
            string foodName = string.Empty;
            //新增食品 ID
            int foodID = 0;
            foodName = ds.Tables["Food"].Rows[0]["foodName"].ToString();
            //调用数据访问层通过食品名称得到食品 ID
            foodID = foodService .GetFoodIDByFoodName(foodName);
            if (foodID > 0)
                message = "该食品已经存在!";
            else
            {
                //调用数据访问层新增食品方法
                foodService .AddFood(ds);
                message = "食品增加成功!";
            }
            return message;
        }
        #endregion
    }
}
```

在 FoodTypeManager 类中编码实现如下代码:

示例 12.15:

```
using System;
using System.Collections.Generic;
using System.Linq;
using System.Text;
using System.Data;
using MyCy.DAL;
/*********************************
 * 类名:FoodTypeManager
 * 创建日期:2010-4-13
 * 功能描述:提供食品类别信息业务逻辑
 * *******************************/
namespace MyCy.BLL
{
```

```
    public class FoodTypeManager
    {
        #region Private Members
        //实例化食品数据访问对象
        FoodTypeService foodTypeService = new FoodTypeService();
        #endregion

        #region Public Methods
        /// <summary>
        /// 获取食品信息
        /// </summary>
        /// <returns>食品数据集</returns>
        public DataSet GetAllFoodTypes()
        {
            return foodTypeService.GetAllFoodTypes();
        }
        /// <summary>
        /// 根据食品类别名称得到食品类别 ID
        /// </summary>
        /// <param name = "foodTypeName">食品类别名称</param>
        /// <returns>食品类别 ID</returns>
        public int GetFoodTypeIDByFoodTypeName(string foodTypeName)
        {
            return foodTypeService.GetFoodTypeIDByFoodTypeName(foodTypeName);
        }

        #endregion
    }
}
```

在 UserManger 类中编码实现如下代码：

示例 12.16：

```
using System;
using System.Collections.Generic;
using System.Text;
using System.Data;
using MyCy.DAL;
/*********************************
 * 类名:UserManager
 * 创建日期:2010 - 4 - 11
 * 功能描述:提供用户信息业务逻辑
 *********************************/
namespace MyCy.BLL
{
```

```
public  class UserManager
{
    #region Private Members
    //实例化用户数据访问对象
    UserService userService = new UserService();
    #endregion

    #region Public Methods
    /// <summary>
    /// 得到用户信息
    /// </summary>
    /// <returns>用户信息数据视图</returns>
    public  DataView GetAllUsers()
    {
        DataView dvUser = new DataView();
        dvUser.Table = userService.GetAllUsers().Tables["userTable"];
        dvUser.Sort = "UserName DESC";
        return dvUser;
    }
    /// <summary>
    /// 根据性别筛选用户信息
    /// </summary>
    /// <param name = "sex">性别</param>
    /// <returns>用户信息数据视图</returns>
    public DataView GetUserBySex(string sex)
    {
        DataView dvUser = new DataView();
        dvUser.Table = userService.GetAllUsers().Tables["userTable"];
        if (sex.Trim() == "男")
            dvUser.RowFilter = "Sex = '男'";
        if (sex.Trim() == "女")
            dvUser.RowFilter = "Sex = '女'";
        dvUser.Sort = "UserName DESC";
        return dvUser;
    }
    #endregion
  }
}
```

4.实现表示层数据绑定

现在我们要把从业务逻辑层传回来的数据绑定到表示层控件上,其步骤概括如下:

(1)在每一个界面文件中引用业务逻辑层;

(2)根据界面需求,实例化业务逻辑层相关类的对象;

(3)实现数据绑定;

(4)调用业务逻辑层功能。

根据以上步骤,表示层数据绑定的实现如下所示:

示例 12.17:

```
using System;
using System.Collections.Generic;
using System.ComponentModel;
using System.Data;
using System.Drawing;
using System.Text;
using System.Windows.Forms;
using System.Data.SqlClient;
using MyCy.BLL;
/*********************************
 * 类名:CreateFoodForm
 * 创建日期:2009-4-13
 * 功能描述:提供食品创建界面
 * ********************************/
namespace MyCy
{
    public partial class CreateFoodForm : Form
    {
        #region Provide Members
        FoodTypeManager foodTypeManager = new FoodTypeManager();
        FoodManager classManager = new FoodManager();
        #endregion

        #region Public Methods
        public CreateFoodForm()
        {
            InitializeComponent();
        }
        #endregion

        #region Event Handlers
        /// <summary>
        /// 当窗体加载时绑定食品信息
        /// </summary>
        private void CreateFoodForm_Load(object sender, EventArgs e)
        {
            this.cboFoodType.DataSource =
                foodTypeManager.GetAllFoodTypes().Tables["foodTypeTable"];
            this.cboFoodType.DisplayMember = "FoodTypeName";
        }
```

```
/// <summary>
/// 关闭窗口
/// </summary>
private void btnClose_Click(object sender, EventArgs e)
{
    this.Close();
}
/// <summary>
/// 提交食品创建信息
/// </summary>
private void btnSave_Click(object sender, EventArgs e)
{
    //创建一个新的空食品 DataSet
    DataSet dsFood = new DataSet();
    //创建食品表
    DataTable dtFood = new DataTable("Food");
    //创建食品名称列
    DataColumn foodName = new DataColumn("FoodName",typeof(string));
    foodName.MaxLength = 50;
    foodName.ColumnName = "FoodName";
    foodName.DataType = System.Type.GetType("System.String");

    //创建食品 ID 列
    DataColumn foodID = new DataColumn("FoodID",typeof(int));
    //创建食品类别 ID 列
    DataColumn foodTypeID = new DataColumn("FoodTypeID",typeof(int));
    //将定义好列添加到食品表中
    dtFood.Columns.Add(foodID);
    dtFood.Columns.Add(foodName);
    dtFood.Columns.Add(foodTypeID);
    //创建一个新的数据行
    DataRow drName = dtFood.NewRow();
    drName["foodName"] = this.txtFoodName.Text.Trim();
    drName["foodTypeID"] =
        foodTypeManager.GetFoodTypeIDByFoodTypeName(this.cboFoodType
        .Text.Trim());
    // 或者用以下代码实现
    //drName["foodTypeID"] = this.cboFoodType.SelectedValue.Trim();
    //将新的数据行插入食品表中
    dtFood.Rows.Add(drName);
    //将食品表添加到 DataSet 中
    dsFood.Tables.Add(dtFood);
    //判断输入食品名称是否为空
    if (! string.IsNullOrEmpty(this.txtFoodName.Text.Trim()))
```

```
                {
                    //提示信息
                    string message = string.Empty;
                    //调用增加食品信息方法
                    message = classManager.AddFood( dsFood);
                    MessageBox.Show(message, "提交提示", MessageBoxButtons.OK,
                        MessageBoxIcon.Information);
                }
                else
                    MessageBox.Show("请输入食品名称!", "提交提示",
                        MessageBoxButtons.OK, MessageBoxIcon.Information);

            }
            #endregion
        }
}
```

在 UserListForm 类中实现用户信息浏览：

示例 12.18：

```
using System;
using System.Collections.Generic;
using System.ComponentModel;
using System.Data;
using System.Drawing;
using System.Text;
using System.Windows.Forms;
using MyCy.BLL;
/*******************************
 * 类名:UserListForm
 * 创建日期:2009-4-13
 * 功能描述:提供用户信息预览
 * ******************************/
namespace MyCy
{
    public partial class UserListForm : Form
    {
        #region Private Members
        UserManager userManager = new UserManager();
        #endregion

        #region Public Methods
        public UserListForm()
        {
            InitializeComponent();
```

```
        }
        #endregion

        #region Event Handler
        /// <summary>
        ///   窗体加载时填充数据
        /// </summary>
        private void UserListForm_Load(object sender, EventArgs e)
        {
            // 显示数据
            this.dgvUser.DataSource = userManager.GetAllUsers();
            // 设置列标题
            this.dgvUser.Columns["UserNO"].HeaderText = "编号";
            this.dgvUser.Columns["UserName"].HeaderText = "用户姓名";
            this.dgvUser.Columns["Sex"].HeaderText = "性别";
            this.dgvUser.Columns["UserState"].HeaderText = "用户状态";
            this.dgvUser.Columns["UserIDNO"].HeaderText = "身份证号";
            this.dgvUser.Columns["Phone"].HeaderText = "联系电话";

        }
        /// <summary>
        /// 按性别筛选用户信息
        /// </summary>
        private void cboSex_SelectedIndexChanged(object sender, EventArgs e)
        {
            //根据性别过滤数据
            this.dgvUser.DataSource =
                userManager.GetUserBySex(this.cboSex.Text.Trim());
        }
        #endregion
    }
}
```

经验：

● 我们在用三层结构开发应用系统时，首先根据需求编辑界面数据展示方式，然后按由底层到顶层的顺序逐层实现数据访问层、业务逻辑层、表示层。

● 在实现数据访问层时，为了使我们开发的应用系统易于维护，我们常把不同表的数据访问代码封装在不同的类里。一般情况下一个类对应一张表。

12.6　使用实体类实现三层结构

问题：

在前面我们实现了用 DataSet 传递数据的三层结构，在面向对象软件的开发中，我们发现这样的三层结构存在着局限性：

● DataSet 不具备良好的面向对象特性，使用起来不够直观、方便；

● 对 DataSet 中的数据进行查找容易出错；

● 由于 DataSet 的核心结构与数据库的核心结构完全相同，所以它把数据结构完全暴露在业务逻辑层和表示层。

有没有更好的办法，即能实现在三层结构中的数据传递，又能克服以上不足呢？

答案：可以采用实体类来实现。

使用实体类的好处来自一个简单的事实，即实体类是完全受我们控制的对象，它具有面向对象的基本特征。我们可以自由地向实体类中添加行为（如判断是否为空，如果为空指定默认值等）。其实和 DataSet 一样，业务实体也承载着一个数据载体的任务，实体类在三层结构中的应用如下图所示：

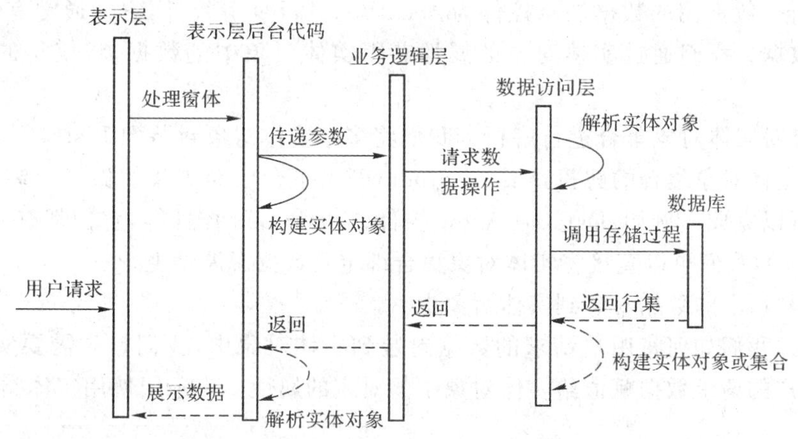

图 12.14　实体类在三层结构中的应用

实体类是业务对象的基础，它用面向对象的思想为我们消除了关系数据与对象之间的差异。

所谓实体类，简单地说就是描述一个业务实体的“类”，业务实体直观一点理解就是整个应用系统业务所涉及的对象（例如餐饮管理管理系统中的食品、用户、食品等）都是业务实体，从数据的存储来讲，业务实体就是存储应用系统信息的数据表，我们将每一个数据表中的字段定义成属性，并将这些属性用一个类封装，这个类就称为“实体类”。如下图所示：

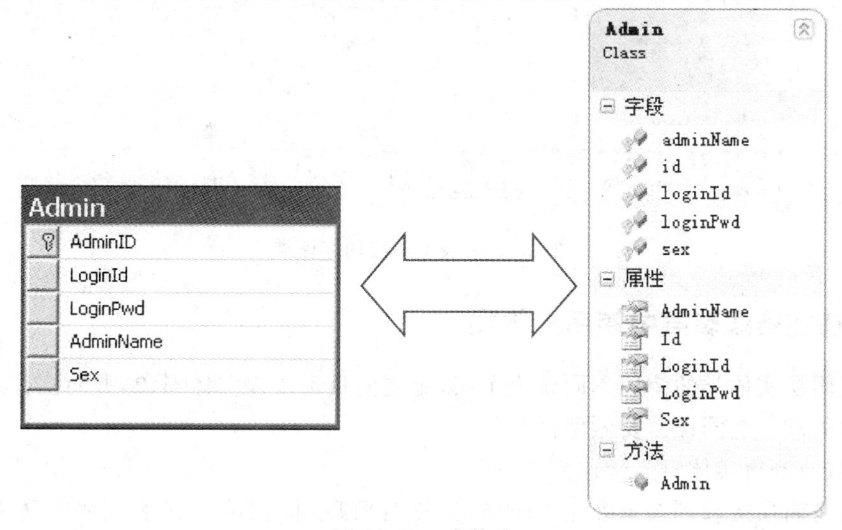

图 12.15　实体类

一般而言,我们将业务实体单独作为一层称为业务实体层。表示层、业务逻辑层、数据访问层都依赖于业务实体。各层之间数据的传递主要是实体对象(业务信息封装在尸体对象中)。

12.6.1　在表示层中使用实体类

在表示层使用实体类需要做两件事:

(1)将解析实体对象中封装的数据展示给用户。

当表示层接收到从业务逻辑层返回的实体对象,并将实体对象中封装的信息展示给用户时,表示层需要对实体对象中封装的信息进行解析。表示层对实体对象的解析分两种情况:

一种是对单个实体对象进行解析(每一个实体对象中封装的数据对应数据表中的一条记录),这种解析一般常用的数据展示控件为:TextBox、Label 等控件,它们通常有一个 Text 属性用于展示数据。我们通过实体对象的属性获得实体对象中的数据,将获得的属性值赋给 Text 属性。

另一种是对实体对象集合进行解析。我们将多个实体对象封装到 List<T>中称为实体对象集合,对实体对象集合的解析,Visual Studio 开发平台已经为我们做了封装,我们只做简单的调用就可以完成。例如:DataGridView 控件、ComboBox 控件等,它们都有一个数据源属性(DataSource),我们可以直接将实体对象集合绑定到数据源属性上。

(2)将用户请求的数据封装到实体对象中。

在表示层,我们如何将用户请求的数据封装到实体对象中,我们首先需要实例化实体对象,然后将用户的请求数据赋值给实体对象中的对应的属性。表示层使用实体类如下图:

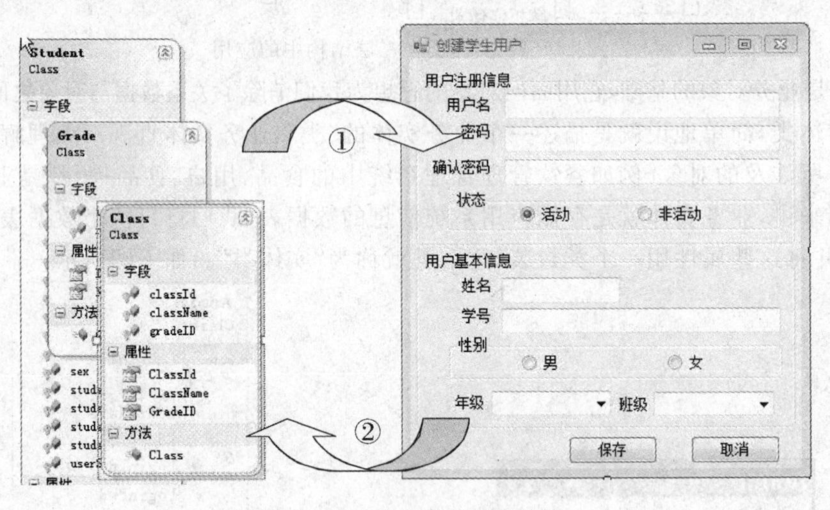

图 12.16　表示层使用实体类

12.6.2　在业务逻辑层中使用实体类

业务逻辑层实体类的使用不同于表示层,她主要负责传递实体对象,并对实体对象中封装的数据进行处理。它同样需要做两件事。

(1)将接收到得实体对象传递到下一层。

当业务逻辑层接收到装有信息的业务实体对象后,根据请求或响应将实体对象传到下一层。

(2)根据用户请求对实体对象中的数据进行处理。

当我们使用实体类开发三层结构应用系统时，数据处理来自两个方面。

一方面来自业务实体对数据的处理，实体类本身是由属性组成的，而大多都是可读写属性。所以根据请求的不同可以给属性设置不同的值，例如当用户请求为空时，给属性设置默认值。

另一方面来自业务逻辑对数据的处理，例如：用户登录，用户身份分管理员和用户，此时业务逻辑层根据用户身份分别进行不同的处理。

12.6.3　在数据访问层中使用实体类

在数据访问层中使用实体类也需要做两件事。

(1)将数据库中的数据封装到实体对象中或将多个实体对象封装成集合。

当用户的请求是数据查询请求时，数据访问层需要实现对数据库的查询访问。当请求的结果只有一条记录时，我们将这条记录封装成一个实体对象。当请求的结果是多条记录时，我们将每一条记录封装成一个实体对象，然后再将多个实体对象封装成集合(将多个实体对象封装到 List＜T＞中)。

(2)将实体对象中的数据保存到数据库中。

当用的请求是数据保存请求时，数据访问层首先对实体对象中封装的数据进行解析，然后将解析出的数据保存到数据库中。

数据访问层使用实体类如下图所示：

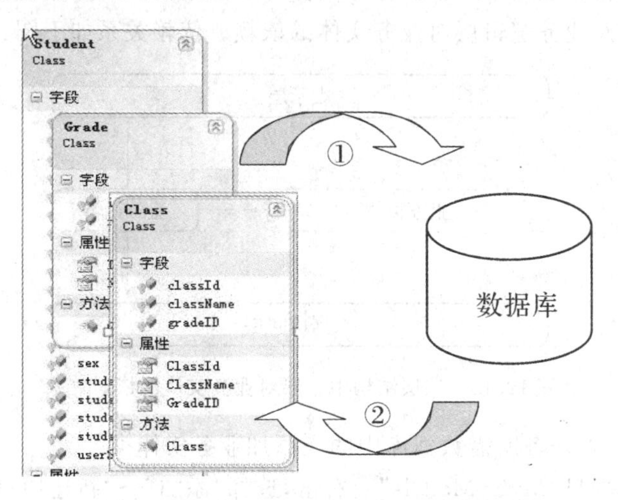

图 12.17　数据访问层使用实体类

经验：

实体类为我们整个项目的开发提供了很大的灵活性。它把数据库中的表用面向对象的思想抽象成类，使数据作为对象来使用，消除了关系数据与类之间的差别，在三层结构开发中使用实体类更有助于项目的维护、扩展，更能体现使用三层结构开发的优势。

12.7　本章综合任务演练

在前面的基础上，我们将完成本章任务的步骤概括如下：

(1)实现业务实体。

- 新增项目 MyCyModels。
- 在其它项目中添加对实体项目的引用。
- 添加需求所用数据库中表对应的实体类。
- 编写实体类。

(2)用户界面设计。

(3)实现数据访问层。

(4)实现业务逻辑层。

(5)实现表示层数据绑定。

12.7.1 创建业务实体项目

首先我们在三层结构基本框架下添加业务实体项目,并在业务实体项目中添加业务需求相关的实体类。

(1)打开前面我们创建的三层结构解决方案,在解决方案 MyCy 上右击,选择"添加"→"新建项目"命令。

(2)在弹出的"添加新项目"对话框中选择项目类型为"Visual C#"、模板为"类库",并填写项目名称为"MyCyModels",单击"确定"按钮。

(3)业务实体项目添加完毕。根据业务实体在三层结构中的作用与地位,我们需要添加表示层、数据访问层以及业务逻辑层对业务实体的依赖。依赖关系如下图:

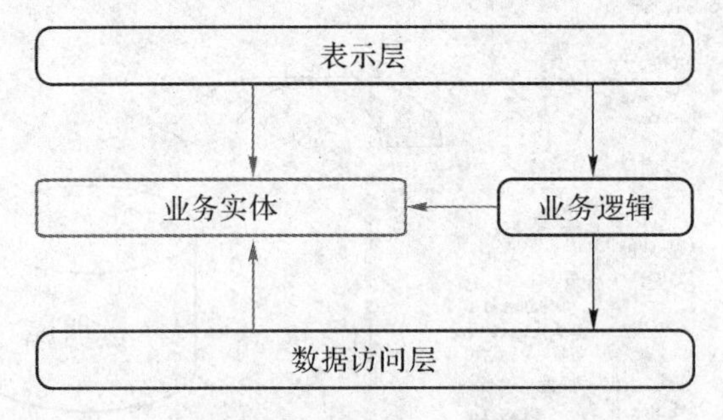

图 12.18 三层结构中各层对业务实体的依赖关系

下面我们根据本章任务所需数据库中的表添加业务实体类。

(1)在业务实体项目"MyCyModels"上右击,选择"添加"→"新建项"命令。

(2)在弹出的"添加选项"对话框中选择"类",为了便于开发和管理,我们将定义的实体类与数据库中的表对应,用数据库中表的名称来命名实体类。

(3)依次添加管理员信息实体类(Admin)、食品信息实体类(Food)、食品类型实体类(FoodType)。

其中,管理员信息实体类编写代码如下:

示例 12.19:

```
using System;
using System.Collections.Generic;
using System.Text;
/***********************************
```

```
 * 类名:Admin
 * 创建日期:2009-4-13
 * 功能描述:管理员信息实体类
 * * * * * * * * * * * * * * * * * * * * * * * * * * * * * * */
namespace MyCy.Models
{
    [Serializable]
    public class Admin
    {
        #region Protected Members
        protected int id;
        protected string loginId = String.Empty;
        protected string loginPwd = String.Empty;
        protected string adminName = String.Empty;
        protected string sex = String.Empty;
        #endregion

        #region Public Methods
        public Admin()
        {
        }
        #endregion

        #region Public Properties
        public int Id
        {
            get { return id; }
            set { id = value; }
        }

        public string LoginId
        {
            get { return loginId; }
            set { loginId = value; }
        }

        public string LoginPwd
        {
            get { return loginPwd; }
            set { loginPwd = value; }
        }
        public string AdminName
        {
            get { return adminName; }
```

```
            set { adminName = value; }
        }
        public string Sex
        {
            get { return sex; }
            set { sex = value; }
        }
        #endregion
    }
}
```

根据数据表编写实体类，我们需要注意以下几点：

(1)表中每一个字段，对应实体类中的一个 protected 类型的字段和一个 public 类型的属性。

(2)表中字段的类型要与属性的类型相匹配。例如，数据库中的 varchar、nvarchar 类型对应 C# 中的 string 类型。

(3)在我们编写好的实体类前面一般要加上序列化属性[Serializable]，它会对实体类中的所有字段、属性进行序列化处理，序列化的主要目的是为了提高数据传输的性能与安全性。

12.7.2　设计用户界面

(1)在表示层项目"MyCy"上右击，选择"添加"→"新建项"命令。

(2)在弹出的"添加新项"对话框中选择"Windows 窗体"，并填写窗体名称，然后单击"添加"按钮。

(3)编辑窗体。

根据本章任务所需，在提供系统主窗体的情况下，我们需要添加系统登录窗体、用户账户创建窗体、用户基本信息编辑窗体、浏览用户信息窗体、用户信息管理窗体。

系统登窗体提如下图所示：

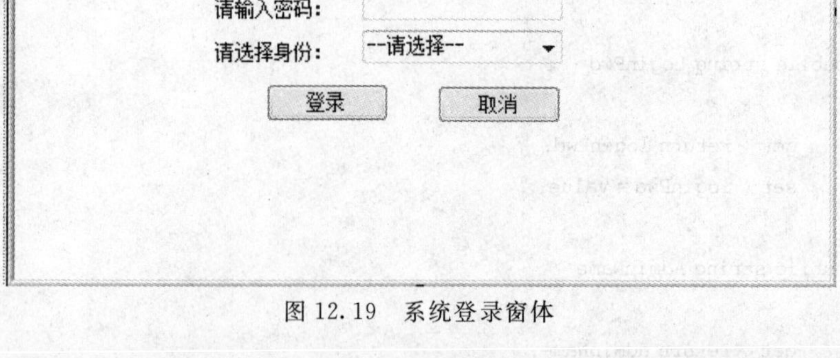

图 12.19　系统登录窗体

系统主窗体如下图所示：

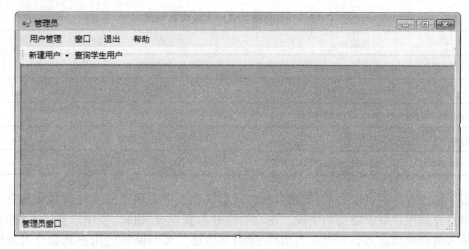

图12.20 系统主窗体

用户信息管理窗体如下图：

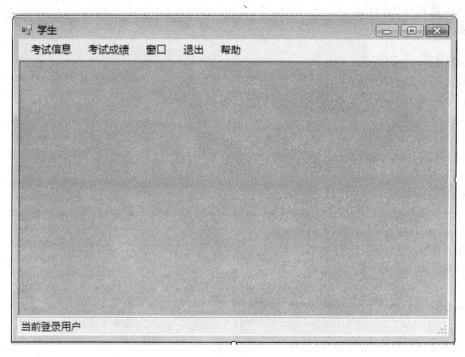

图12.21 用户信息管理

12.7.3 实现数据访问层

根据本章任务，我们要在前面的数据访问层的基础上创建管理员数据访问类(AdminService)和用户数据访问类(UserService)。

接下来我们编写数据访问层，由于数据库的访问包括增、删、改、查等多种操作，所以在每一个类中可以包括多个方法，具体每一类中包含哪些方法根据需求而定。通常情况下包含的

方法见下表(我们以用户信息数据访问为例):

表 12.3　常用数据访问方法命名规范

方　法	说　明
public int AddUser(User user)	用户账户创建
public void DeleteUserByLoginID(string longinID)	根据用户账户 ID 删除用户信息
public void ModifyUser(User user)	更新用户信息
public IList<User> GetAllUsers()	得到所有用户信息集合
public User GetUserByLoginID(string loginID)	根据用户账户 ID 得到用户信息

我们了解了方法签名以后,需要在数据访问层实现类中引用业务实体项目命名空间。这里我们重点介绍用户登录功能的实现。用户类型分为管理员、用户,当用户登录系统时,首先要判断输入的登录信息是否有效。当用户是用户时,还需要判断他的用户状态是否为活动状态,所以在用户信息数据访问类中需要一个通过登录 ID 得到用户状态和密码的方法,在管理信息数据访问类中需要一个通过登录 ID 得到密码的方法。

用户信息数据访问代码如下:

示例 12.20:

```
using System;
using System.Collections;
using System.Collections.Generic;
using System.Text;
using System.Data;
using System.Data.SqlClient;
using System.Configuration;
using MyCy.Models;
/* * * * * * * * * * * * * * * * * * * * * * * * * * * * * * * * * * * * *
 * 类名:UserService
 * 创建日期:2010-4-13
 * 功能描述:提供用户信息操作
 * * * * * * * * * * * * * * * * * * * * * * * * * * * * * * * * * * * */
namespace MyCy.DAL
{
    public class UserService
    {
        #region Private Members
        //从配置文件中读取数据库连接字符串
        private readonly string connString =
    ConfigurationManager.ConnectionStrings["MyCyConnectionString"].ToString();
        private readonly string dboOwner =
    ConfigurationManager.ConnectionStrings["DataBaseOwner"].ToString();
        #endregion
```

```
#region Public Methods
/// <summary>
/// 创建用户账户
/// </summary>
/// <param name = "user">用户实体对象</param>
/// <returns>生成账户记录的 ID</returns>
public  int AddSutdent(User user)
{
    int number;
    using (SqlConnection conn = new SqlConnection(connString))
    {
        SqlCommand objCommand = new SqlCommand(dboOwner +
            ".usp_InsertPartUserInfo", conn);
        objCommand.CommandType = CommandType.StoredProcedure;

        objCommand.Parameters.Add("@LoginID", SqlDbType.NVarChar,
            50).Value = user.LoginId;
        objCommand.Parameters.Add("@LoginPwd", SqlDbType.NVarChar,
            50).Value = user.LingPwd;
        objCommand.Parameters.Add("@UserStateId",
            SqlDbType.Int).Value = user.UserStateId;
        objCommand.Parameters.Add("@FoodID", SqlDbType.Int).Value =
            user.FoodID;
        objCommand.Parameters.Add("@UserNO", SqlDbType.NVarChar,
            255).Value = user.UserNO;
        objCommand.Parameters.Add("@UserName",
            SqlDbType.NVarChar, 255).Value = user.UserName;
        objCommand.Parameters.Add("@Sex", SqlDbType.NVarChar,
            255).Value = user.Sex;
        conn.Open();
        number = Convert.ToInt32(objCommand.ExecuteScalar());
        conn.Close();

    }
    return number;
}
/// <summary>
/// 根据用户 ID 删除账户信息
/// </summary>
/// <param name = "loginID">登录 ID</param>
public  void DeleteUserByLoginID(string loginID)
{
    int userID = GetUserIDByLoginID(loginID);
    using (SqlConnection conn = new SqlConnection(connString))
```

```
        {
            SqlCommand objCommand = new SqlCommand(dboOwner + ".usp_DeleteUser", conn);
            objCommand.CommandType = CommandType.StoredProcedure;
            objCommand.Parameters.Add("@UserID", SqlDbType.Int).Value = userID;
            conn.Open();
            objCommand.ExecuteNonQuery();
            conn.Close();
            conn.Dispose();
        }
    }
    /// <summary>
    /// 根据登录 ID 得到用户实体
    /// </summary>
    /// <param name="loginID">登录 ID</param>
    /// <returns>用户信息实体</returns>
    public  User GetUserByLoginID(string loginID)
    {
        User user = new User();
        using (SqlConnection conn = new SqlConnection(connString))
        {
            SqlCommand objCommand = new SqlCommand(dboOwner +
                ".usp_SelectUserInfoByLoginID", conn);
            objCommand.CommandType = CommandType.StoredProcedure;
            objCommand.Parameters.Add("@LoginID", SqlDbType.NVarChar,
                50).Value = loginID;
            conn.Open();
            using (SqlDataReader objReader =
            objCommand.ExecuteReader(CommandBehavior.CloseConnection))
            {
                if (objReader.Read())
                {
                    user.LoginId = Convert.ToString(objReader["LoginId"]);
                    user.UserNO = Convert.ToString(objReader["UserNO"]);
                    user.UserName =
                        Convert.ToString(objReader["UserName"]);
                    user.Sex = Convert.ToString(objReader["Sex"]);
                    user.UserIDNO =
                        Convert.ToString(objReader["UserIDNO"]);
                    user.Phone = Convert.ToString(objReader["Phone"]);
                }
            }
            conn.Close();
            conn.Dispose();
        }
```

```
        return user;
    }
    /// <summary>
    /// 根据用户登录 ID 得到用户 ID
    /// </summary>
    /// <param name = "loginID">登录 ID</param>
    /// <returns>用户 ID</returns>
    public int GetUserIDByLoginID(string loginID)
    {
        int userID = 0;
        using (SqlConnection conn = new SqlConnection(connString))
        {
            SqlCommand objCommand = new SqlCommand(dboOwner +
                ".usp_SelectUserIDByLoginID", conn);
            objCommand.CommandType = CommandType.StoredProcedure;
            objCommand.Parameters.Add("@LoginId", SqlDbType.NVarChar,
                50).Value = loginID;
            conn.Open();
            using (SqlDataReader objReader = 、
            objCommand.ExecuteReader(CommandBehavior.CloseConnection))
            {
                if (objReader.Read())
                {
                    userID = Convert.ToInt32(objReader["UserID"]);
                }
                objReader.Dispose();
            }
            conn.Close();
            conn.Dispose();
        }

        return userID;
    }
    /// <summary>
    /// 更新用户信息
    /// </summary>
    /// <param name = "user">用户实体对象</param>
    public  void ModifyUser(User user)
    {
        using (SqlConnection conn = new SqlConnection(connString))
        {
            SqlCommand objCommand = new SqlCommand(dboOwner +
                ".usp_UpdateUserBaseInfo", conn);
            objCommand.CommandType = CommandType.StoredProcedure;
```

```
            objCommand.Parameters.Add("@LoginID", SqlDbType.NVarChar,
                50).Value = user.LoginId;
            objCommand.Parameters.Add("@UserNO", SqlDbType.NVarChar,
                255).Value = user.UserNO;
            objCommand.Parameters.Add("@UserName",
                SqlDbType.NVarChar, 255).Value = user.UserName;
            objCommand.Parameters.Add("@Sex", SqlDbType.NVarChar,
                255).Value = user.Sex;
            objCommand.Parameters.Add("@UserIDNO",
                SqlDbType.NVarChar, 255).Value = user.UserIDNO;
            objCommand.Parameters.Add("@Phone",SqlDbType.NVarChar,
                255).Value = user.Phone;

            conn.Open();
            objCommand.ExecuteNonQuery();
            conn.Close();
            conn.Dispose();
        }

    }
    /// <summary>
    /// 返回所有用户信息集合
    /// </summary>
    /// <returns>用户信息集合</returns>
    public  IList<User> GetAllUsers()
    {
        IList<User> users = new List<User>();
        using (SqlConnection conn = new SqlConnection(connString))
        {
            SqlCommand objCommand = new SqlCommand(dboOwner +
                ".usp_SelectUsersAll", conn);
            objCommand.CommandType = CommandType.StoredProcedure;
            conn.Open();
            using (SqlDataReader objReader =
            objCommand.ExecuteReader(CommandBehavior.CloseConnection))
            {
                while (objReader.Read())
                {
                    User user = new User();
                    user.LoginId = Convert.ToString(objReader["LoginId"]);
                    user.UserNO = Convert.ToString(objReader["UserNO"]);
                    user.UserName =
                        Convert.ToString(objReader["UserName"]);
                    user.Sex = Convert.ToString(objReader["Sex"]);
```

```
                    user.UserIDNO =
                        Convert.ToString(objReader["UserIDNO"]);
                    user.Phone = Convert.ToString(objReader["Phone"]);
                    users.Add(user);
                }
            }
            conn.Close();
            conn.Dispose();
        }
        return users;
    }
    #endregion
  }
}
```

在这里我们先学习一个新的关键字——————using。其实,using 作为引入命名空间的关键字,我们早已学习,这里我们学习它作为语句的新用法。

using 语句范围内定义了一个数据库连接对象,当程序执行到 using 语句末尾处时,将自动释放此数据库连接对象,从而大大简化了代码,并在一定程度上提高了资源使用的效率。

管理员信息数据访问代码如下:

示例 12.21:

```
using System;
using System.Collections;
using System.Collections.Generic;
using System.Text;
using System.Data;
using System.Data.SqlClient;
using System.Configuration;
using MyCy.Models;
/*************************************
 * 类名:AdminService
 * 创建日期:-7-13
 * 功能描述:提供管理员信息操作
 *************************************/
namespace MyCy.DAL
{
    public class AdminService
    {
        #region Private Members
        //从配置文件中读取数据库连接字符串
        private readonly string connString =
    ConfigurationManager.ConnectionStrings["MyCyConnectionString"].ToString();
        private readonly string dboOwner =
```

```
ConfigurationManager.ConnectionStrings["DataBaseOwner"].ToString();
    #endregion

    #region Public Methods
    /// <summary>
    /// 根据管理员登录 ID 管理员实体
    /// </summary>
    /// <param name = "loginID">登录 ID</param>
    /// <returns>密码</returns>
    public   Admin GetAdminByLoginID(string loginID)
    {
        Admin admin = new Admin();
        using (SqlConnection conn = new SqlConnection(connString))
        {
            SqlCommand objCommand = new SqlCommand(dboOwner +
                ".usp_SelectAdminByLoginID", conn);
            objCommand.CommandType = CommandType.StoredProcedure;
            objCommand.Parameters.Add("@LoginId", SqlDbType.NVarChar,
                50).Value = loginID;
            conn.Open();
            using (SqlDataReader objReader =
                objCommand.ExecuteReader(CommandBehavior.CloseConnection))
            {
                if (objReader.Read())
                {
                    admin.LoginPwd =
                        Convert.ToString(objReader["LoginPwd"]);
                    admin.AdminName =
                        Convert.ToString(objReader["AdminName"]);
                    admin.Sex = Convert.ToString(objReader["Sex"]);
                }
                objReader.Dispose();
            }
            conn.Close();
            conn.Dispose();
        }
        return admin;
    }
    #endregion
  }
}
```

12.7.4 实现业务逻辑层

根据本章任务需求，我们需要在前面的基础上新增业务逻辑处理类 LoginManager，在实现业务逻辑层之前，我们对实现步骤做一个简单概括。

(1)在业务逻辑类中引用数据访问层命名空间、业务实体命名空间；

(2)实例化业务实体对象；

(3)实例化数据访问对象；

(4)调用数据访问功能；

(5)实现业务逻辑功能。

根据数据访问层实现的登录功能，业务逻辑层主要完成根据不同的用户类型调用不同的数据访问方法，通过判断用户类型得到用户用户的用户状态信息。

实现用户登录业务逻辑代码如下：

示例 12.22：

```
using System;
using System.Collections;
using System.Collections.Generic;
using System.Text;
using MyCy.DAL;
using MyCy.Models;
/*********************************
* 类名:LoginManager
* 创建日期:2009-4-13
* 功能描述:提供用户登录
* *******************************/
namespace MyCy.BLL
{
    public  class LoginManager
    {
        #region Private Members
        UserService userService = new UserService();
        AdminService adminService = new AdminService();
        #endregion

        #region Public Methods
        /// <summary>
        /// 登录
        /// </summary>
        /// <param name = "loginID">登录 ID</param>
        /// <param name = "password">密码</param>
        /// <param name = "type">用户类型</param>
        /// <returns></returns>
        public  bool Login(string loginID,string password, string type)
        {
            bool condition = false;
            switch(type)
```

```
        {
            case "管理员":
                condition = this.AdminLogin(loginID,password);
                break;
            case "用户":
                condition = this.UserLogin(loginID, password);
                break;
        }
        return condition;
    }
    #endregion

    #region Private Methods
    /// <summary>
    /// 管理员登录
    /// </summary>
    /// <param name = "loginID">登录 ID</param>
    /// <param name = "password">密码</param>
    /// <returns></returns>
    private bool AdminLogin(string loginID, string password)
    {
        bool condition = false;
        string pwd =
            adminService.GetAdminByLoginID(loginID).LoginPwd.ToString();
        if (pwd == password)
            condition = true;
        return condition;
    }
    /// <summary>
    /// 用户登录
    /// </summary>
    /// <param name = "loginID">登录 ID</param>
    /// <param name = "password">密码</param>
    /// <returns></returns>
    private bool UserLogin(string loginID, string password)
    {
        bool condition = false;
        User user = new User();
        user = userService.GetUserByLoginID(loginID);
        if (user.UserStateId ! = 0)
        {
            if (user.LingPwd == password)
                condition = true;
        }
```

```
            return condition;
        }
        #endregion
    }
}
```

12.7.5　实现表示层数据绑定

上面实现了窗体以及根据窗体需求实现了数据访问层、业务逻辑层功能。用户登录表示层实现的主要功能有:判断用户输入的登录信息是否为空,判断从业务逻辑层得到的用户用户状态是否为活动状态,判断输入的登录密码是否与根据登录 ID 得到的密码相等。如果登录信息检查通过,则不同用户类型进入不同的操作窗体,如果检查没有通过,则给出相应的提示信息。

用户登录表示层数据绑定代码如下:

示例 12.23:

```
using System;
using System.Collections.Generic;
using System.ComponentModel;
using System.Drawing;
using System.Text;
using System.Windows.Forms;
using MyCy.Models;
using MyCy.BLL;
/*********************************
* 类名:LogInForm
* 创建日期:2009-4-13
* 功能描述:提供用户登录入口
* ********************************/
namespace MyCy
{
    public partial class LoginForm : Form
    {
        #region Private Members
        LoginManager loginManager = new LoginManager();
        #endregion

        #region Public Methods
        public LoginForm()
        {
            InitializeComponent();
        }
        #endregion
```

```
#region Event Handlers
/// <summary>
///  点击取消按钮,关闭应用程序
/// </summary>
private void btnCancel_Click(object sender, EventArgs e)
{
    this.Close();
}
/// <summary>
///  点击登录按钮时,设置用户名和登录类型
/// </summary>
private void btnLogIn_Click(object sender, EventArgs e)
{
    //验证用户名是否为空
    if (string.IsNullOrEmpty(this.txtLogInId.Text.Trim()))
    {
        MessageBox.Show("请输入用户名!","登录判断",
            MessageBoxButtons.OK, MessageBoxIcon.Information);
        this.txtLogInId.Focus();
        return;
    }
    //验证用户密码是否为空
    if (string.IsNullOrEmpty(this.txtLogInPwd.Text.Trim()))
    {
        MessageBox.Show("请输入密码!","登录判断",
            MessageBoxButtons.OK, MessageBoxIcon.Information);
        this.txtLogInPwd.Focus();
        return;
    }
    // 验证用户类型
    if (this.cboLogInType.Text.Trim() == "--请选择--")
    {
        MessageBox.Show("请选择用户类型!","登录判断",
            MessageBoxButtons.OK, MessageBoxIcon.Information);
        this.cboLogInType.Focus();
        return;
    }
    else
    {
        bool condition = loginManager.Login(this.txtLogInId.Text.Trim(),
            this.txtLogInPwd.Text.Trim(), this.cboLogInType.Text.Trim());
        if (condition)
        {
            switch (this.cboLogInType.Text.Trim())
```

```
                    {
                        // 如果是用户,显示用户窗体
                        case "用户":
                            StuForm stuForm = new StuForm();
                            stuForm.Show();
                            break;
                        // 如果是管理员,显示管理员窗体
                        case "管理员":
                            AdmForm admForm = new AdmForm();
                            admForm.Show();
                            break;
                    }
                }
                else
                {
                    switch (this.cboLogInType.Text.Trim())
                    {
                        // 用户提示信息
                        case "用户":
                            MessageBox.Show("您的登录信息不正确或用户状态没
                                有激活!","登录判断",MessageBoxButtons.OK,
                                MessageBoxIcon.Information);
                            break;
                        // 管理员提示信息
                        case "管理员":
                            MessageBox.Show("您的帐号或密码不正确!","登录判
                                断",MessageBoxButtons.OK,
                                MessageBoxIcon.Information);
                            break;
                    }
                }
            }
        }
        #endregion
    }
}
```

第 13 章　简单设计模式及应用

【本章工作任务】

- 利用简单工厂模式自动识别数据库类型
- 升级我们的餐饮管理系统支持多数据库访问

【本章技能目标】

- 了解简单工厂设计模式的应用
- 会使用抽象工厂设计模式

13.1　工作任务引入

由于用户提出需求，餐饮管理系统数据库部分可能用 ACCESS 数据库或者是 SQL Server 数据库。现在我们需要对餐饮管理系统进行升级，以保证系统在用户数据库需求发生变化时，用最小的维护成本来适应用户新的需求。

因此，我们需要修改餐饮管理系统的数据访问层，分别编写 ACCESS 数据访问类和 SQL Server 数据访问类。然后根据用户的数据库类型调用相应的数据访问类来实现数据访问操作。由于 ACCESS 数据访问类和 SQL Server 数据访问类中的数据访问方法基本相似，因此我们可以定义数据访问接口，将接口的实现分为 Sql Server 和 Access 两种，并将不同的数据库访问实现放在不同的命名空间下。调用时通过接口对象来进行。为了方便业务逻辑层的调用，我们还需要用到抽象工厂设计模式来对数据访问层进行优化，大致步骤如下：

- 搭建数据访问层基本架构
  - 新增抽象工厂项目
  - 新增抽象产品项目
  - 实现项目间的依赖
- 实现数据访问接口
- 实现数据访问对象创建功能

下面我们针对以上任务进行详细讲解。

13.2　设计模式概述

13.2.1　设计模式的起源

多年以前,有一位名叫克里斯多夫·亚历山大的建筑师为了研究优秀的设计有没有共性这一问题,他对建筑物、城镇、街道等,以及人类为自己所建造的各种生活空间进行了大量的观察。他发现,在特定的建筑物中,优秀的结构都有一些共同之处,虽然它们结构互不相同,但可能都具有很高的质量。

例如,两个门廊虽然结构上不同,但都具有很高的质量。不同的建筑可能是为了解决不同的问题。一个门廊可能是走道和前门之间的过渡,而另一个门廊可能是为了在天气炎凉时候提供阴凉。或许,两个门廊都在解决同一个问题(过渡)时,也可采用不同的方式。

亚历山大看到了这一点。他知道结构不能与要解决的问题分离,因此,在寻找和描述设计质量一致性的探求中,亚历山大认识到,必须观察为了解决同样的问题而设计的不同结构。

如图13.1所示是门廊的两种不同设计。

图13.1　门廊的两种不同设计

亚历山大发现,通过这样的方式——观察解决相似问题的不同结构,可以缩小关注范围,从而看清优秀设计之间的相似之处。他将这种相似之处称为模式。

他对模式的定义是"在某一环境下某个问题的一种解决方案"。每个模式都描述了一个在我们的环境中会不断重复出现的问题,并叙述了这个问题解决方案的要素,通过这种方式,同一解决方案能够被反复应用无数次,而每一次使用的具体方式可以不同。

亚历山大对模式的描述包括如下4项:

- 模式的名称;
- 模式的目的,即要解决的问题;
- 实现方法;
- 为了实现该模式我们必须考虑的限制和约束因素。

在20世纪90年代,软件界有好多人在想,软件开发中是否存在以下某种相同的方式解决不断重复出现的问题,是否可以用模式的方法来设计软件,经过他们不断地总结,答案是肯定的。

13.2.2 软件设计模式

不论是建筑设计模式，还是软件设计模式，这些经验总结都源于实践，也服务于实践。从"模式"到"设计模式"，再到"面向对象设计模式"，这是一个从广泛到具体的过程。"设计模式"是一个广泛的概念，它既可以指建筑中的设计模式，也可以指软件开发中的设计模式等。"面向对象设计模式"是可复用面向对象软件的基础。三者的基本概念描述如下：

(1)每一个模式描述了一个在我们周围不断重复发生的问题，以及该问题的解决方案。

(2)设计模式描述了软件开发过程中某一类常见问题的一般性解决方案。

(2)面向对象设计模式是对在特定场景下，解决一般设计问题中类与相互通信对象的描述。

目前最有影响力的书籍是《设计模式：可复用面向对象软件的基础》，它共编录了23中设计模式，分为三大类别：创建型模式、结构型模式、行为模式，其中有一种创建型模式是抽象工厂设计模式。

13.3 简单工厂设计模式概述

简单工厂模式专门定义一个类来负责创建其他类的实例，被创建的实例通常都具有共同的父类。它又称为静态工厂方法模式，属于类的创建型模式。简单工厂模式的实质是由一个工厂类根据传入的参数，动态决定应该创建哪一个产品类(这些产品类继承自一个父类或接口)的实例。

该模式中包含的角色及其职责：

(1)工厂(Creator)角色

简单工厂模式的核心，它负责实现创建所有实例的内部逻辑。工厂类可以被外界直接调用，创建所需的产品对象。

(2)抽象(Product)角色

简单工厂模式所创建的所有对象的父类，它负责描述所有实例所共有的公共接口。

(3)具体产品(Concrete Product)角色

这是简单工厂模式的创建目标，所有创建的对象都是充当这个角色的某个具体类的实例。一般来讲它是抽象产品类的子类，实现了抽象产品类中定义的所有接口方法。

简单工厂模式的特点：

简单工厂模式的创建目标，所有创建的对象都是充当这个角色的某个具体类的实例。

在这个模式中，工厂类是整个模式的关键所在。它包含必要的判断逻辑，能够根据外界给定的信息，决定究竟应该创建哪个具体类的对象。用户在使用时可以直接根据工厂类去创建所需的实例，而无需了解这些对象是如何创建以及如何组织的，有利于整个软件体系结构的优化。

下面是我用简单工厂模式实现的一个简单的加减乘除计算器。只是为了演示简单工厂模式的运作，并没有考虑其他的环节，比如异常、边界、非法字符等等。

1. 实现计算功能的基类

示例 13.1:

```
using System;
using System.Collections.Generic;
using System.Text;

namespace ClassLibrary
{
    public class Calc
    {
        public virtual double DoCalc(double p1, double p2)
        {
            return 0;
        }
    }
}
```

2. 实现加减乘除的子类

示例 13.2:

```
class Add : Calc
{
    public override double DoCalc(double p1, double p2)
    {
        return p1 + p2;
    }
}
class Minus : Calc
{
    public override double DoCalc(double p1, double p2)
    {
        return p1 - p2;
    }
}
class Multiply : Calc
{
    public override double DoCalc(double p1, double p2)
    {
        return p1 * p2;
    }
}
class Devide : Calc
{
```

```
    public override double DoCalc(double p1, double p2)
    {
        if (p2 > -0.000000000001 && p2 < 0.0000000001)
        {
            return 0;
        }
        else
        {
            return p1 / p2;
        }
    }
}
```

3. 负责创建的工厂类

示例 13.3：

```
public class SimpleCalculatorFactory
{
    public static Calc CreateCalculator(string Operator)
    {
        Calc calculator = null;
        switch (Operator)
        {
            case "+":
                calculator = new Add();
                break;
            case "*":
                calculator = new Multiply();
                break;
            case "-":
                calculator = new Minus();
                break;
            case "/":
                calculator = new Devide();
                break;
            default:
                calculator = new Calc();
                break;
        }
        return calculator;
    }
}
```

4. 客户端的使用

示例13.4：

```
using System;
using System.Collections.Generic;
using System.ComponentModel;
using System.Data;
using System.Drawing;
using System.Text;
using System.Windows.Forms;

namespace ClassLibrary
{
    public partial class Form1 : Form
    {
        public Form1()
        {
            InitializeComponent();
        }

        private void btnCalc_Click(object sender, EventArgs e)
        {
            //调用工厂类的静态方法创建基类的实例
            Calc calculator = SimpleCalculatorFactory.CreateCalculator(cbxOperator.Text);
                //cbxOperator.Text = "+"|"-"|"*"|"/"
            //调用 DoCalc 获得结果
            double result = calculator.DoCalc(Double.Parse(txtParameters1.Text), double.Parse
                (txtParameters2.Text));
            lblResult.Text = result.ToString();
        }
    }
}
```

13.4　抽象工厂设计模式概述

前面我们学习了简单工厂设计模式，简单工厂的作用就是实例化对象，而客户不知道这个对象属于哪个具体的子类，它的优点是用户可以根据参数获得对应类的对象，避免了直接实例化对象。简单工厂的结构如图13.2所示。

从结构上可以看出，工厂依赖于所有的子类产品，客户只需要知道父类产品和工厂即可。工厂是整个模式的核心，以不变应万变。它虽然使对象的创建与使用进行了分离，但一次只能创建一个对象。它不能实现一次创建一系列相互依赖对象的需求，为此我们需要学习抽象工

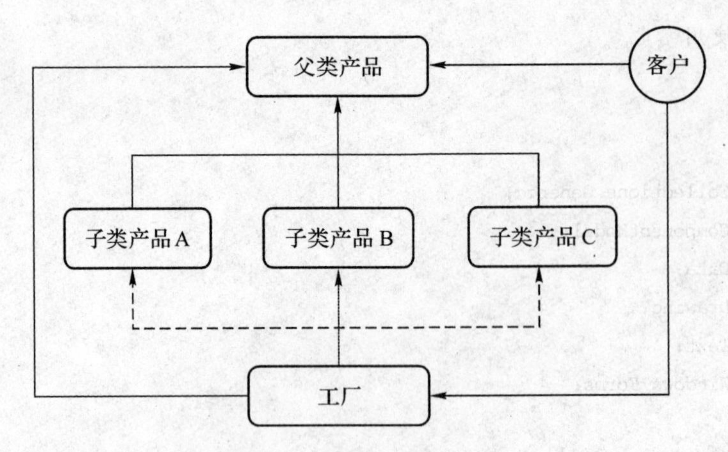

图 13.2 简单工厂结构图

厂设计模式。首先我们来看一下抽象工厂设计模式的结构图，如图 13.3 所示：

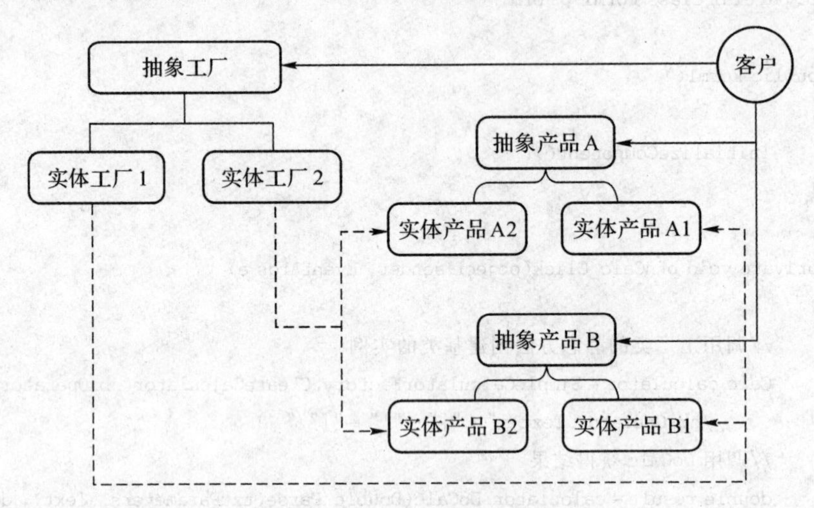

图 13.3 抽象工厂设计模式结构图

从抽象工厂设计模式的结构图可知，整个模式中参与的对象主要有以下几类：

● 抽象工厂，它的主要功能、职责是生产抽象产品；

● 抽象产品，它的主要功能、职责是提供实体产品访问接口；

● 实体工厂，它的主要功能、职责是生产实体产品；

● 实体产品，它的主要功能、职责是实现自己的功能。

在我们熟悉了它的结构以及它用到的对象后，我们看看如何把 MyCy 的数据访问层用抽象工厂设计模式进行改造，如图 13.4 所示。

● 抽象工厂有生产服务员、管理员等抽象产品；

● 实体工厂有 SQL Server 和 Access 两种。它们分别是生产服务员、管理员等实体产品数据访问对象；

● 抽象产品是提供服务员、管理员等实体产品数据访问的接口；

● 实体产品是根据实体工厂创建的数据访问对象类型为 SQL Server 还是 Access，分别实现不同的数据库访问。

综上所述，当我们使用三层结构开发应用系统，在数据访问层使用抽象工厂设计模式，我

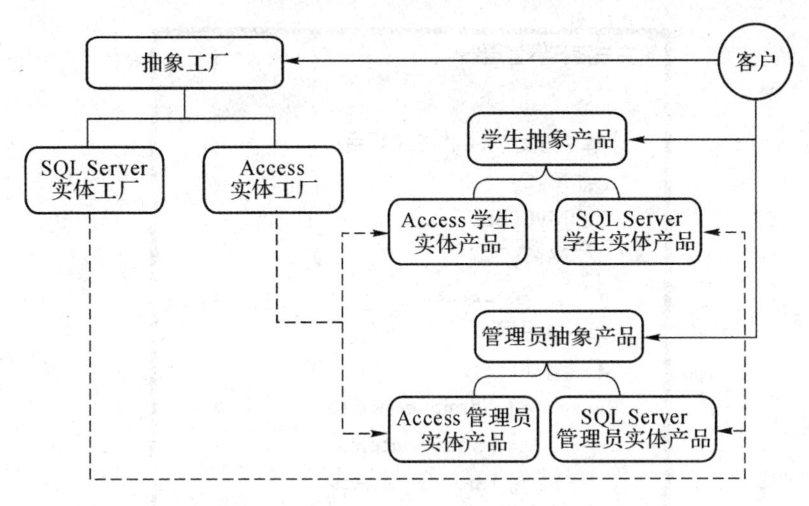

图 13.4　抽象工厂设计模式应用示例

们可以很好地复用我们的系统，根据需求的变化使用不同的数据库。

我们可以简单地将抽象工厂(Abstract Factory)设计模式的使用思路概括如下：

- 提供一系列相互依赖对象的创建；
- 封装对象的常规创建方法(new)；
- 提供统一调用数据访问方法的方式；
- 避免调用数据访问方法和具体对象创建工作的紧耦合。

在复用面向对象软件设计模式中，抽象工厂设计模式的概念是："提供一个创建一系列相关或相互依赖对象的接口，而无需指定它们具体的类"，如图 13.5 所示：

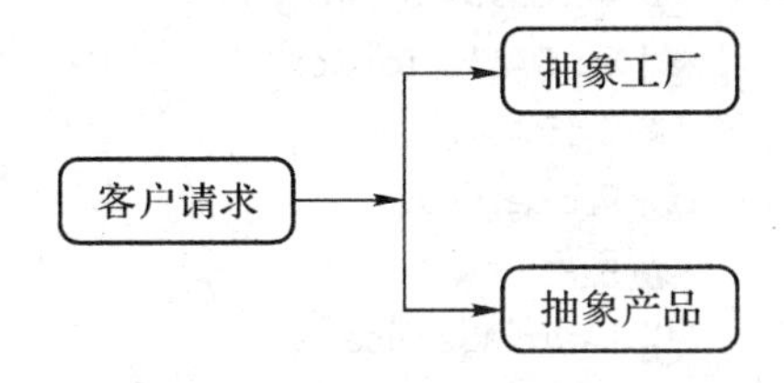

图 13.5　抽象工厂设计模式

在抽象工厂设计模式中，为客户提供请求服务的是抽象工厂和抽象产品。

一般在以下情况可以使用抽象工厂设计模式：

- 一个系统要独立它产品的创建、组合和表示时；
- 一个系统要由多个产品系列中的一个来配置时。

13.5　本章综合任务演练

回顾前面我们用实体类实现的三层结构，本章我们将在前面的基础上对我们的餐饮系统进行升级，升级的主要部分发生在数据访问层。我们通过在数据访问层使用抽象工厂设计模式实现系统支持多数据库访问。我们看看这时数据访问层的基本架构，如图 13.6 所示。

由图 13.6 可知，这时我们的数据访问层由三个项目组成，工厂项目(MyCyDALFactory)

图 13.6 利用抽象工厂设计模式实现的数据访问层

包含了抽象工厂和实体工厂的实现；抽象产品项目(MyCyIDAL)；实体产品项目(MyCyDAL)包含了 SQL Server 和 Access 两种数据库实现。那么抽象工厂设计模式与我们项目中使用的类、接口之间的对应关系如图 13.7 所示。

在前面的基础上，我们现将完成本章任务的步骤概括如下：

(1)搭建数据访问层基本架构

- 新增抽象工厂项目(AbstractDALFactory)；

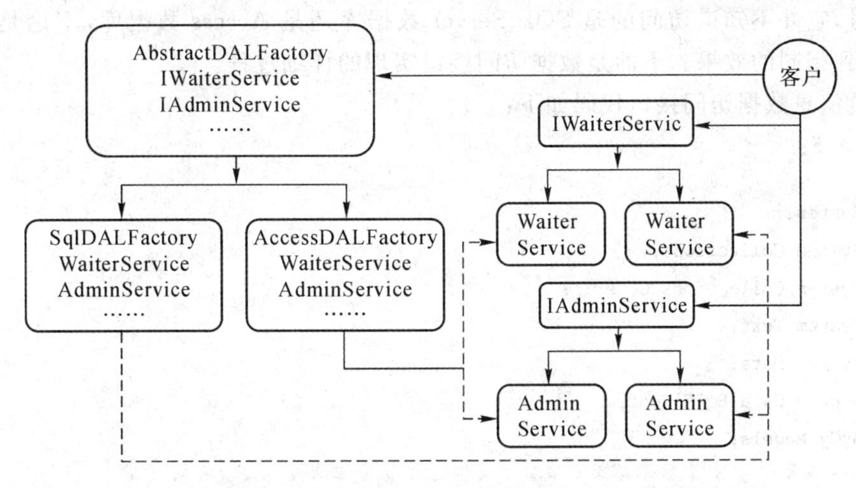

图 13.7 抽象工厂设计模式与项目中使用类、接口的对应关系

- 新增抽象产品项目(MyCyIDAL);
- 实现项目之间的依赖。

(2)实现数据访问接口

(3)实现数据访问对象创建功能

(4)业务逻辑层调用数据访问层方法

综上所述,我们逐步来实现本章任务,首先在先前的基础上依次添加项目 AbstractDAL-Factory、项目 MyCyIDAL。当我们搭建好用抽象工厂设计模式实现数据访问层的三层结构基本框架后,如何通过项目间的相互依赖,实现数据访问层为业务逻辑层提供统一的访问方式呢?项目间的依赖关系如图 13.8 所示:

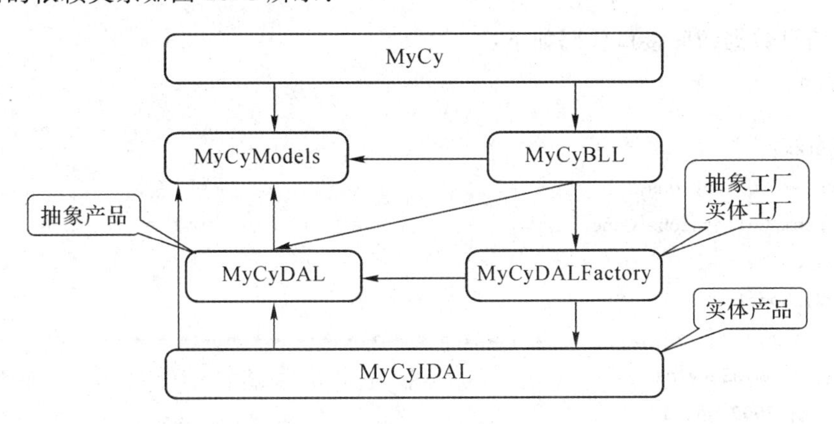

图 13.8 项目间的依赖关系图

注:箭头代表项目间的依赖关系,箭头方向表示从引用项目到被引用项目。

13.5.1 实现数据访问接口

首先我们在数据访问接口项目中按信息类别的不同,分别添加数据访问接口,回顾前面所讲的接口的使用,接口是一种公共契约,用来定义程序之间的协定,实现接口的类与接口的定义严格一致。接口不依赖于具体的实现,它彻底消除了接口的使用者和接口的实现者之间的耦合关系。例如:服务员信息数据访问接口 IWaiterService,业务逻辑层通过调用该接口实现数据访问时，它并不知道访问的是 SQL Server 数据库还是 Access 数据库，不论是哪种数据库，它会得到相同的效果。下面是数据访问接口实现的详细过程。

服务员信息数据访问接口代码如下：

示例 13.5：

```
using System;
using System.Collections;
using System.Collections.Generic;
using System.Text;
using System.Data;
using System.Data.SqlClient;
using MyCy.Models;
/*************************************
 * 接口名:IWaiterService
 * 创建日期:2009-4-13
 * 功能描述:提供服务员信息数据访问接口
 *************************************/
namespace MyCy.IDAL
{
    public interface IWaiterService
    {
        Waiter GetWaiterInfoByLoginID(string loginID);
    }
}
```

管理员信息数据访问接口代码如下：

示例 13.6：

```
using System;
using System.Collections;
using System.Collections.Generic;
using System.Text;
using MyCy.Models;
/*************************************
 * 接口名:IAdminService
 * 创建日期:2009-4-13
 * 功能描述:提供管理员数据访问接口
 *************************************/
namespace MyCy.IDAL
{
    public interface IAdminService
    {
        string GetAdminLoginPwdByLoginID(string loginID);
    }
}
```

数据访问接口的实现分 Access 数据库、SQL Server 数据库两种，这里我们只实现 SQL Server 数据库，Access 数据库实现与此类似，只是所用的 ADO. NET 的类有所不同，不再做详细的解释。

服务员信息 SQL Server 数据库访问实现代码如下：

示例 13.7：

```
using System;
using System.Collections;
using System.Collections.Generic;
using System.Text;
using System.Data;
using System.Data.SqlClient;
using System.Configuration;
using MyCy.Models;
using MyCy.IDAL;
/************************************
 * 类名:WaiterService
 * 创建日期:-7-13
 * 功能描述:提供服务员信息数据访问
 ************************************/
namespace MyCy.DAL.SqlServer
{
    public class WaiterService : IWaiterService
    {
        #region Private Members
        //从配置文件中读取数据库连接字符串
        private readonly string connString =
            ConfigurationManager.ConnectionStrings["MyCyConnectionString"].ToString();
        private readonly string dboOwner =
            ConfigurationManager.ConnectionStrings["DataBaseOwner"].ToString();
        #endregion
        /// <summary>
        /// 根据登录 ID 得到服务员信息
        /// </summary>
        /// <param name = "loginID">登录 ID</param>
        /// <returns>服务员信息实体</returns>
        public  Waiter GetWaiterInfoByLoginID(string loginID)
        {
            Waiter waiterInfo = new Waiter();
            using (SqlConnection conn = new SqlConnection(connString))
            {
                SqlCommand objCommand = new SqlCommand(dboOwner +
                    ".usp_SelectWaiterInfoByLoginID", conn);
                objCommand.CommandType = CommandType.StoredProcedure;
```

```
                objCommand.Parameters.Add("@LoginID", SqlDbType.NVarChar, 50).Value =
                    loginID;
                conn.Open();
                using (SqlDataReader objReader = objCommand.ExecuteReader(CommandBehavior.
                    CloseConnection))
                {
                    if (objReader.Read())
                    {
                        waiterInfo.LoginId = Convert.ToString(objReader["LoginId"]);
                        waiterInfo.WaiterNO = Convert.ToString(objReader["WaiterNO"]);
                        waiterInfo.WaiterName = Convert.ToString(objReader["WaiterName"]);
                        waiterInfo.Sex = Convert.ToString(objReader["Sex"]);
                        waiterInfo.WaiterIDNO = Convert.ToString(objReader["WaiterIDNO"]);
                        waiterInfo.Phone = Convert.ToString(objReader["Phone"]);
                    }
                }
                conn.Close();
                conn.Dispose();
            }
            return waiterInfo;
        }
    }
}
```

服务员信息 Access 数据库访问,代码如下所示,请注意体会此段代码和上面代码的不同。

示例 13.8:

```
using System;
using System.Collections;
using System.Collections.Generic;
using System.Text;
using System.Data;
using System.Data.OleDb;
using System.Configuration;
using MyCy.IDAL;
using MyCy.Models;
/*********************************
* 类名:WaiterService
* 创建日期:2009-4-13
* 功能描述:提供服务员信息操作
*********************************/
namespace MyCy.DAL.Access
{
    public class WaiterService : IWaiterService
    {
```

```
        #region Private Members
        private readonly string connString = "Procider = Microsoft.Jet.OLEDB.4.0;DataSource =
            MyCy.mdb";
        string sql = string.Empty;
        #endregion

        public  Waiter GetWaiterInfoByLoginID(string loginID)
        {
            Waiter waiterInfo = new Waiter();
            sql = "select * from Waiter where LoginId = '" + loginID + "'";
            using (OleDbConnection conn = new OleDbConnection(connString))
            {
                OleDbCommand objCommand = new OleDbCommand(sql, conn);
                objCommand.CommandType = CommandType.Text;

                conn.Open();
                using (OleDbDataReader objReader = objCommand.ExecuteReader(CommandBehavior.
                    CloseConnection))
                {
                    if (objReader.Read())
                    {
                        waiterInfo.LoginId = Convert.ToString(objReader["LoginId"]);
                        waiterInfo.WaiterNO = Convert.ToString(objReader["WaiterNO"]);
                        waiterInfo.WaiterName = Convert.ToString(objReader["WaiterName"]);
                        waiterInfo.Sex = Convert.ToString(objReader["Sex"]);
                        waiterInfo.WaiterIDNO = Convert.ToString(objReader["WaiterIDNO"]);
                        waiterInfo.Phone = Convert.ToString(objReader["Phone"]);
                    }
                }
                conn.Close();
                conn.Dispose();
            }
            return waiterInfo;
        }
    }
}
```

13.5.2　实现数据访问对象创建功能

在我们实现了数据访问功能后，我们如何实现业务逻辑层通过统一的方式调用数据访问层的方法，这是抽象工厂设计模式的核心意义所在。

我们需要在抽象工厂 MyCyDALFactory 项目中添加 3 个类。

- 抽象工厂类(AbstractDALFactory)，用于提供数据访问对象创建功能；
- SQL Server 实体工厂类(SqlDALFactory)，用于封装 SQL Server 数据库访问对象的创

建；

- Access 实体工厂类（AccessDALFactory），用于封装 Access 数据库访问对象的创建。

下面我们一起来学习抽象工厂、实体工厂的详细实现。

实现抽象工厂类如下代码所示：

示例 13.9：

```
using System;
using System.Collections.Generic;
using System.Text;
using System.Configuration;
using MyCy.IDAL;
/**********************************
 * 类名:AbstractDALFactory
 * 创建日期:2009-4-11
 * 功能描述:提供数据抽象工厂
 **********************************/
namespace MyCy.DALFactory
{
    public abstract class AbstractDALFactory
    {
        //创建工厂的选择应该用反射实现
        //便于服务员理解这里用开关语句实现
        public static AbstractDALFactory ChooseFactory()
        {

            string dbType = ConfigurationManager.AppSettings["FactoryType"].ToString();
            AbstractDALFactory factory = null;
            switch (dbType)
            {
                case "Sql":
                    factory = new SqlDALFactory();
                    break;
                case "Access":
                    factory = new AccessDALFactory();
                    break;
            }
            return factory;
        }
        //数据访问对象创建接口(抽象工厂提供抽象产品)
        public abstract IWaiterService CreateWaiterService();
        public abstract IAdminService CreateAdminService();
    }
}
```

实现 SQL Server 实体工厂类代码如下：

示例 13.10：

```
using System;
using System.Collections.Generic;
using System.Text;
using MyCy.IDAL;
using MyCy.DAL.SqlServer;
/*********************************
 * 类名:SqlDALFactory
 * 创建日期:2009 - 4 - 11
 * 功能描述:提供创建 Sql 工厂对象
 *********************************/
namespace MyCy.DALFactory
{
    public class SqlDALFactory : AbstractDALFactory
    {
        #region Public Methods
        public override IWaiterService CreateWaiterService()
        {
            return new WaiterService();
        }
        public override IAdminService CreateAdminService()
        {
            return new AdminService();
        }
        #endregion
    }
}
```

实现 Access 实体工厂类代码如下所示：

示例 13.11：

```
using System;
using System.Collections.Generic;
using System.Text;
using MyCy.IDAL;
using MyCy.DALFactory;
using MyCy.DAL.Access;
/*********************************
 * 类名:AccessDALFactory
 * 创建日期:2009 - 4 - 11
 * 功能描述:提供创建 Access 工厂对象
 *********************************/
namespace MyCy.DALFactory
```

```
{
    public class AccessDALFactory : AbstractDALFactory
    {
        #region Public Menthods
        public override IWaiterService CreateWaiterService()
        {
            return new WaiterService();
        }
        public override IAdminService CreateAdminService()
        {
            return new AdminService();
        }
        #endregion
    }
}
```

综上所述,用抽象工厂设计模式实现数据访问层,提高系统使用数据库的可选性,同时降低业务逻辑层与数据访问层之间的耦合度,从整个实现过程我们可以体会到"面向对象设计模式"的优越性,同时让我们对面向对象基本特征得到更深的理解。

13.5.3 业务逻辑层调用数据访问层方法

回顾我们前面讲的业务逻辑层的实现,首先需要引用数据访问层命名空间,然后实例化相应的数据访问对象,最后通过对象来调用数据访问层的方法,本章我们通过在数据访问层使用抽象工厂设计模式后,将对象的实例化与功能的调用进行隔离、封装。

本章我们使用静态类实现业务逻辑层,当业务逻辑层使用静态类实现后,表示层可以直接调用业务逻辑层的方法,无需实例化对象。

实现用户登录业务逻辑代码如下所示:

示例 13.12:

```
using System;
using System.Collections;
using System.Collections.Generic;
using System.Text;
using MyCy.Models;
using MyCy.IDAL;
using MyCy.DALFactory;
/*******************************
 * 类名:LoginManager
 * 创建日期:2009-4-13
 * 功能描述:提供用户登录
 *******************************/
namespace MyCy.BLL
{
    public static class LoginManager
```

```
{
    #region Private Members
    //调用数据访问层统一数据访问方式
    private static AbstractDALFactory factory = AbstractDALFactory.ChooseFactory();
    private static IWaiterService waiterService = factory.CreateWaiterService();
    private static IAdminService adminService = factory.CreateAdminService();
    #endregion

    #region Public Methods
    /// <summary>
    /// 得到登录密码
    /// </summary>
    /// <param name = "loginID">登录 ID</param>
    /// <param name = "type">用户类型</param>
    /// <returns></returns>
    public static string GetLoginPwd(string loginID, string type)
    {
        string loginPwd = string.Empty;
        switch (type)
        {
            case "管理员":
                loginPwd = GetAdminLoginPwd(loginID);
                break;
            case "服务员":
                loginPwd = GetWaiterLoginPwd(loginID);
                break;
        }
        return loginPwd;
    }
    /// <summary>
    /// 得到登录用户状态
    /// </summary>
    /// <param name = "loginID">登录 ID</param>
    /// <param name = "type">用户类型</param>
    /// <returns></returns>
    public static string GetLoginUserState(string loginID, string type)
    {
        string userState = string.Empty;
        try
        {
            if (! string.IsNullOrEmpty(loginID))
            {
                List<Waiter> userList = new List<Waiter>();
                switch (type)
```

```
                {
                    case "服务员":
                        userList = WaiterService.GetWaiterLoginPwdByLoginID(loginID);
                        if (userList.Count != 0)
                            userState = userList[0].UserStateId.ToString();
                        break;
                    case "管理员":
                        userState = "1";
                        break;
                }
            }
        }
        catch (Exception ex)
        {
            throw new Exception(ex.ToString());
        }
        return userState;
    }
    #endregion

    #region Private Methods
    /// <summary>
    /// 通过登录ID得到服务员登录密码
    /// </summary>
    /// <param name="loginID">登录ID</param>
    /// <returns></returns>
    private static string GetWaiterLoginPwd(string loginID)
    {
        List<Waiter> WaiterList = new List<Waiter>();
        string WaiterPwd = string.Empty;
        try
        {
            WaiterList = waiterService.GetWaiterLoginPwdByLoginID(loginID);
            if (WaiterList.Count != 0)
                WaiterPwd = WaiterList[0].LingPwd.ToString();
        }
        catch (Exception ex)
        {
            throw new Exception(ex.ToString());
        }
        return WaiterPwd;
    }
    /// <summary>
    /// 通过登录ID得到管理员登录密码
```

你是否能指出这个**waiterService**是Access版还是SQL Server版?

```
        /// </summary>
        /// <param name = "loginID">登录 ID</param>
        /// <returns></returns>
        private static string GetAdminLoginPwd(string loginID)
        {
            try
            {
                return adminService.GetAdminLoginPwdByLoginID(loginID);
            }
            catch (Exception ex)
            {
                throw new Exception(ex.ToString());
            }
        }
        #endregion
    }
}
```

你是否能指出这个 adminService 是 Access 版还是 SQL Server 版?

在业务逻辑层调用数据访问层方法的时候，首先我们要通过抽象工厂找到实体工厂，然后将实体工厂中生产的实体产品对象赋值给抽象产品，通过抽象产品调用数据访问方法。这时与业务逻辑层进行通信的只是抽象工厂和抽象产品。同时业务逻辑层也不知道实体产品是由 SQL Server 实体工厂生产还是由 Access 实体工厂生产的。

此时，不论我们系统是使用 SQL Server 数据库还是使用 Access 数据库，这种改变对业务逻辑层、表示层没有任何影响，所有的改变都发生在数据访问层。现在我们对三层结构的优势一定有了很深的体会。

经验：

我们在开发三层结构时，业务逻辑层可以考虑使用静态类实现，由于我们在调用静态类成员时，无须实例化对象就可以直接调用，这样可以减少我们开发的代码量和实例化对象的繁琐过程。另外，静态类是密封的，不能被继承，有利于提高安全性。

13.6　本章知识梳理

在本章，我们更进一步学习了简单工厂模式和抽象工厂模式在三层结构中的使用。由简单工厂模式引入抽象工厂模式，通过在三层结构中使用抽象工厂设计模式，我们为 MyCy 提供了多种数据库无缝移植的功能。学完本章，我们编写的程序不仅可以用 SQL Server 作为数据库，而且只做少量修改就可以移植到其他数据库平台，包括 Access、Oracle 等，而这一切都得益于分层结构和本章讲解的抽象工厂设计模式。

参考文献

[1]周礼. C#和. net3.0 第一步. 北京:清华大学出版社,2008.

[2]MSDN,http://msdn.microsoft.com/library/

[3]北大青鸟信息技术有限公司. 使用 C#开发数据库应用程序. 北京:科学技术文献出版社,2008.

[4]北大青鸟信息技术有限公司. 深入 NET 平台和 C#编程. 北京:科学技术文献出版社,2008.

[5]北大青鸟信息技术有限公司. 在. NET 框架下开发三层结构数据库应用系统. 北京:科学技术文献出版社,2008.

图书在版编目（CIP）数据

Visual C#.NET 程序设计案例教程 / 梁曦，张运涛，吴建玉编著. —杭州：浙江大学出版社，2012.6
ISBN 978-7-308-10033-5

Ⅰ.①V… Ⅱ.①梁… ②张… ③吴… Ⅲ.①C语言—程序设计—教材 Ⅳ.①TP312

中国版本图书馆 CIP 数据核字（2012）第 108857 号

Visual C#.NET 程序设计案例教程

编著 梁 曦 张运涛 吴建玉

责任编辑 周卫群
封面设计 刘依群
出版发行 浙江大学出版社
（杭州市天目山路 148 号 邮政编码 310007）
（网址：http://www.zjupress.com）
排　　版 杭州中大图文设计有限公司
印　　刷 浙江省良渚印刷厂
开　　本 787mm×1092mm 1/16
印　　张 23
字　　数 589 千
版 印 次 2012 年 6 月第 1 版 2012 年 6 月第 1 次印刷
书　　号 ISBN 978-7-308-10033-5
定　　价 40.00 元
